数值分析在水利水电工程中的应用

梁春雨　安　超　王李平　杜少磊　游慧杰
庞　瑞　张　鹏　程莹莹　徐　凌　顾康辉　著

黄河水利出版社
·郑州·

内容提要

本书主要介绍了数值分析方法在水利水电工程中的应用情况，内容由 ANSYS 软件使用方法和工程实例两部分组成。软件使用方法包括 ANSYS 入门操作、网格划分、路径技术；工程实例应用包括挡土墙、水闸、堤防、边坡、重力坝、渡槽的静力分析与动力分析。

本书可作为专业工程技术人员设计分析的参考书，也可作为高等学校水利工程、土木工程、岩土工程相关专业本科生与研究生的教材使用。

图书在版编目(CIP)数据

数值分析在水利水电工程中的应用/梁春雨等著. —郑州：黄河水利出版社，2017.6

ISBN 978-7-5509-1776-7

Ⅰ.①数… Ⅱ.①梁… Ⅲ.①数值分析-应用-水利-水电工程-研究 Ⅳ.①TV②0241

中国版本图书馆 CIP 数据核字(2017)第 138184 号

组稿编辑：贾会珍　　电话：0371-66028027　　E-mail：110885539@qq.com

出 版 社：黄河水利出版社

地址：河南省郑州市顺河路黄委会综合楼 14 层　　邮政编码：450003

发行单位：黄河水利出版社

发行部电话：0371-66026940、66020550、66028024、66022620(传真)

E-mail：hhslcbs@126.com

承印单位：河南承创印务有限公司

开本：787 mm×1 092 mm　1/16

印张：17

字数：393 千字　　印数：1—1 000

版次：2017 年 6 月第 1 版　　印次：2017 年 6 月第 1 次印刷

定价：48.00 元

前　言

水是生命之源、生产之要、生态之基,水利是经济社会发展的基本条件、基础支撑、重要保障,兴水利、除水害历来是治国安邦的大事。在“十二五”期间,我国水利建设完成总投资超过2万亿元,再创历史新高,其中172项节水供水重大水利工程建设加快推进,投资规模超过8 000亿元。水利工程除具备一般土建工程特点外,还具备工程量大、投资多、工期长、工作条件复杂、施工难度大、效益大、失事后果严重等特点。随着水利水电工程的大型化、地形地质条件的复杂化,水利水电工程的建设难度愈来愈大,这就需要对水利水电工程进行更为精确的分析,当前水利工程问题的常用解决方法主要有理论分析、数值分析、试验研究、原型观测与监测、工程经验。随着计算机科技的发展,数值分析的应用领域和范围在迅猛扩大,目前数值分析已是各种方法中的佼佼者。它将虚拟与现实结合起来,精准地模拟建筑物的工作性状,为设计、施工、管理提供基础支撑。当前,用于数值分析的方法有有限元法(FEM)、有限差分法(FDM)、离散元法(DEM)等。水利工程中应用最广泛的数值分析方法是有限元法与有限差分法,这两种方法代表软件分别是ANSYS和Flac^{3d}。本书针对水利工程结构与岩土相融合的特性,将水利工程中有代表性的建筑物从结构和岩土两个方面,分别进行数值仿真应用经验的介绍。

ANSYS软件是国际流行的大型通用商业有限元分析软件,它功能强大,集结构、流体、电磁等多物理场于一体。水利工程中主要用到它的结构模块,可以模拟钢筋混凝土和钢结构在水荷载、温度荷载、地震荷载、设备荷载下结构的应力应变,应力积分求内力,可分别应用于正常使用极限状态和承载能力极限状态的结构设计。版权所有者ANSYS公司于1970年在美国成立,总部位于宾西法尼亚州的匹兹堡市。

本书共分14章,第1章与第2章是入门基础,重点介绍了ANSYS软件应用环境和前处理技术;第3章介绍了数值积分技术在后处理中的使用方法与技巧;第4~14章以水利工程专业为主,详尽阐述了水工建筑物结构稳定分析、线性静力分析、结构非线性分析、结构动力分析等方面的内容和实践经验。本书的一大特色是从工程师的视角、数值分析的手段来解决工程问题,并配有大量计算流程和命令流原始资料。

数值模拟是一门艺术,它集工程经验、专业理论、计算素养于一体。作为工程技术人员,我们既要敬畏数值模拟,也要勇于实践,假以时日,必水到渠成。

本书是综合甲级设计院的资深工程师团队应用经验的总结,书中案例均为工程实例,分析内容丰富多彩:结构稳定分析、结构应力应变分析、结构配筋计算等设计领域全方位覆盖;建筑物多样化:既涵盖水利工程中堤防、大坝、水闸、隧洞等主要建筑物,又囊括边坡、桩基础等次要建筑物。

本书第1~3章及第13章由梁春雨、安超撰写,第4~6章及第11章由王李平、杜少磊撰写,第7章、第8章由游慧杰、庞瑞撰写,第9章、第10章由张鹏、程莹莹撰写,第12章、第14章由徐凌、顾康辉撰写。

由于时间仓促,作者水平有限,书中错误、纰漏之处在所难免,敬请广大读者批评指正。

作 者

2017年3月

目 录

第 1 章　ANSYS 入门

1.1　ANSYS 软件简介

ANSYS 软件是美国 ANSYS 公司研制的大型通用有限元分析(FEA)软件,是世界范围内增长速度最快的计算机辅助工程(CAE)软件,能与多数计算机辅助设计(CAD)软件接口,实现数据的共享和交换,如 Creo、NASTRAN、Alogor、I-DEAS、AutoCAD 等。ANSYS 软件是融结构、热、流体、电磁、声学于一体的大型通用有限元软件,可广泛用于核工业、铁道、石油化工、航空航天、机械制造、能源、汽车交通、国防军工、电子、土木工程、生物医学、水利、日用家电等一般工业及科学研究。该软件提供了不断改进的功能清单,具体包括:结构高度非线性分析、电磁分析、计算流体力学分析、设计优化、接触分析、自适应网格划分及利用 ANSYS 参数设计语言扩展宏命令功能。ANSYS 功能强大,操作简单方便,现在已成为国际最流行的有限元分析软件,在历年的有限元分析软件评比中都名列第一。目前,我国有 100 多所理工院校采用 ANSYS 软件进行有限元分析或者作为标准教学软件。

1.2　ANSYS 环境介绍

ANSYS 有两种执行模式:一种是交互模式(Interactive Mode),另一种是非交互模式(Batch Mode)。交互模式是初学者和大多数使用者所采用的,包括建模、保存文件、打印图形及结果分析等,一般无特别原因皆用交互模式。但若分析的问题需要很长时间,如一两天等,可把分析问题的命令做成文件,利用它的非交互模式进行分析。

在交互模式下,ANSYS 有两种输入方式:GUI(Graphical User Interface)方式和命令流方式。

1.2.1　GUI 方式

在启动 ANSYS 后,首先进入工作目录和工件文件名设置界面,用户设置工作路径后,将进入 ANSYS 软件的图形用户界面,该界面主要由 8 个部分组成,整个窗口系统称为 GUI,如图 1-1 所示;8 个窗体部件,提供使用者与软件之间的交流,凭借这 8 个窗体部件可以非常容易地输入命令、检查模型的建立、观察分析结果及图形输出与打印。

1.2.1.1　实用菜单(Utility Menu)

同许多应用程序用户界面一样,单击下拉菜单弹出下一级菜单选项,由此进入ANSYS 不同的功能模块。实用菜单由 10 个下拉菜单组成,包括文件菜单、选择菜单、列表菜单、显示菜单、显示控制菜单、工作平面菜单、参数设置菜单、宏操作菜单、控制菜单和帮助菜单。水利工程中最常用的是前 6 个菜单。

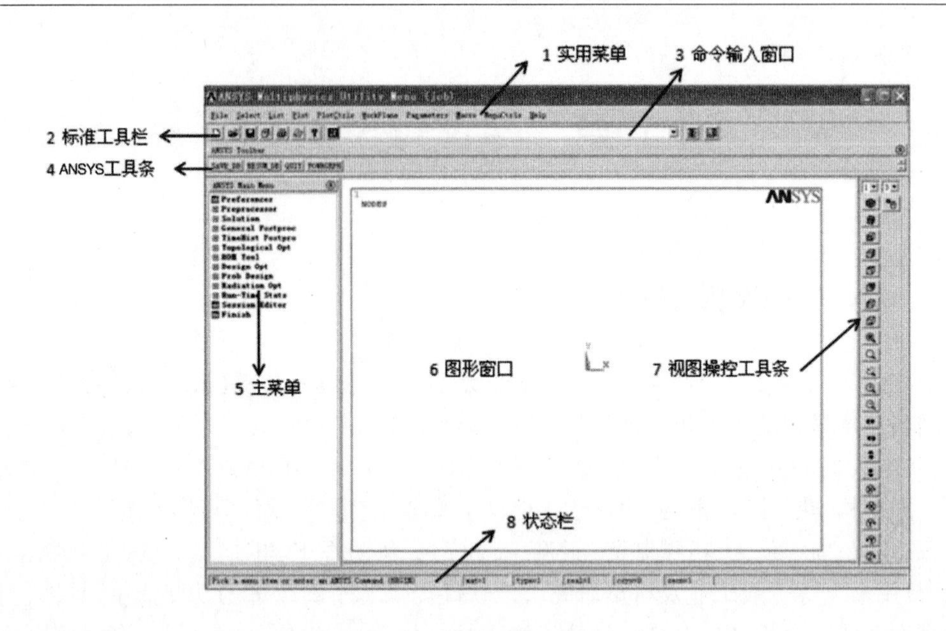

图 1-1 ANSYS 软件主窗口

➢ File 菜单,如图 1-2 所示

File 菜单有 8 项功能分区,主要包括文件命名、读取、存储、命令流文件读入,几何模型导入等,Read Input From 选项非常有用,读入命令流文本文件,代替在命令窗口一条一条输入命令,有时候一些命令不能通过 ANSYS 命令输入窗口进行执行,必须以这种方式读入。

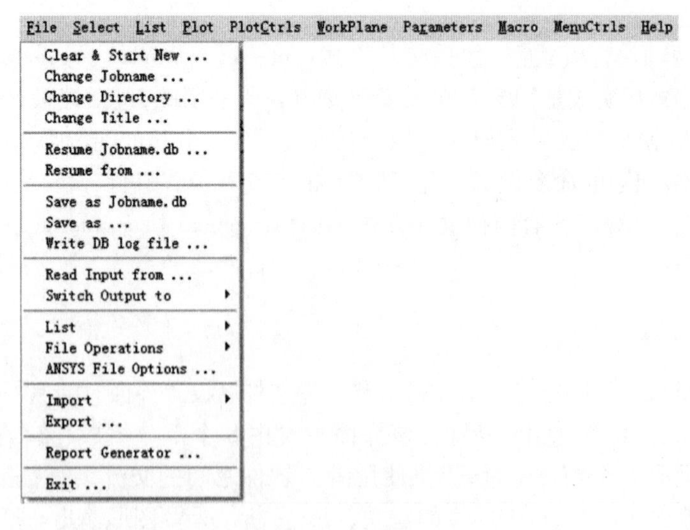

图 1-2 文件菜单

➢ Select 菜单,如图 1-3 所示。

选择操作在 ANSYS 中非常强大,从几何元素到有限元元素,每一个实体对象都可选中,进行后续操作。选择方式多种多样,几乎用户能想到的,ANSYS 都能实现,如利用几何拓扑家族基因进行“关联”选择，表明出强大的技术革命性。

File Select List Plot PlotCtrls WorkPlane Parameters Macro MenuCtrls Help
Entities ...
Component Manager ...
Comp/Assembly
Parts ...
Everything
Everything Below

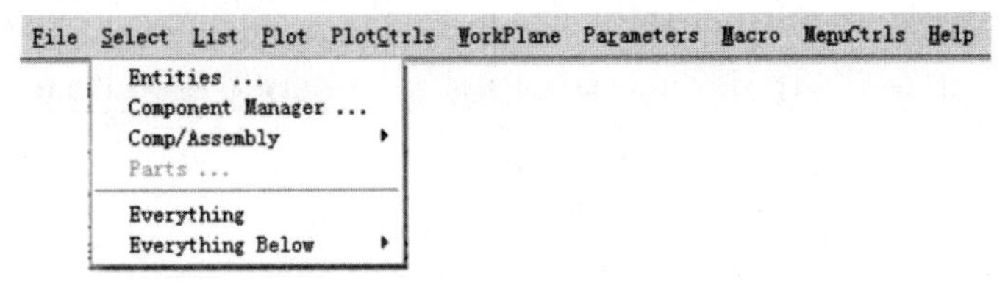

图 1-3　选择菜单

➢ List 菜单，如图 1-4 所示。

以表单形式提供当前数据库中所含有的所有类型的数据信息，便于用户检证操作的真伪。

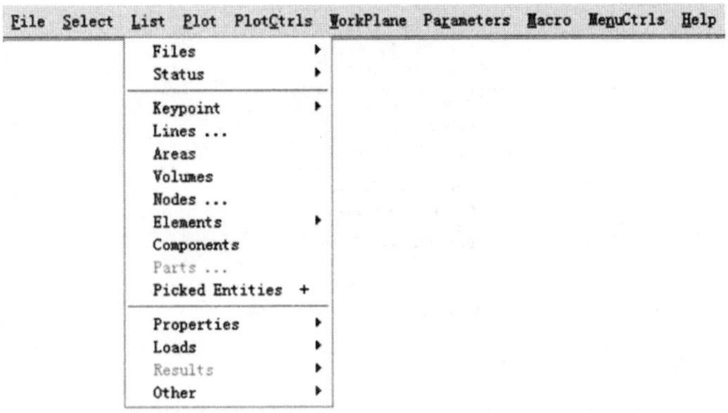

File Select List Plot PlotCtrls WorkPlane Parameters Macro MenuCtrls Help
Files
Status
Keypoint
Lines ...
Areas
Volumes
Nodes ...
Elements
Components
Parts ...
Picked Entities +
Properties
Loads
Results
Other

图 1-4　列表菜单

➢ Plot 菜单，如图 1-5 所示。

控制图形窗口中显示的对象，如关键点、线、面、体、节点、单元以及其他各种能以图形方式显示的数据。

File Select List Plot PlotCtrls WorkPlane Parameters Macro MenuCtrls Help
Replot
Keypoints
Lines
Areas
Volumes
Specified Entities
Nodes
Elements
Layered Elements ...
Materials ...
Data Tables ...
Array Parameters ...
Results
Multi-Plots
Components
Parts

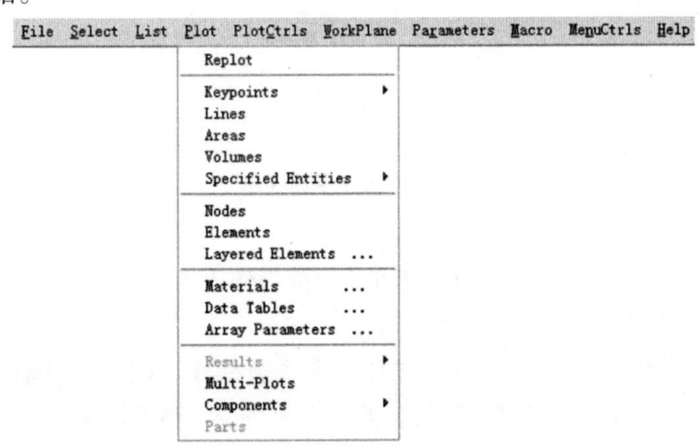

图 1-5　显示菜单

➢ PlotCtrls 菜单，如图 1-6 所示。

设置图形窗口中对象以哪种风格进行显示，如对象空间的姿态；控制窗口显示的对象类型,如窗口背景色、时间、ANSYS 图标、后处理中的图例等;还可以将图形窗口中对象以图片的形式输出备用。

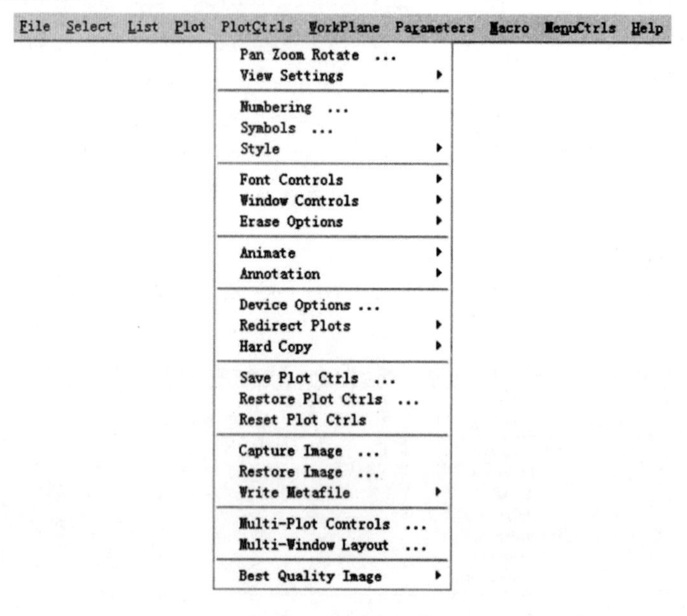

图 1-6　显示控制菜单

➢ WorkPlane 菜单,如图 1-7 所示。

工作平面是二维与三维联系的纽带,像 AutoCAD 中的 UCS 和 Catia 中的工作平面一样。它在前后处理中扮演重要角色。WorkPlane 菜单中包含了它的生成方法。

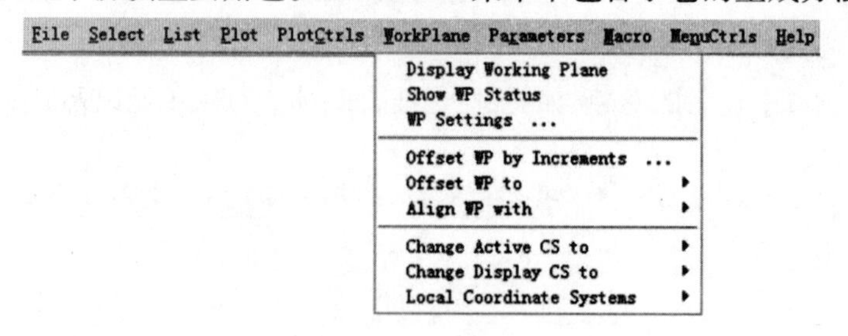

图 1-7　工作平面菜单

1.2.1.2　标准工具栏(Standard Toolbar)

将一些常用的命令按钮集成于此,使方便快捷操作成为可能。

1.2.1.3　命令输入窗口(Command Window)

ANSYS 软件有两种操作方式:GUI 操作和命令流操作。该窗口可输入各种命令,在输入命令的同时,将会出现浮动提示栏,智能化提示命令的输入格式。

1.2.1.4　ANSYS 工具条

允许用户自定义一些按钮来执行一些 ANSYS 命令或者函数,可在 Utility Menu > MenuCtrls > Edit Toolbar 下根据个人喜好自行编辑。ANSYS 预装了一些按钮来执行相应的功能。

1.2.1.5　主菜单

顾名思义,其他菜单都是它的补充。主菜单涵盖了 ANSYS 分析过程的所有菜单命令,按其分析的顺序进行排列,包括前处理、求解器、通用后处理、时间历程后处理和优化设计等。

1.2.1.6　图形窗口

显示用户建立的模型和计算结果。

1.2.1.7　视图操控工具条

控制图形窗口模型的显示方式,包括各种侧面图、旋转模型、移动模型等操作。

1.2.1.8　状态栏

显示当前操作的有关提示,以及材料号、单元号、实常数号等信息。

1.2.1.9　输出窗口

在 ANSYS 启动后,在主窗口的后面还有一个隐藏的输出窗口,黑色背景,与 DOS 界面相仿,如图 1-8 所示,它的作用是显示对用户操作指令的反馈信息。

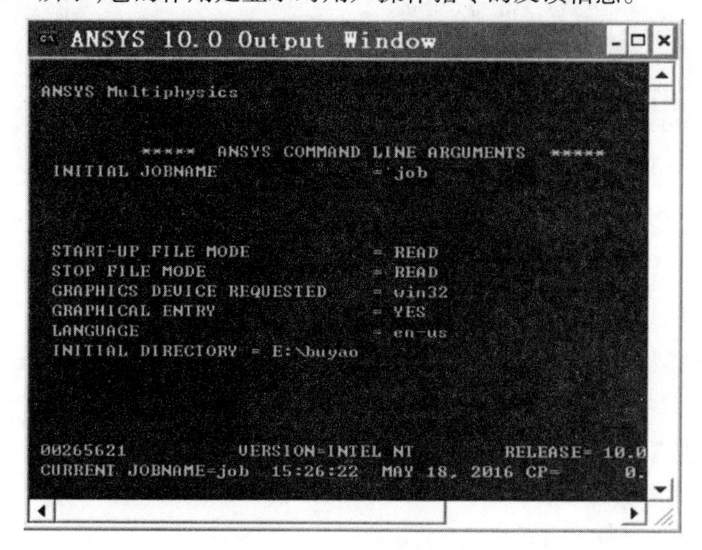

图 1-8　ANSYS 输出窗口

1.2.2　命令流方式

ANSYS 的命令流方式如图 1-9 所示,将二次开发工具 APDL、UPFS、UIDL 和 TCL/TK 深度融合,编写程序命令流于一个文本中,再通过/input 命令读入并执行,也可通过拷贝该文本内容粘贴到命令行中执行。

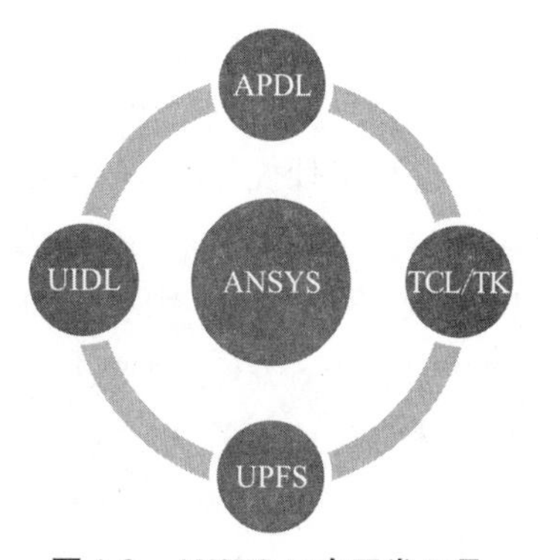

图 1-9　ANSYS 二次开发工具

命令流方式与 GUI 方式共存,满足不同使用者的需求,为软件功能向使用者专业领域拓展,可供了可能性,如利用 UPFS 开发邓肯 - 张和摩尔库仑岩土本构模型,极大地拓展了 ANSYS 在岩土中的应用;也为不同用户间进行交流提供快捷途径,如利用 APDL 进行交流、发布;同时为设计人与校核人按照企业质量体系文件进行的设计、校核、审查、审核、审定工作提供方便。

因此,有人将 ANSYS 视为一个学科进行研究。在现有的众多有限元软件中,ANSYS 也因此项绝技而独树一帜。因此,强烈推荐使用命令流方式进行操作!

1.3 程序架构

ANSYS 构架分为两层,一是起始层(Begin Level),二是处理层(Processor Level),拉开输入命令窗口可以看到目前在哪个层级,如图 1-10 所示。这两个层的关系主要是使用命令输入时,要通过起始层进入不同的处理器。处理器可视为解决问题步骤中的组合命令,通常一个命令必须在其所属的处理器下执行,否则会出现错误,但有的命令可以在多个处理器下执行,如选择类命令。ANSYS 解决问题的基本流程叙述如下:

图 1-10　命令窗口中层级结构

➢ 前置处理(General Preprocessor, PREP7)

建立几何模型、划分网格,为后续分析提供有限元模型。不管哪种分析都一定使用该处理器。

➢ 求解处理器(Solution Processor, SOLU)

定义外力、边界条件、求解。

➢ 一般后处理器(General Postprocessor)

用于静态结构分析、模态分析、屈曲分析后检查结果。

➢ 时域后处理器(Time Domain Postprocessor, POST26)

用于动态分析后,查看动态分析与时间有关的时域结果。

➢ 优化处理器(Optimization Processor,OPT)

处理最佳优化问题,定义目标函数,限制函数。

水利工程中最常用的是静态结构分析与动态分析相关处理器:PREP7、SOLU、POST1、POST26。如图 1-11 所示:由 Begin Level 进入处理器,直接输入斜杠符号加处理器名称,如/PREP7、/SOLU、/POST1。处理器之间的转换通过命令 FINISH 先回到 Begin Level,然后进入目标处理器。

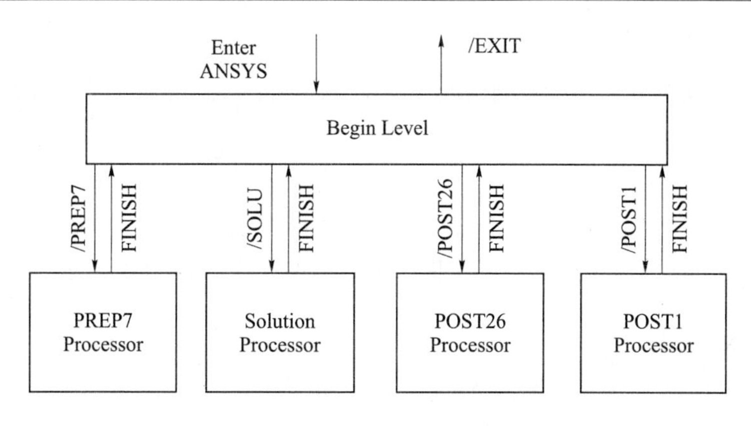

图 1-11　程序架构图

1.4　数据文件

进行有限元分析过程中，程序会自动创建大量文件，分门别类地保存各种有用的信息，常用的重要文件如表 1-1 所示。

表 1-1　常用数据文件汇总

文件名称	类型	说明
Jobname. log	文本	日志文件
Jobname. err	文本	错误及警告信息文件
Jobname. db	二进制	数据库文件
Jobname. out	文本	输出文件
Jobname. rst	二进制	结构和耦合场分析的结果文件
Jobname. rth	二进制	温度分析的结果文件

- Log file

该文件为 ASCII 文件，记录使用者从进入至离开期间，所执行的任何正确与错误的命令，使用者可利用文件软件编辑该文件，删除不必要的命令，修正错误的命令，保留该文件以便日后参考或重新分析。这点对于初学者非常有用：将该文件编辑，变成自己的命令流文件。

- Error file

该文件记录执行命令时所产生的错误信息，它与上面的 Log file 区别在于，Log file 是记录操作者的操作痕迹，Error file 是记录平台对错误操作的提醒。如在没有有限元模型下，执行 solve 求解时，会出现“There are no nodes defined”警告信息。

- Output file

该文件记录使用者执行每一条命令后的执行情况，不管该命令是否正确，在 GUI 模式下，等同于输出窗口显示的内容。

● Database file

该文件记录有限元系统的资料,包括 Node、Element、load、Result 等所有支持的对象的数据信息。

● Result file

该文件保存有限元模块分析完成后的结果,当结构正确无误分析完成后,便会生成该文件,不同专业方向分析生成的结果文件扩展名也不一样,如表 1-1 所示。

1.5 命令流语法

命令流可由 UPFS、APDL 等完成,水利工程中应用最多的是 APDL,APDL 编写命令流应用简单方便,利用它可以完成绝大多数的任务,深受广大用户喜爱;UPFS 是高级二次开发,可以创建新单元、定义新的材料属性、定义用户失效准则等,是从源代码层次上对 ANSYS进行二次开发。本书仅介绍 APDL 的应用情况。

ANSYS 参数化设计语言(APDL)是一种脚本语言,用户可用它自动分析任务,甚至创建参数化有限元模型。所有的 ANSYS 命令可以作为脚本使用,作为纯脚本语言,它还包含大量其他特征,如重复命令、宏操作、条件语句、循环结构、标量、矢量和矩阵运算。同时,APDL 是一些复杂应用的基础,如在优化设计和自适应网格剖分应用方面,也为用户日常应用提供便利。

APDL 书写格式与一般的 FORTRAN 程序语法相似,由 1 000 多条 ANSYS 命令和 FORTRAN 语言部分组成,现在举例说明。

命题内容:两端固结梁,截面尺寸如图 1-12 所示,承受均布荷载 20 kN/m,分析它的受力情况。

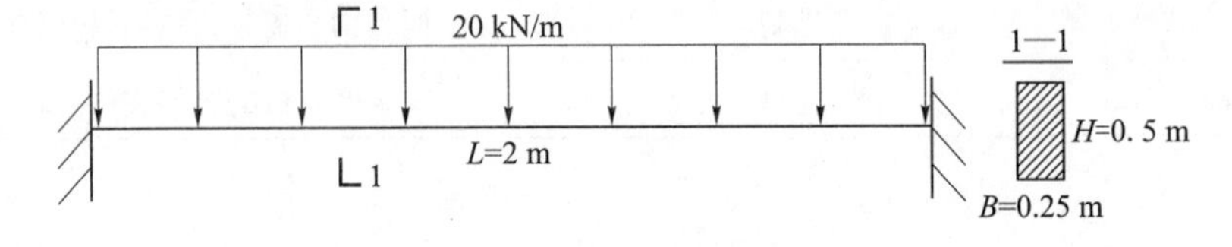

图 1-12 固结梁几何模型

```
FINISH
/CLEAR                              ! 清除目前 ANSYS 中所有数据
/FILNAM,BEAM_2D                     ! 定义工作名
/TITLE,INTERNAL FORCE IN BEAM       ! 定义分析标题
/PREP7                              ! 进入前处理模块
B =0.25                             ! 梁宽
H =0.5                              ! 梁高
ET,1,BEAM3                          ! 定义热分析单元
MP,EX,1,2.1E11                      ! 弹性模量
```

```
MP,PRXY,1,0.3                              ! 泊松比
R,1,B*H,B*H*H*H/12,H                       ! 截面参数
K,1,0,0,0                                  ! 定义关键点
K,2,1,0,0
K,3,2,0,0
/PNUM,KP,1                                 ! 打开关键点编号显示
L,1,2                                      ! 定义直线
L,2,3
LATT,1,1,1,,,,                             ! 设置网格划分时单元属性
LESIZE,ALL,,,10,,1,,,1,                    ! 设置网格划分尺寸
LSEL,S,,,1,30                              ! 选择被划分的直线
LMESH,ALL                                  ! 直线网格划分
ALLSEL                                     ! 选择所有模型
/PNUM,KP,0                                 ! 关闭关键点编号显示
/PNUM,NODE,1                               ! 打开节点编号显示
D,1,ALL                                    ! 约束节点 1 的所有自由度
D,12,ALL                                   ! 约束节点 12 的所有自由度
ESEL,S,,,1,20
SFBEAM,ALL,1,PRES,20000,20000,,,,,         ! 给单元施加均布荷载
/SOL                                       ! 进入求解器
ANTYPE,0                                   ! 设置单元类型
SOLVE                                      ! 进行求解
FINISH                                     ! 完成分析退出求解器
/POST1                                     ! 进入后处理
SET,LAST                                   ! 激活最后一个荷载步
ETABLE,FXI,SMISC,1                         ! 定义单元节点 I 处的轴力结果列表
ETABLE,FYI,SMISC,2                         ! 定义单元节点 I 处的剪力结果列表
ETABLE,MI,SMISC,6                          ! 定义单元节点 I 处的弯矩结果列表
ETABLE,FXJ,SMISC,7                         ! 定义单元节点 J 处的轴力结果列表
ETABLE,FYJ,SMISC,8                         ! 定义单元节点 J 处的剪力结果列表
ETABLE,MJ,SMISC,12                         ! 定义单元节点 J 处的弯矩结果列表
PLLS,MI,MJ,1,0                             ! 显示单元的弯矩图
! PLLS,FXI,FXJ,1,0                         ! 显示单元的轴力图
PLLS,FYI,FYJ,1,0                           ! 显示单元的剪力图
```

梁弯矩、剪力图分别见图 1-13、图 1-14。

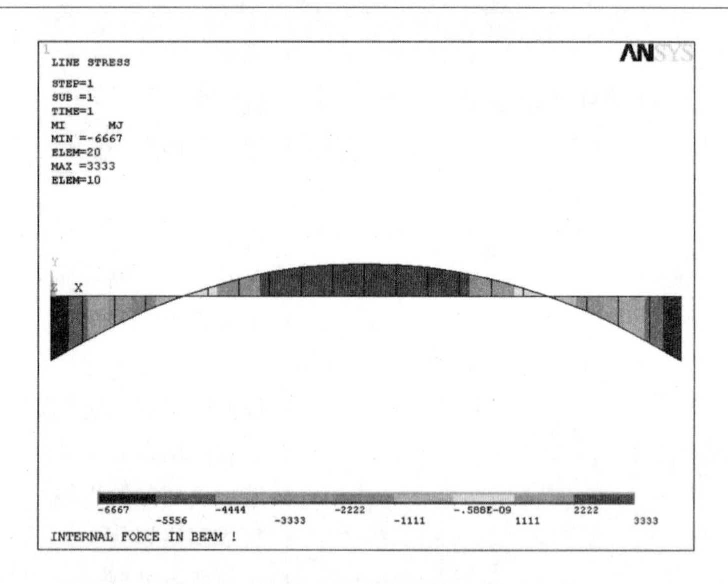

图 1-13　梁弯矩图

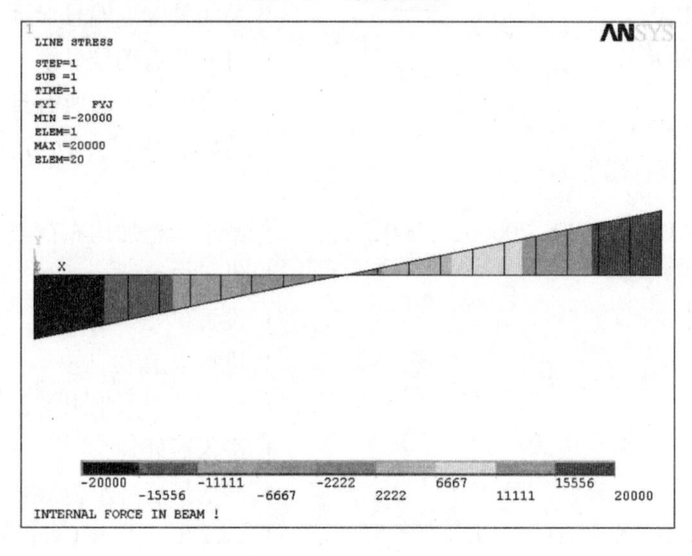

图 1-14　梁剪力图

1.6　单元类型

1.6.1　单元分类

1.6.1.1　按形状分类

点单元:MASS

线单元:LINK、BEAM、COMBIN

面单元:PLANE、SHELL

体单元:SOLID

具体的单元形状如图 1-15 所示。

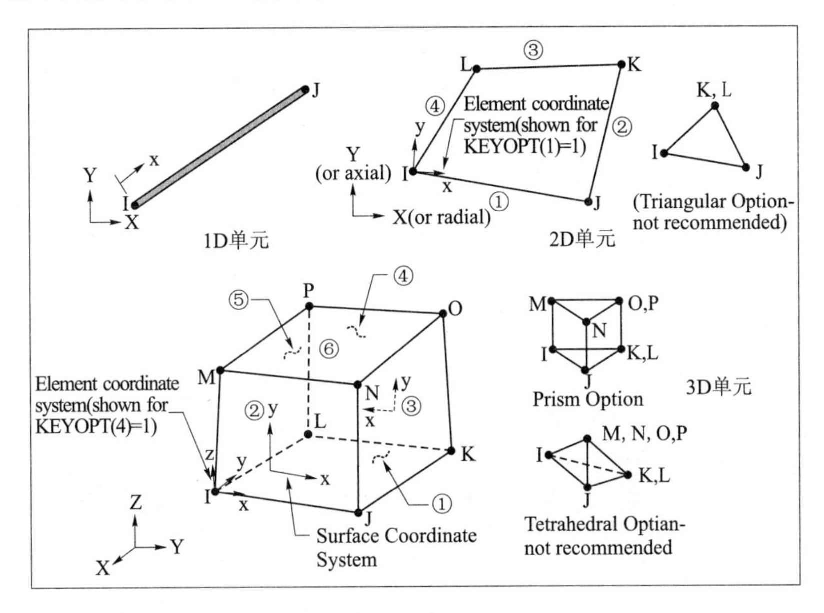

图 1-15 单元形状图

1.6.1.2 按单元阶次分类

线性单元:对于结构分析问题,单元内的位移是线性变化的,因而每个单元的应力状态是保持不变的,此类单元如图 1-16 左列所示。

二次单元:对于结构分析问题,单元内的位移是二次函数变化的,因而每个单元的应力状态是线性变化的,此类单元如图 1-16 右列所示。

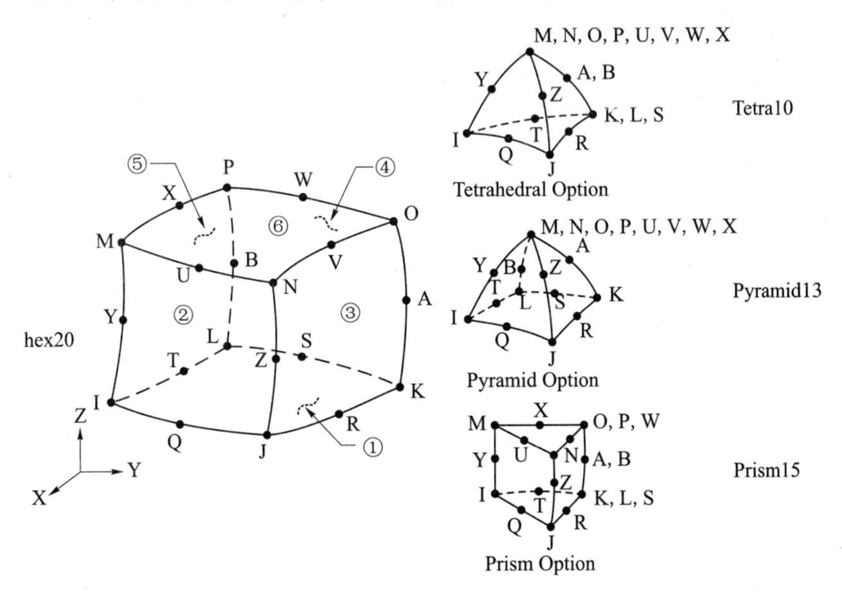

图 1-16 ANSYS 三维实体单元几何形状图

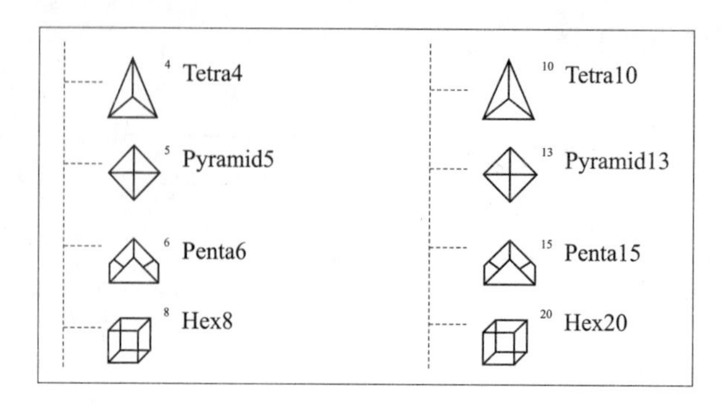

续图 1-16

P 单元:对于结构分析问题,单元内的位移是按二阶到八阶函数变化的,而且具有自动求解收敛控制功能,自动确定各位置应采用的函数阶数。

单元阶次选取,需要在计算精度与计算规模间综合衡量。

1.6.2　单元介绍

1.6.2.1　点单元

其特点是几何形状为点状,可用 MASS 单元模拟。

MASS 单元:主要用于动力学分析质量块结构的模拟。

1.6.2.2　线单元

几何形状是线性的结构,可用于以下单元进行模拟:

(1)LINK 单元:用于桁架、螺栓、螺杆等连接的模拟。

(2)BEAM 单元:用于梁、螺栓、螺杆、连接件等的模拟。

(3)PIPE 单元:用于管道、管件等结构模拟。

(4)COMBIN 单元:用于弹簧、细长构件的模拟。

1.6.2.3　面单元

几何形状为面型的结构,可用于以下单元模拟:

(1)Shell 单元:主要用于薄板或曲面结构的模拟,壳单元分析应用的基本原则是每块面板的主尺寸不低于其厚度的 10 倍。

(2)Plane 单元(平面单元):用于总体直角坐标系下 XY 平面内结构的平面应力、平面应变、轴对称问题;适用于 Z 方向上的几何尺寸远远小于 X 和 Y 方向上尺寸的情况(如薄板);所有荷载均作用在 XY 平面内;仅允许 XY 平面内的运动。

1.6.2.4　体单元

几何形状为体型的结构,可用于 SOLID 单元模拟。SOLID 单元主要用于三维实体结构的模拟。

实体单元类型比较多,实体单元也是实际工程中使用最多的单元类型,如图 1-17 所示。常用的实体单元类型有SOLID45、SOLID92、SOLID185、SOLID187 这四种,一般将其分为两类。

(1)SOLID45、SOLID185 可以归为第一类,它们都是六面体单元,都可以退化为四面体和棱柱体,单元的主要功能基本相同。

(2)SOLID95、SOLID186可以归为第二类，它们都是二阶六面体单元，都可以退化为四面体和棱柱体，单元的主要功能基本相同。

(3)SOLID92、SOLID187可以归为第三类，它们都是带中间节点的四面体单元，单元的主要功能基本相同。

```
Brick 8node    45
      8node   185
      20node  186
      20node   95
      concret  65
Tet  10node   187
     10node    92
```

图1-17　实体结构单元图

1.6.3　单元选择方法

(1)ANSYS的单元库提供了100多种单元类型，单元类型选择的工作就是将单元的选择范围缩小到少数几个单元上。

(2)在选择单元时，首先应该遵循的原则是要能正确地计算模型，根据模型的几何形状选定单元的大类，如线状结构只能用“Link Beam Pipe和Combin”这类单元去模拟；面状结构则只能用“Plane、Shell”这类单元去模拟。

(3)其次应当根据分析问题的性质选择单元类型，如确定为2D的Beam单元后，应当根据分析问题是弹性的还是塑性的确定为“Beam3”或“Beam4”等。

(4)在选择时，应当考虑到模型精度与模型计算量之间的取舍问题，如高阶与线性之间的选择。

1.6.4　一些常见问题

1.6.4.1　杆单元与梁单元区分

这个比较容易理解。杆单元只能承受沿着杆件方向的拉力或者压力，杆单元不能承受弯矩，这是杆单元的基本特点。梁单元则既可以受拉，也可以受压，还可以承受弯矩。如果结构中要承受弯矩，肯定不能选杆单元。

1.6.4.2　梁单元的区分

对于梁单元，常用的有Beam3、Beam4、Beam188这三种，其区别在于：

- Beam3是2D的梁单元，只能解决二维的问题。
- Beam4是3D的梁单元，可以解决三维的空间梁问题。
- Beam188是3D的梁单元，可以根据需要自定义梁的截面形状。

1.6.4.3　薄壁结构是选壳单元还是实体单元

对于薄壁结构，最好是选用Shell单元，Shell单元可以减少计算量，如果选用实体单元，薄壁结构承受弯矩的时候，如果在厚度方向的单元层数太少，有时候计算结果误差比较大，反而不如Shell单元计算准确。实际工程中常用的Shell单元有Shell63、Shell93。Shell63是四节点的Shell单元(可以退化为三角形)，Shell93是带中间节点的四边形Shell单元(可以退化为三角形)。Shell93单元由于带有中间节点，计算精度比Shell63单元更高，但是由于节点数目比Shell63单元多，计算量会增大。对于一般的问题，选用Shell63就足够了。

1.6.4.4　实体单元选择

如果所分析的结构比较简单，可以很方便地全部划分为六面体单元，或者绝大部分是六面体，只含有少量四面体和棱柱体，此时应该选用第一类单元，也就是选用六面体单元；

如果所分析的结构比较复杂,难以划分出六面体,应该选用第三类单元,也就是带中间节点的四面体单元。六面体单元和带中间节点的四面体单元的计算精度都是很高的,其区别在于:一个六面体单元只有 8 个节点,计算规模小,但是复杂的结构很难划分出好的六面体单元,带中间节点的四面体单元恰好相反,不管结构多么复杂,总能轻易地划分出四面体,但是由于每个单元有 10 个节点,总节点数比较多,计算量会增大很多。

结构静力学中常用的单元类型见表 1-2。

表 1-2　结构静力学中常用的单元类型

类别	形状和特性	单元类型
杆	普通	LINK1,LINK8
	双线性	LINK10
梁	普通	BEAM3,BEAM4
	截面渐变	BEAM54,BEAM44
	塑性	BEAM23,BEAM24
	考虑剪切变形	BEAM188,BEAM189
管	普通	PIPE16,PIPE17,PIPE18
	浸入	PIPE59
	塑性	PIPE20,PIPE60
2－D 实体	四边形	PLANE42,PLANE82,PLANE182
	三角形	PLANE2
	超弹性单元	HYPER84,HYPER56,HYPER74
	黏弹性	VISO88
	大应变	VISO106,VISO108
	谐单元	PLANE83,PPNAE25
	P 单元	PLANE145,PLANE146
3－D 实体	块	SOLID45,SOLID95,SOLID185,SOLID186
	四面体	SOLID92,SOLID187
	层	SOLID46
	各向异性	SOLID64,SOLID65
	超弹性单元	HYPER86,HYPER58,HYPER158
	黏弹性	VISO89
	大应变	VISO107
	P 单元	SOLID147,SOLID148
壳	四边形	SHELL93,SHELL63,SHELL41,SHELL43,SHELL181
	轴对称	SHELL51,SHELL61
	层	SHELL91,SHELL99
	剪切板	SHELL28
	P 单元	SHELL150

第 2 章　网格划分

ANSYS 作为国际通用的大型有限数值模拟平台,网格划分方面它也是独树一帜的,具体来说,有两种方式生成:①自主生成;②接口导入。

2.1　自主网格

2.1.1　网格划分步骤

网格划分过程是将几何模型转化为有限元模型的过程。ANSYS 自身网格划分功能进行网格划分主要包括以下四个步骤。

2.1.1.1　构建几何模型

实体模型建立有下列方法:

1. 由下往上法(Bottom - up Method)

由建立最低单元的点到最高单元的体,即建立点,然后由点连成线,再由线组合成面,最后由面组合建立体。

2. 由上往下法(Top - down Method)及布尔运算命令一起使用

此方法直接建立较高单元对象,其所对应的较低单元对象一起产生,对象单元高低顺序依次为体、面、线及点。所谓布尔运算,是指对象相互加、减、组合等。

3. 混合使用前两种方法

依照个人经验,可结合前两种方法综合运用,但应考虑到要获得什么样的有限元模型,即在网格划分时,要产生自由网格划分或对应网格划分。自由网格划分时,实体模型的建立比较简单,只要所有的面或体能接合成一个体就可以,对应网格划分时,平面结构一定要四边形或三边形面相接而成,立体结构一定要六面体相接而成。

4. 其他 CAD 软件导入

当前,BIM 技术迅速发展。几何模型由传统的二维向三维转化。诸多单位都在推进三维设计。利用 ANSYS 开放的外部接口,很容易实现外部几何模型的导入,从而避免了重复对现有 CAD 模型的劳动而生成待分析的实体模型,工程师可利用熟悉的工具去建模,便于形成“CAD 与 CAE”生产线作业。

CAD 平台及其输出格式见表 2-1。

2.1.1.2　定义单元属性

单元属性包括单元类型 TYPE、实常数 REAL、材料参数 MAT。

2.1.1.3　网格划分控制

对几何图形边界划分网格的大小和数目进行设置。

表 2-1 CAD 平台及其输出格式

CATIA 4. x and lower	. model or . dlv	CATIA
CATIA 5. x	. CATPart or . CATProduct	CATIA Version 5
Pro/ENGINEER	. prt	Pro/ENGINEER
Unigraphics	. prt	Unigraphics
Parasolid	. x_t or . xmt_txt	Parasolid
Solid Edge	. x_t or . xmt_txt	Parasolid
Solid Works	. x_t	Parasolid
Unigraphics	. x_t or . xmt_txt	Parasolid
AutoCAD	. sat	SAT
Mechanical Desktop	. sat	SAT
SAT ACIS	. sat	SAT
Solid Designer	. sat	SAT

2.1.1.4 生成网格

完成上述两步后，可以进行网格划分，产生节点和单元，生成有限元模型。

2.1.2 自由网格和映射网格

在对模型进行网格划分之前，甚至在建立模型之前，对于确定是采用自由网格还是映射网格进行分析更为合适是十分重要的。自由网格对于单元形状无限制，并且没有特定的准则。与自由网格相比，映射网格对包含的单元形状有限制，而且必须满足特定的规则。映射面网格只包含四边形或三角形单元，而映射体网格只包含六面体单元。映射网格典型具有规则形状、明显成排的单元。如果想要这种网格类型，必须将模型生成具有一系列相当规则的体或面才能接受映射网格划分。

自由网格和映射网格见图 2-1。

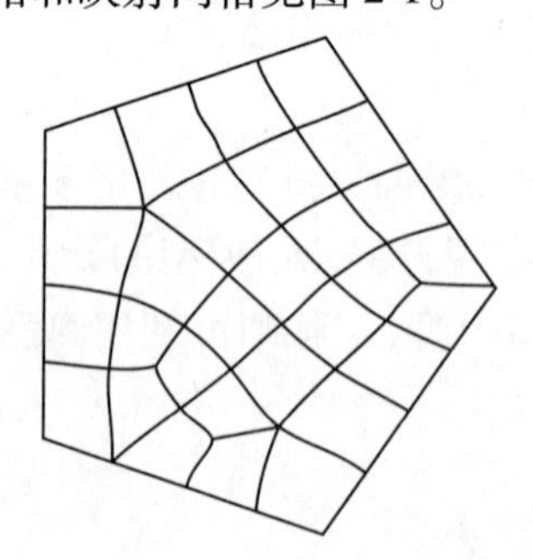

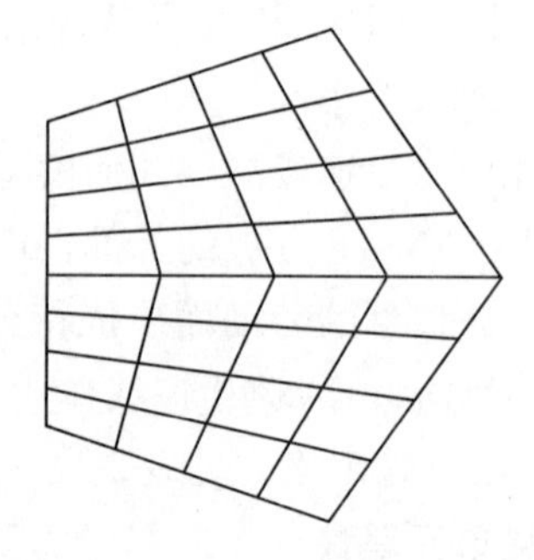

图 2-1 自由网格和映射网格

可用 MSHKEY 命令或相应的 GUI 途径选择自由网格或映射网格。注意所用网格控制将随自由网格或映射网格划分而不同。后面将详细说明自由网格和映射网格划分。

2.1.3　网格划分控制

2.1.3.1　单元形状控制

命令:MSHAPE,KEY,Dimension

其中:

KEY——划分网格的单元形状参数,其值可取:

=0:如果 Dimension =2D,用四边形单元划分网格;

如果 Dimension =3D,用六面体单元划分网格。

=1:如果 Dimension =2D,用三角形单元划分网格;

如果 Dimension =3D,用四面体单元划分网格。

在设置该命令的参数时,应考虑所定义的单元类型是否支持这种单元形状。

2.1.3.2　网格类型选择

命令:MSHKEY,KEY

其中:

KEY——网格类型参数,其值可取:

=0(缺省):自由网格划分(Free Meshing);

=1:映射网格划分(Mapped Meshing);

=2:如果可能,则采用映射网格划分,否则采用自由网格划分。如果设置了此项,即使对不能使用映射网格划分的面采用了自由网格划分,也不会激活智能化网格,并且在执行过程中 ANSYS 会给出警告信息(设置 SMRTSIZE 无效)。

单元形状和网格划分类型的设置共同影响网格的生成,二者的组合不同,所生成的网格也不同。表 2-2 为 ANSYS 支持的单元形状和网格划分类型组合。表 2-3 为未指定单元形状和网格划分类型时 ANSYS 的选择。

表 2-2　ANSYS 支持的单元形状和网格划分类型组合

单元形状	自由分网	映射分网	若允许,映射分网;否则,自由分网
四边形	是	是	是
三角形	是	是	是
六面体	否	是	否
四面体	是	否	否

表 2-3　未指定单元形状和网格划分类型时 ANSYS 的选择

用户指令	对网格的影响
仅使用无参的 MSHAPE 命令	根据模型是面或是体,使用四边形或六面体单元划分
不指定单元形状,但指定了网格划分类型	使用缺省的单元形状,按指定的网格划分类型划分
既不指定单元形状,也不指定网格划分类型	使用缺省的单元形状和对此种单元形状默认的网格划分类型划分

总之,程序默认自由网格,单元形状以四边形、六面体优先,三角形、角锥体次之,不需特别定义 MSHKEY 及 MSHAPE。网格化时,如果实体模型可以对应网格化,而且相对应边长度不是差很多,则必定以对应网格化优先考虑;否则,强行使用 MSHKEY 进行对应网格。

2.1.4　单元尺寸控制

权限 LESIZE > KESIZE > ESIZE > SMRTSIZE(DESIZE)。

LESIZE 和 KESIZE 为区域性命令,仅限于所选择的线段和点。ESIZE、SMRTSIZE、DESIZE 为整体性命令,除前面已定义外,适用于所有其他线段。

2.2　外部网格

ANSYS 自身的网格划分功能很强大,一般的几何模型均能有效划分,但其划分的效率不高,为了得到满意的网格,需要下很大功夫。与此同时,ANSYS 提供了外部接口,可以接收第三方平台的网格,网格文件的格式是. cdb。

案例:cdb 文件格式介绍

图 2-2 为一 Hex8 单元构造图,以下命令流为一个边长为 1 的立方体单元,. cdb 格式文件,可以通过图 2-3 外部网格接口通道导入 ANSYS 中。命令流可分为三部分内容:①为了重新映射数据库,程序中的现有数据项,要进行编号偏移,避免新旧数据库数据重叠;②定义单元属性;③搭建节点与单元构造数据信息。

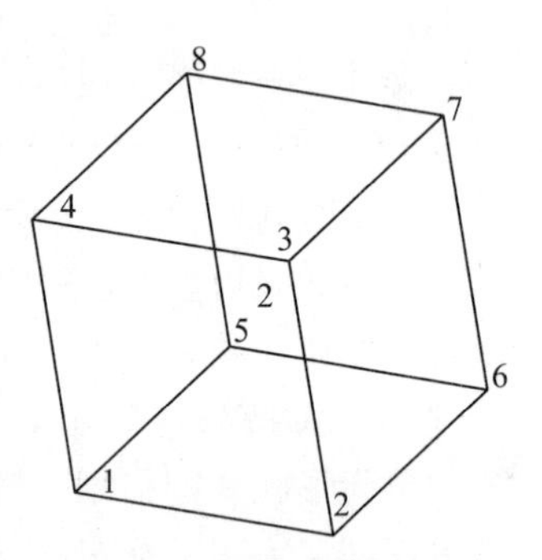

图 2-2　边长为 1 的立方体单元构造图

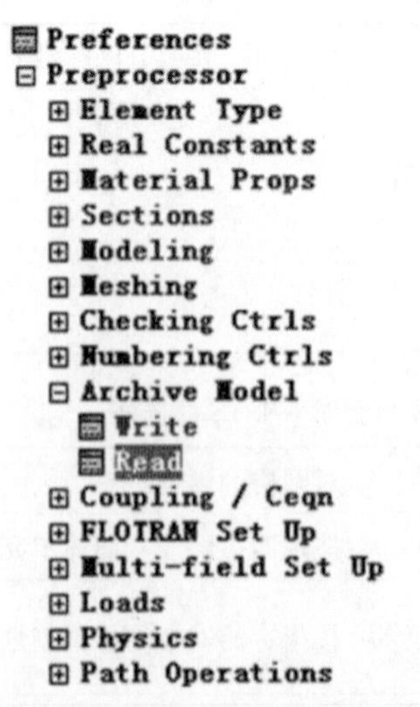

图 2-3　外部网格接口通道

```
/PREP7
*IF,_CDRDOFF,EQ,1,THEN          ! if solid model was read in
_CDRDOFF =                       ! reset flag, numoffs already performed
*ELSE                            ! offset database for the following FE
                                   model
NUMOFF,NODE,                     8
NUMOFF,ELEM,                     2
NUMOFF,MAT,                      1
NUMOFF,TYPE,                     1
*ENDIF
NBLOCK,6,SOLID
(3i8,6e16.9)
4       0       0                0.0             1.0             0.0
3       0       0                0.0             1.0             1.0
2       0       0                0.0             0.0             1.0
1       0       0                0.0             0.0             0.0
5       0       0                1.0             0.0             0.0
6       0       0                1.0             0.0             1.0
7       0       0                1.0             1.0             1.0
8       0       0                1.0             1.0             0.0
N,R5.3,LOC,                       -1,
!! HMNAME MAT
!!                               1 "MAT1"
MPTEMP,1,                        0.0
MP,DENS,1,                       2400.0
MP,EX   ,1,                      10000000000.0
MP,NUXY,1,                       0.2
!! HMNAME ET
!!                               1 "ET_1"
ET,1,45
!! HMNAME COMP
!!                               1 -1 -0 1 "auto1"
!! HWCOLOR COMP
!!                               1 -1 -0 11
TYPE, 1   $ MAT, 1   $ REAL, 0
EBLOCK,19,SOLID,
(19i8)
```

```
1 1 0 0 0 0 0 0 8 0 2 1  4  3  2  5  8  7  6  -1
CM, auto1, ELEM
ESEL, NONE
ESEL, ALL

!! Loadstep Data

!! Loadstep Data (all loads and boundary conditions).
LSCLEAR, ALL
LSWRITE,1

FINISH
```

命令关键字：

- NBLOCK,6,SOLID

```
(3i8,6e16.9)
4       0       0            0.0            1.0            0.0
```

此命令是节点块命令。对节点编号、坐标位置定义，为单元组成提供数据支持。整合节点数据文件，各子项代表意义如下：

ID + SOLIDFLG + LINELOC + X + Y + Z

节点号 + 实体标识 + 节点在线中的位置标识 + X 坐标 + Y 坐标 + Z 坐标

- EBLOCK,19,SOLID,

```
(19i8)
1   1   0   0   0   0   0   0   8
0   2   1   4   3   2   5   8   7   6
```

此命令是单元块命令。前 10 项是描述单元属性项，后几项是单元编号与节点组成项。不同阶次的单元，单元数量也不同，因此后几项可以弹性改动。如二阶单元，20 个节点，这样最后一项一直到 N20 结束。

Mat　Type　Real　Secnum　Esys　Brithflg　Solidref　Shapeflg　Nodenum　Excl_key　Id　N1　N2　N3　N4　N5　N6　N7　N8

各项意义依次为：材料号、单元类型、实常数、截面号、单元坐标系、单元生死、体参考号、单元形状、节点总数、表单编号、单元编号、节点 1、节点 2 等。

2.3　网格技巧

混合网格划分即在几何模型上，根据各部位的特点，分别采用自由、映射、扫掠等多种网格划分方式，以形成综合效果尽量好的有限元模型。混合网格划分方式要在计算精度、计算时间、建模工作量等方面进行综合考虑。

通常，为了提高计算精度和减少计算时间，应首先考虑对适合扫掠和映射网格划分的区域先划分六面体网格，这种网格既可以是线性的（无中节点），也可以是二次的（有中节点），如果无合适的区域，应尽量通过切分等多种布尔运算手段来创建合适的区域（尤其是对所关心的区域或部位）；其次，对实在无法再切分而必须用四面体自由网格划分的区域，采用带中节点的六面体单元进行自由分网（自动退化成适合自由划分形式的单元），此时在该区域与已进行扫掠或映射网格划分的区域的交界面上，会自动形成金字塔过渡单元（无中节点的六面体单元没有金字塔退化形式）。ANSYS 中的这种金字塔过渡单元具有很大的灵活性：如果其邻接的六面体单元无中节点，则在金字塔单元四边形面的四条单元边上，自动取消中间节点，以保证网格的协调性。同时，应采用前面描述的 TCHG 命令来将退化形式的四面体单元自动转换成非退化的四面体单元，提高求解效率。

如果对整个分析模型的计算精度要求不高，或对进行自由网格划分区域的计算精度要求不高，则可在自由网格划分区采用无中间节点的六面体单元来分网（自动退化成无中节点的四面体单元），此时虽然在六面体单元划分区和四面体单元划分区之间无金字塔过渡单元，但如果六面体单元区的单元也无中节点，则由于都是线性单元，亦可保证单元的协调性。

2.3.1　混合离散

2.3.1.1　混合离散整体架构

ANSYS 三维实体单元的几何图谱如图 2-4 所示。三维实体单元有四种几何形状：四面体 Tetra、金字塔 Pyramid、三棱柱 Penta 和六面体 Hex。图 2-4 中左列为一阶单元，右列为二阶单元。单元的形状决定着网格的形状，因此在 ANSYS 的网格划分中，所有的网格均由该图中的单元组合而成。

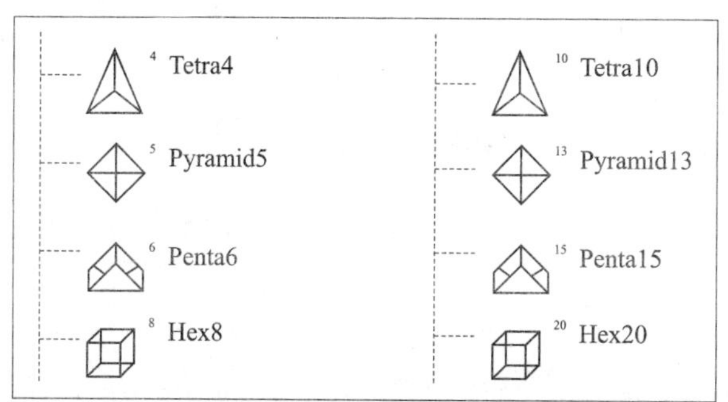

图 2-4　单元图谱

在混合网格的划分中，具体的组合方法如图 2-5 和图 2-6 所示。图 2-5 最为常用，它的技术路线为：

- 混合中的映射网格由 Hex8 组成

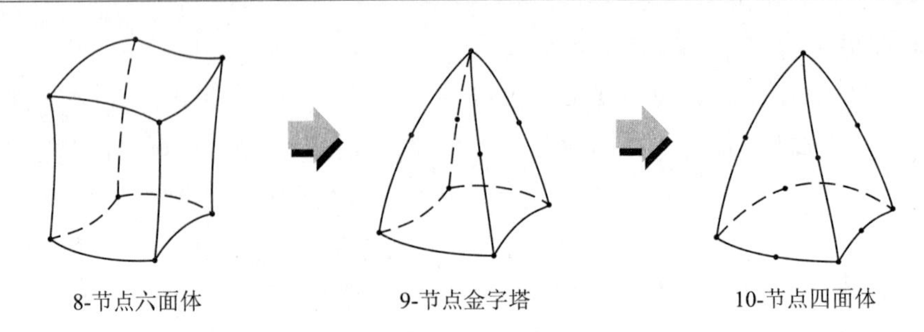

图 2-5　一次到二次

- 混合中的自由网格由 Tetra10 组成
- 混合中的过渡网格由 Pyramid9 组成

在网格划分前,先对拟划分几何做几何切割,经切割后,几何被分割成规则几何和复杂几何两种。网格划分过程如下:

Step1:对规则几何做映射网格划分;

Step2:对复杂几何做自由网格划分。

这时,在共享面自由网格的那一侧,自动出现金字塔单元。值得注意的是,Step1 与 Step2 不能颠倒次序。

图 2-6 是二次到二次,这种划分较前者简单,不同之处在于这种划分是利用一种 2 阶单元进行划分,前者是利用 1 阶单元和 2 阶单元两种单元类型进行划分。

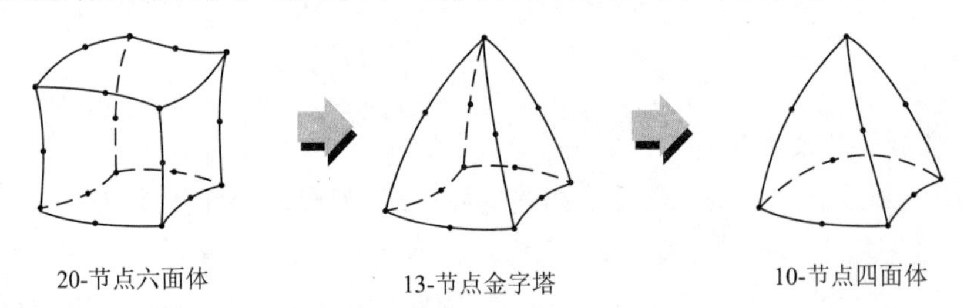

图 2-6　二次到二次

2.3.1.2　ANSYS 的实现方法

ANSYS 中混合离散单元组合如表 2-4 所示。该表总结了结构分析最为常用的组合,经过工程实践,这些组合既满足了离散需求,又满足了精度要求。给工程师的日常工作带来了极大便利。

表 2-4　ANSYS 混合离散单元组合

形状	节点数	组合 1	组合 2
Brick	8node	Solid45	Solid185
	20node	Solid95	Solid186
Tet	10node	Solid92	Solid187

离散后,退化的 20 节点单元形状为四面体,节点数为 20 个,为了加速求解速度,需要

Tet10 来代替它。具体操作用图 2-7 的路径方法。就结构单元来讲，Solid95 的四面体可以进一步退化为 Solid92 四面体，节点数从 20 个一下减至 10 个，Solid186 和 Solid187 也有相同的法则。

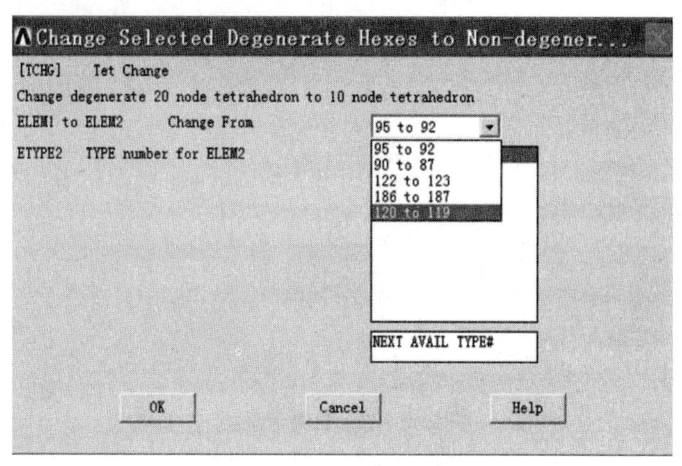

图 2-7　四面体转换

2.3.2　自由网格划分

自由网格划分一般用于体型特别复杂的结构，划分时使用二阶单元来增加节点的数量，达到弥补计算精度不高的短板。在 ANSYS 中，通常使用 Solid95 或者 Solid186 单元；一阶单元计算精度过低，一般不推荐使用。

2.4　单元蜕变规律

ANSYS 单元手册中给出的单元形状可以分两种，一种是单元本体形状，另一种是变体形状。目的是满足网格划分时的多种需求，如平面划分中出现的四边形和三角形，在扫掠过程中，四边形变身为六面体，三角形变身为三棱柱；自由网格划分时，六面体变身为四面体或金字塔。此外，除单元形状变化外，单元的节点数也会改变，目的也是与周围单元相协调。

在图 2-8 中，①过程是几何形状退化，一个块体几何可以演变为其他三种形状；②过程是节点退化，单元边中节点可能退化掉。

案例 1：金字塔单元退化

图 2-9 为金字塔单元退化示例。此单元为过渡单元，它的四边形的面与线性六面体单元共享面，四边中间节点退化掉，达到与线性单元相协调。图 2-10 为其节点详表，表中共有 9 个节点。遵守图 2-8 中的法则②，由 Pyramid13 退化为 Pyramid9。

案例 2：四面体单元退化

图 2-11 为四面体单元退化示例。此单元为过渡单元，它的三角形的面与线性三棱柱单元共享面，共享三边中间节点退化掉，达到与线性单元相协调。图 2-12 为其节点详表，表中共有 7 个节点。遵守图 2-8 中的法则②，由 Tetra10 退化为 Tetra7。

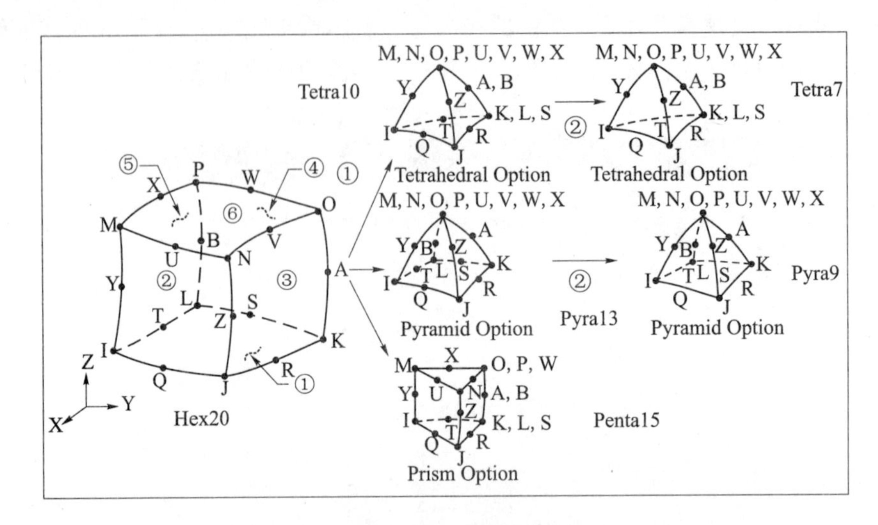

图 2-8　单元退化示意图

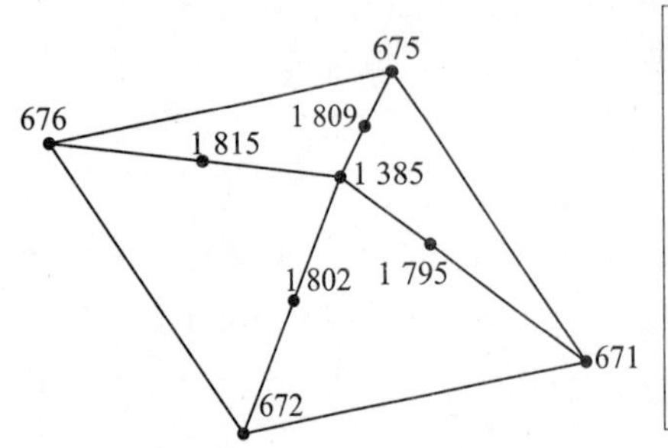

图 2-9　金字塔退化演示图

NODE	X	Y	Z	THXY	THYZ	THZX
671	2.0000	14.000	25.000	0.00	0.00	0.00
672	4.0000	14.000	25.000	0.00	0.00	0.00
675	2.0000	16.000	25.000	0.00	0.00	0.00
676	4.0000	16.000	25.000	0.00	0.00	0.00
1385	3.3515	14.654	24.076	0.00	0.00	0.00
1795	2.6757	14.327	24.538	0.00	0.00	0.00
1802	3.6757	14.327	24.538	0.00	0.00	0.00
1809	2.6757	15.327	24.538	0.00	0.00	0.00
1815	3.6757	15.327	24.538	0.00	0.00	0.00

图 2-10　金字塔退化后单元节点详图

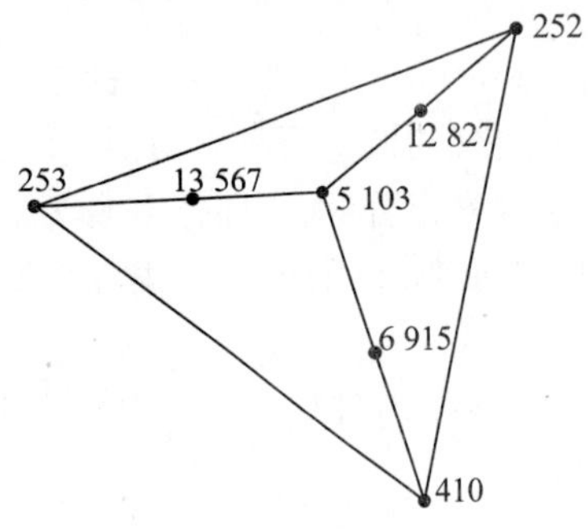

图 2-11　四面体退化演示图

LIST ALL SELECTED NODES.　DSYS=　0

NODE	X	Y	Z	THXY	THYZ	THZX
252	0.80210E-01	-0.33443E-01	-0.20000	0.00	0.00	0.00
253	0.10086	-0.33406E-01	-0.20000	0.00	0.00	0.00
410	0.90000E-01	-0.50000E-01	-0.20000	0.00	0.00	0.00
5103	0.88917E-01	-0.32297E-01	-0.21637	0.00	0.00	0.00
6915	0.89459E-01	-0.41149E-01	-0.20819	0.00	0.00	0.00
12827	0.84563E-01	-0.32870E-01	-0.20819	0.00	0.00	0.00
13567	0.94890E-01	-0.32852E-01	-0.20819	0.00	0.00	0.00

图 2-12　四面体退化后单元节点详图

2.5　网格划分原则

2.5.1　网格数量

网格数量的多少将影响计算结果的精度和计算规模的大小。一般来讲，网格数量增加,计算精度会有所提高,但同时计算规模也会增加,所以在确定网格数量时应权衡两个因数综合考虑。位移精度、计算时间与网格数量关系见图 2-13。

网格较少时增加网格数量可以使计算精度明显提高,而计算时间不会有大的增加。网格数量增加到一定程度后,再继续增加网格时精度提高甚微,而计算时间却有大幅度增加。

在静力分析时,如果仅仅是计算结构的变形,网格数量可以少一些。如果需要计算应力,则在精度要求相同的情况下采用相对较多的网格。

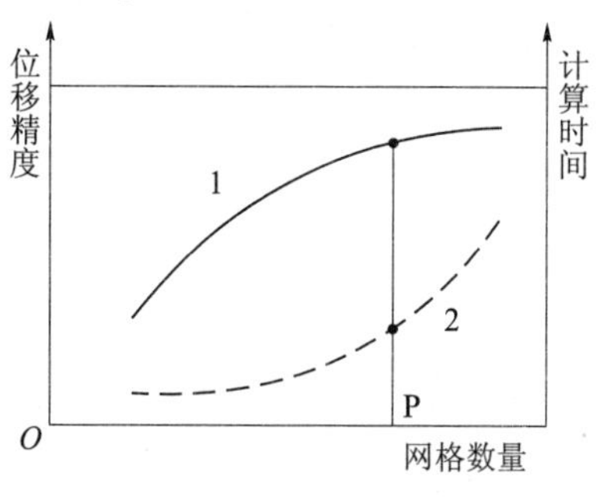

图 2-13　位移精度、计算时间与网格数量之间的关系

2.5.2　网格疏密

在计算数据变化梯度较大的部位(如应力集中处),为了较好地反映数据变化规律,需要采用比较密集的网格。而在计算数据变化梯度较小的部位,为减小模型规模,则应划分相对稀疏的网格。

划分疏密不同的网格主要用于应力分析(包括静应力和动应力),而计算固有特性时则趋于采用较均匀的网格形式。这是因为固有频率和振型主要取决于结构质量分布和刚度分布,不存在类似应力集中的现象,采用均匀网格可使结构刚度矩阵和质量矩阵的元素不致相差太大,可减小数值计算误差。同样,在结构温度场计算中也趋于采用均匀网格。

决定网格疏密和数量的方法:先初分网格求得结果,与实验结果比较,对结果偏差较大的地方进行网格细化,重新求解,如果两者结果几乎相同,则网格足够。

2.5.3　单元阶次

选用高阶单元可提高计算精度,因为高阶单元的曲线或曲面边界能够更好地逼近结构的曲线和曲面边界,且高次插值函数可更高精度地逼近复杂场函数,所以当结构形状不规则、应力分布或变形很复杂时可以选用高阶单元。但高阶单元的节点数较多,在网格数量相同的情况下由高阶单元组成的模型规模要大得多,因此在使用时应权衡考虑计算精度和时间。

增加网格数量和单元阶次都可以提高计算精度。因此,在精度一定的情况下,用高阶单元离散结构时应选择适当的网格数量,太多的网格并不能明显提高计算精度,反而会使计算时间大大增加。为了兼顾计算精度和计算量,同一结构可以采用不同阶次的单元,即精度要求高的重要部位用高阶单元,精度要求低的次要部位用低阶单元。不同阶次单元之间或采用特殊的过渡单元连接,或采用多点约束等式连接。

2.5.4　网格质量

网格质量是指网格几何形状的合理性。质量好坏将影响计算精度。质量太差的网格甚至会中止计算。从直观上看,网格各边或各个内角相差不大、网格面不过分扭曲、边节点位于边界等分点附近的网格质量较好。网格质量可用细长比、锥度比、内角、翘曲量、拉伸值、边节点位置偏差等指标度量。

综上所述，网格划分没有唯一的定律，要随着几何结构，有针对性地规划、分析。在大的规划方案上做到胸有成竹，牢固的基本功也是不可缺少的，它其实就是经验。本书独辟蹊径，介绍了实用的复杂体型剖分经验总结。相信在掌握以上技巧的基础上，所有难题迎刃而解。

第 3 章　路径技术

水工中常有一些形状或受力复杂的结构,如厂房蜗壳、弧门闸墩、孔口廊道、坝面背管等,无法按杆件结构力学求出截面内力并按杆件结构配筋。伴随着有限元技术的发展,出现了弹性应力配筋法:由弹性力学求出弹性状态下的截面应力图形,按图形面积确定钢筋截面面积。

再者,水工建筑物仿真分析后,对于设计工程师而言,工作远远没有到头。这是因为仿真分析的表观结果与工程规范规程是不能匹配的。有限元的结果无不例外的是位移、应力、应变。这些都是局面的结果,工程字典中没有这些指标。因此,工程中需要对这些结果数据进行消化吸收,寻求各种方法来获得规范中有的量化指标,进而对结构的应力场或受力性状做出客观的评价就至关重要。路径技术就是连系弹性力学与结构力学间的纽带。

对于 3D 实体单元,用户可以根据需要创建各种路径,将结果映射到路径上,并可对路径结果进行各种数学运算和微积分运算,从而获得更多有意义的结果。常用路径操作命令见表 3-1。

表 3-1　常用路径操作命令

命令	功能	备注
PATH	定义路径及路径参数	可定义多条路径
PPATH	定义路径的几何结构	必须紧跟着 PATH
PDEF	映射结果到路径上	可映射多个路径项数据
PCALC	对路径项运算	加减乘除幂微积分运算
PAGET	将路径信息存入数组	可保存路径点、路径项数据

定义路径

命令:PATH,NAME,nPts,nSets,nDiv

其中:

NAME——路径名,不超过 8 个字符。若相同路径名已经存在则覆盖之。

nPts——定义路径的点数,即确定路径几何结构的点数。最小为 2,最大为 1 000。

nSets——映射到路径上的路径项个数,缺省为 30。

nDiv——相邻点之间的等分数,缺省为 20。

一般地,nSets 和 nDiv 参数采用缺省值即可,除非相邻两点距离很大,可适当增大 nDiv。

定义路径几何结构

命令:PPATH,POINT,NODE,X,Y,Z,CS

其中:

POINT——路径点编号。

NODE——该路径点的节点号。如为空,则采用坐标方式确定该路径点,但节点号方式优先。

X,Y,Z——总体直角坐标系下的路径点坐标。

映射结果到路径上

命令:PDEF,Lab,Item,Comp,Avglab

Lab——路径项名,不超过 8 个字符。

Item,Comp——映射结果标识符和组项标识符。

Avglab——单元边界上的结果平均与否控制参数。

既有路径项数学运算

命令:PCALC,Oper,LabR,Lab1,Lab2,FACT1,FACT2,CONST

其中:

Oper——运算符,其值有加运算、乘运算、除运算、幂运算、求导、积分等。

LabR——运算结果路径项名(存放结果所用)。

Lab1,Lab2——参与运算的两个路径项名。

FACT1,FACT2——分别与 Lab1,Lab2 对应的比例因子。

CONST——运算中的常数项。

路径信息写入数组

命令:PAGET,PARRAY,POPT

PARRAY——数组名。

POPT——数据类型选项,路径点 Points、标签 Labe1 和路径数据项 table。

3.1 弹性应力配筋的方法

图 3-1 为弹性应力配筋图形示意图,T 为拉应力图纸面积。

$$A_s \geqslant \frac{KT}{f_y} \tag{3-1}$$

$$T = \omega \times b \tag{3-2}$$

式中 K——承载力安全系数;

f_y——钢筋抗拉强度设计值,N/mm^2;

T——由钢筋承担的拉力设计值,N;

ω——截面主拉应力在配筋方向投影图形的总面积扣除其中拉应力值小于 $0.45f_t$ 后的图形面积,N/mm;

b——结构截面宽度,mm。

当应力图形偏离线性较大时,可按主拉应力在配筋方向投影图形的总面积计算钢筋面积。

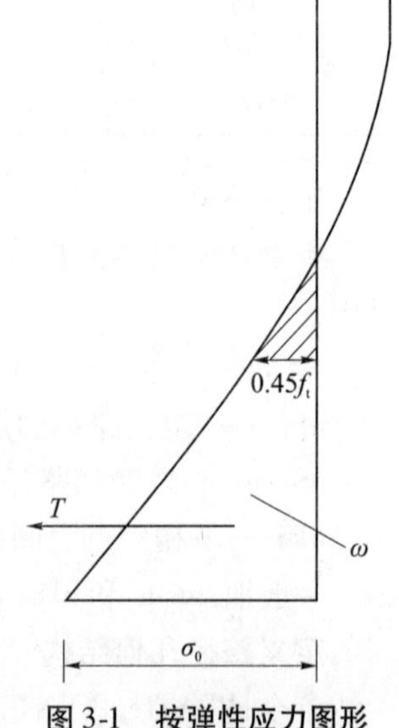

图 3-1　按弹性应力图形配筋示意图

当弹性应力图形的受拉区高度大于结构截面高度的 2/3 时,应按弹性主拉应力在配筋方向投影图形的全面积计算受拉钢筋截面面积。

3.2　弹性应力——总拉力

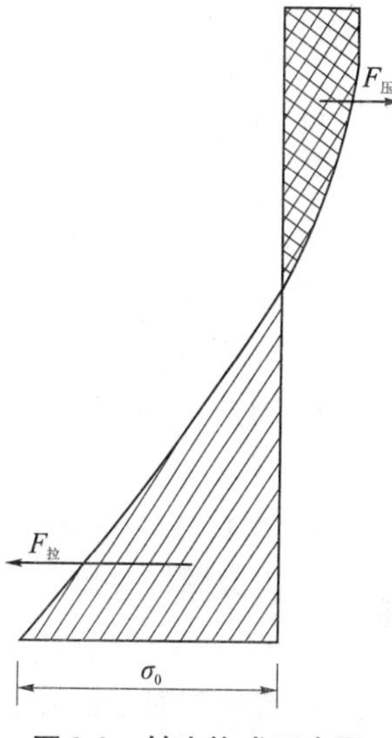

图 3-2　轴力构成示意图

图 3-2 将截面轴力的两个分项：拉力与压力分开标识。这是因为在不同的场合，有时用的是截面拉应力与压应力的合力，即轴力；有时用的是截面拉应力的合力，即纯拉力。下面是求解截面纯拉力的程序段。

程序说明：

（1）本段子程序目标：图 3-2 中的 $F_{拉}$。

（2）使用时，可以定义多个路径，然后各个激活（唤醒），输入下段命令求轴力。

（3）将路径中的拉、压应力分开，拉应力求轴力，压应力丢弃，与《水工混凝土结构设计规范》（SL 191—2008）附表中的公式相符。

```
paget,p1_array,table                              ! 路径信息放入数组中
 *get,row_array,parm,p1_array,dim,1               ! 数组行数
N_SUM =0.0                                        ! 轴力先设置为0
 *DO,I,1,row_array -1                             ! 对各小段循环
当小段中全为受拉时,用拉应力求轴力
 *IF,p1_array(I,5),GT,0,AND,P1_ARRAY(I+1,5),GT,0,THEN
! 梯形面积,竖轴:拉应力,水平轴:路径段长
TEMP1 =( P1_ARRAY(I,5) +P1_ARRAY(I+1,5) ) *(P1_ARRAY(I+1,4) -P1_
ARRAY(I,4)) *0.5
        N_SUM =N_SUM +TEMP1                       ! 累积求和
   *ENDIF
   *enddo                                         ! 各小段遍历结束
 *status
```

3.3　弹性应力图形内力

下面是求解截面轴力、弯矩和剪力的程序段。

```
! 1D 线积分
!!!!!!!!!!! 路径定义
path,path1,2,,40
ppath,1,,0.4501,0.4,0
ppath,2,,0.4907,0.3087,0
```

```
pdef,sigmx,s,x

!!!!!!! 线积分操作
! 积分平面(2D、3D 模型均可)正应力 sigmx,对路径 S 的积分
PCALC,INTG,N_TEMP,SIGMX,S
! 提取这个轴力
*GET,N_SECTION,PATH,,LAST,N_TEMP
pcalc,mult,SIGMXS,SIGMX,S                    ! σx*S
! 对过路径起点的轴之矩
PCALC,INTG,M_TEMP1,SIGMXS,S
! 提取出这个弯矩
*GET,M_temp,PATH,,LAST,M_TEMP1
! 提取路径长度
*get,s_length,path,,last,s
! 转化为对过路径中心点轴之矩
m_section = m_temp - n_section * s_length/2.0
! ##################创新地方,先移轴,正应力与之相乘,再对其积分
! 换一种解法,求弯矩
PCALC,ADD,S_S/2,S,,1.0,1.0,-0.5*S_LENGTH
pcalc,mult,SIGMXS_s/2,SIGMX,S_S/2
PCALC,INTG,WANJU,SIGMXS_s/2,S_S/2
*get,WANJU_FI,path,,last,WANJU
```

3.4　应用实例

一地下埋涵,埋深 10 m。其结构尺寸如图 3-3 所示。埋土弹性模量 1×10^{8},泊松比 0.4,密度 1 600 kg/m^3;混凝土弹性模量 2.8×10^{10},泊松比 0.2,密度 2 450 kg/m^3。

分析目标:通过有限元数值仿真计算,对箱涵进行结构强度验算,得到各控制截面的配筋率,为下一步结构设计提供技术支撑。

地下埋涵有限元模型图如图 3-4 所示。

主要命令流如下:

```
Finish
/prep7
CDREAD,DB,pl42,cdb,,,                  ! 导入有限元模型
Eplot                                  ! 单元显示
! 平面应变选项
Keyopt,1,3,1                           ! 平面应变设置
```

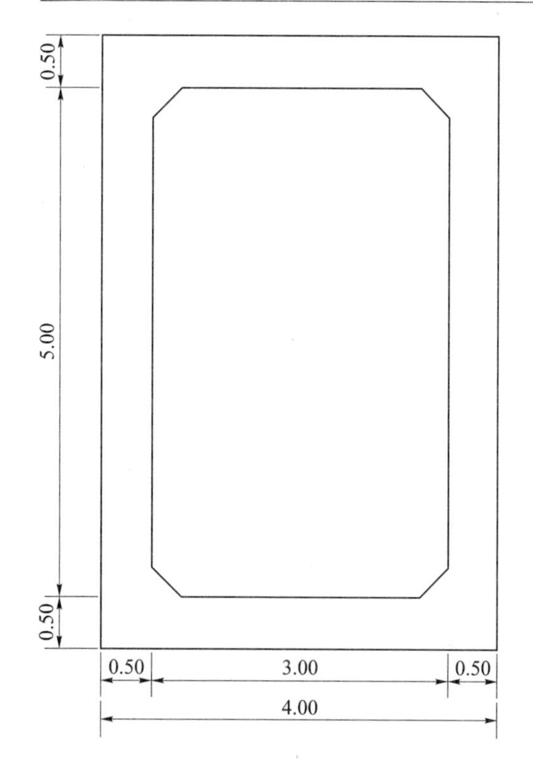

图3-3　箱涵结构尺寸　（单位:m）

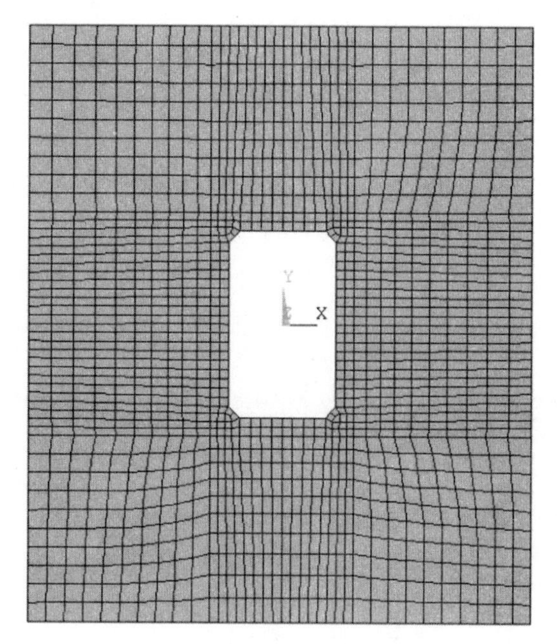

图3-4　地下埋涵有限元模型图

```
Finish
/solu
Nsel,s,loc,x,6.99,7.01
Nsel,a,loc,x, -7.01, -6.99
D,all,ux,0                          ! 约束 X 方向
Nsel,s,loc,y, -8.01, -7.99
D,all,uy,0                          ! 约束 Y 方向
Alls
Acel,,9.81                          ! 施加自重
Alls
Solve
Finish
/post1
! first path
path,path1,2,,40                    ! 定义路径 1
ppath,1,,0,2.5,0                    ! 路径 1:端点 1
ppath,2,,0,3.0,0                    ! 路径 1:端点 2
pdef,P1sigmx,s,x                    ! 在路径 1 上映射 X 方向应力
! second path
```

```
path,path2,2,,40                        ! 内容同上,下略
ppath,1,,-1.2,2.5,0
ppath,2,,-1.2,3.0,0
pdef,P2sigmx,s,x
! third path
path,path3,2,,40
ppath,1,,-1.5,2.2,0
ppath,2,,-2,2.2,0
pdef,P3sigmy,s,y
! forth path
path,path4,2,,40
ppath,1,,-1.5,0,0
ppath,2,,-2,0,0
pdef,P4sigmy,s,y
! fifth path
path,path5,2,,40
ppath,1,,-1.5,-2.2,0
ppath,2,,-2,-2.2,0
pdef,P5sigmy,s,y
! sixth path
path,path6,2,,40
ppath,1,,-1.2,-2.5,0
ppath,2,,-1.2,-3,0
pdef,P6sigmx,s,x
! seventh path
path,path7,2,,40
ppath,1,,0,-2.5,0
ppath,2,,0,-3,0
pdef,P7sigmx,s,x
!!!!!!!          路径拉力积分        !!!!!!!!!!!!!!!!!!!!!!!!!!!!!!!!!!
paget,p1_array,table                    ! 路径信息放入数组中
*get,row_array,parm,p1_array,dim,1      ! 数组行数
N_SUM=0.0                               ! 轴力先设置为0
*DO,I,1,row_array-1                     ! 对各小段循环
   ! 小段中全为受拉时,用拉应力求轴力
   *IF,p1_array(I,5),GT,0,AND,P1_ARRAY(I+1,5),GT,0,THEN
   ! 梯形面积,竖轴:拉应力,水平轴:路径段长
TEMP1=(P1_ARRAY(I,5)+P1_ARRAY(I+1,5))*(P1_ARRAY(I+1,4)-P1_
```

```
ARRAY(I,4)) *0.5
          N_SUM = N_SUM + TEMP1                ! 累积求和
    * ENDIF
    * enddo                                    ! 各小段遍历结束
  * status,N_SUM

!!!!!!!!!!            积分结束         !!!!!!!!!!!!!!!!!!!!!!!!!!!!!!!!!!!!!!
```

对于工程设计而言,仿真计算结束,只是万里长征的第一步。还要利用各种后处理的手段来获得工程师所用的指标、数据。利用本书介绍的方法,得到的截面强度验算结果如表3-2所示。各截面内力、配筋面积、含钢率有价值的信息均通过这种方法得到。为工程师下一步工作(工程详细设计)提供了重要的技术支撑。在这里,我们可以清楚地看到,计算不再是一种摆设或配角。有限元计算的强大技术能力,为工程设计提供了强大技术支撑,为工程安澜保驾护航。

表3-2　结构强度验算

Path	N_P(N)	F_y(N/m^2)	A_s(m^2)	H(m)	%
NP1	14 170.62	3.6E+08	3.94E-05	0.5	0.007 873
NP2	52 540.77	3.6E+08	0.000 146	0.5	0.029 189
NP3	23 824.28	3.6E+08	6.62E-05	0.5	0.013 236
NP4	18 014.59	3.6E+08	5E-05	0.5	0.010 008
NP5	34 540.98	3.6E+08	9.59E-05	0.5	0.019 189
NP6	44 114.12	3.6E+08	0.000 123	0.5	0.024 508
NP7	46 390.58	3.6E+08	0.000 129	0.5	0.025 773

工程所用的截面提取位置如图3-5所示,包括顶板、侧墙及底板,各板的跨中、支座端。

对有限元结果整理分析如下:

经过数值仿真计算,可以取得诸如应力、应变、位移等数值结果,对这些原始结果的基础做进一步处理,可以得到控制截面上的应力分布情况,如图3-6～图3-14各控制截面上的应力情况图所示。按照前面所述的方法,对这些应力进行积分求解,可以得到表3-2所列的截面内力、配筋。这个过程就是弹性力学向结构力学转化的一个过程,必须经过二次开发才能得到。

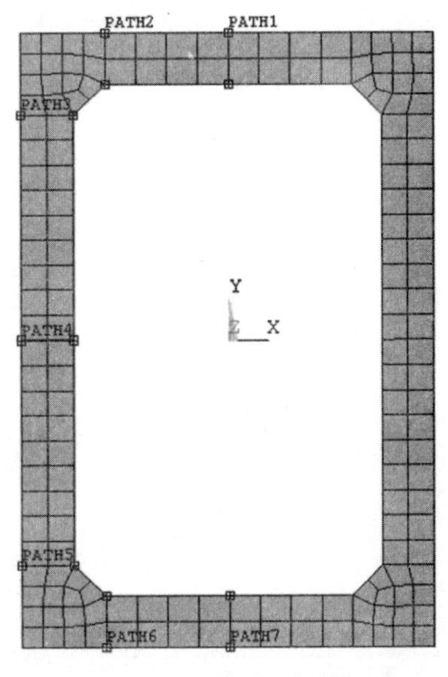

图3-5　积分路径位置图

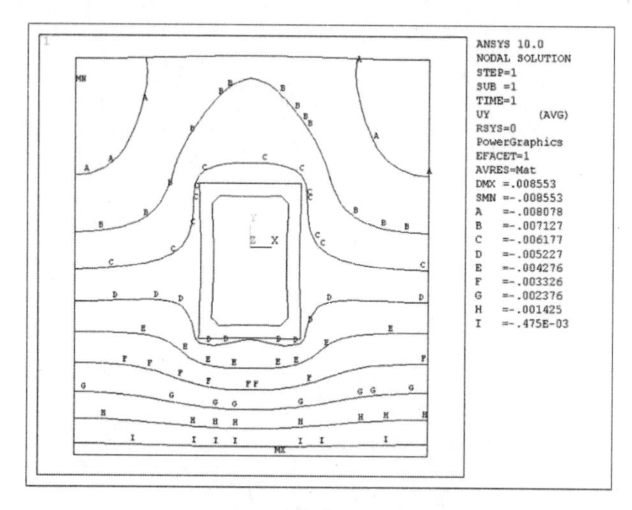

(a)

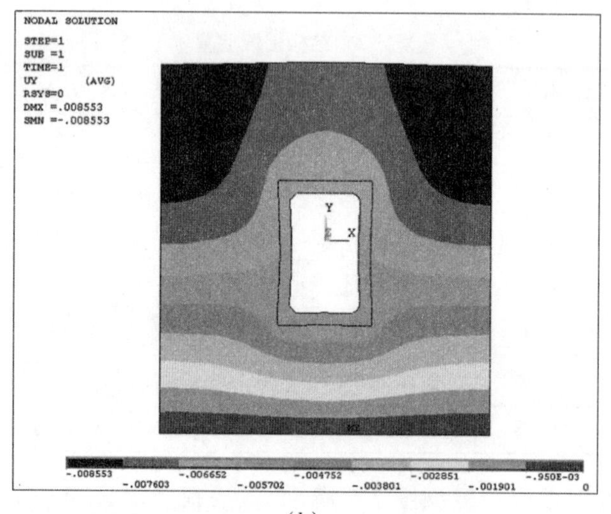

(b)

图 3-6　竖向变形图

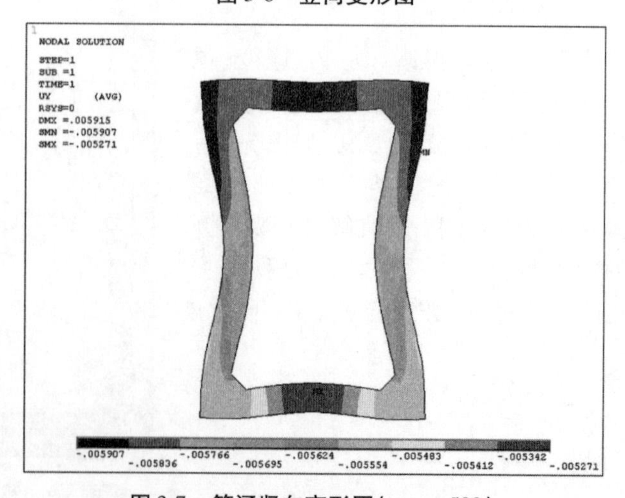

图 3-7　箱涵竖向变形图(mag = 500)

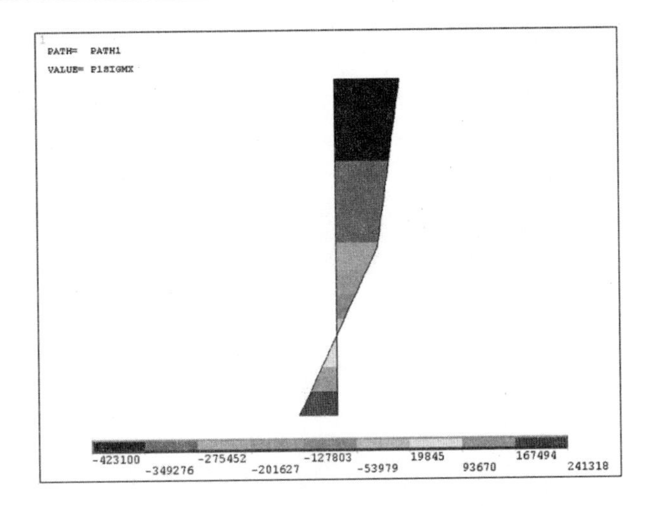

图 3-8　路径 Path1 正应力图

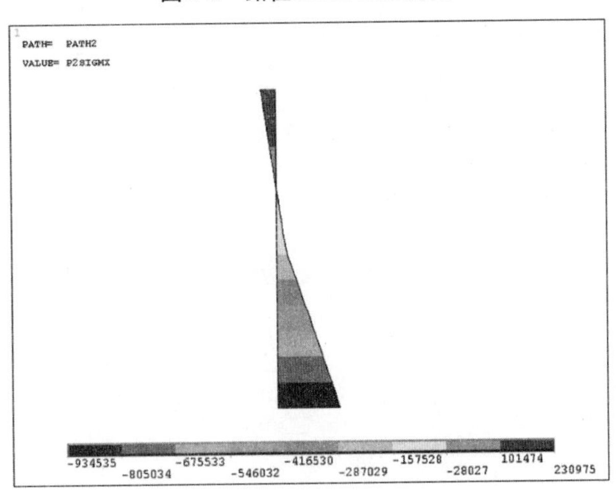

图 3-9　路径 Path2 正应力图

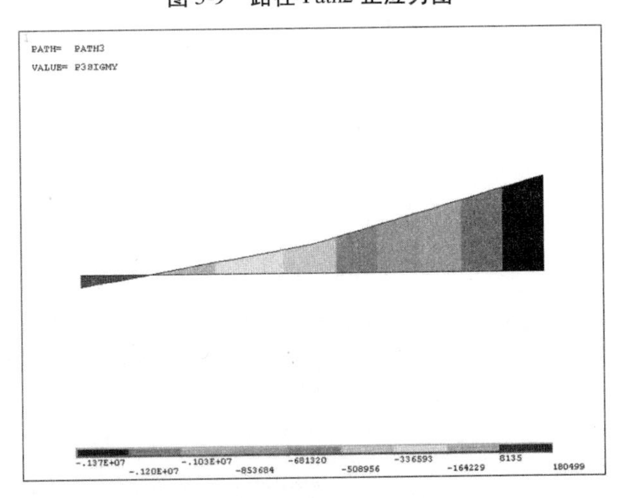

图 3-10　路径 Path3 正应力图

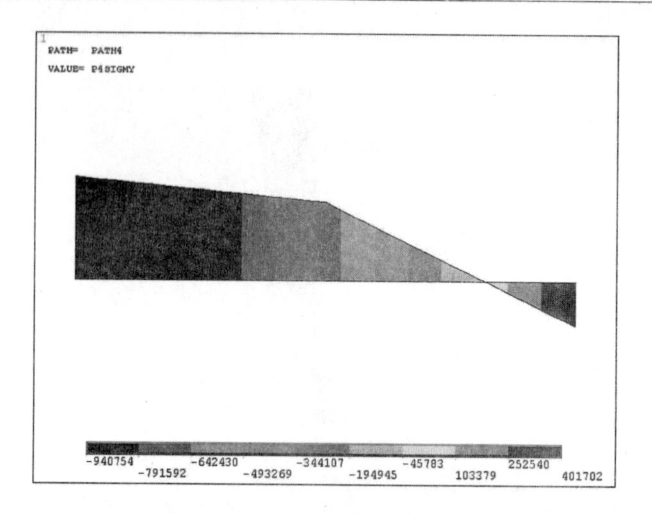

图 3-11　路径 Path4 正应力图

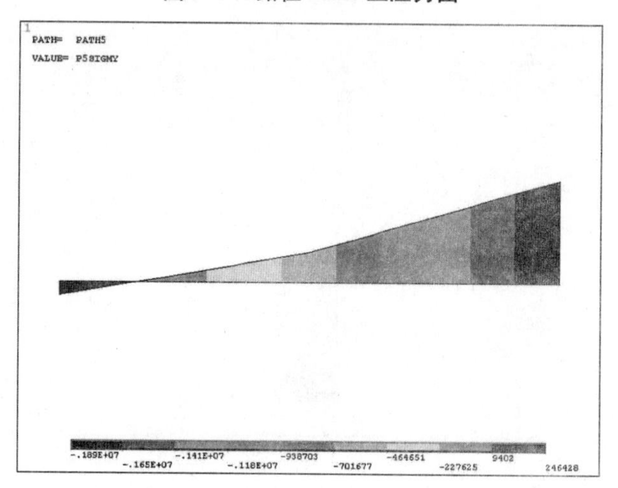

图 3-12　路径 Path5 正应力图

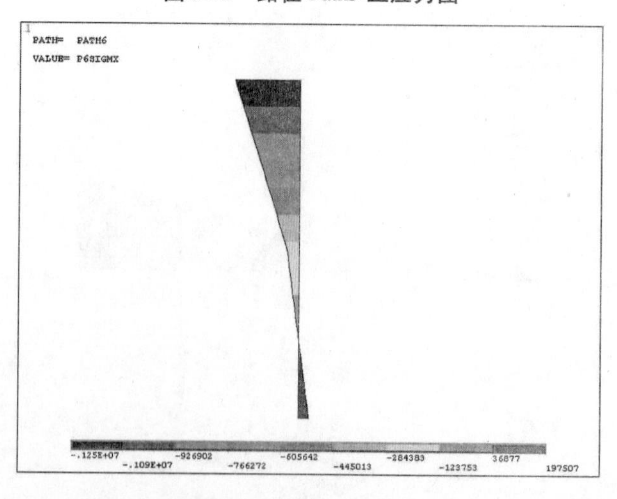

图 3-13　路径 Path6 正应力图

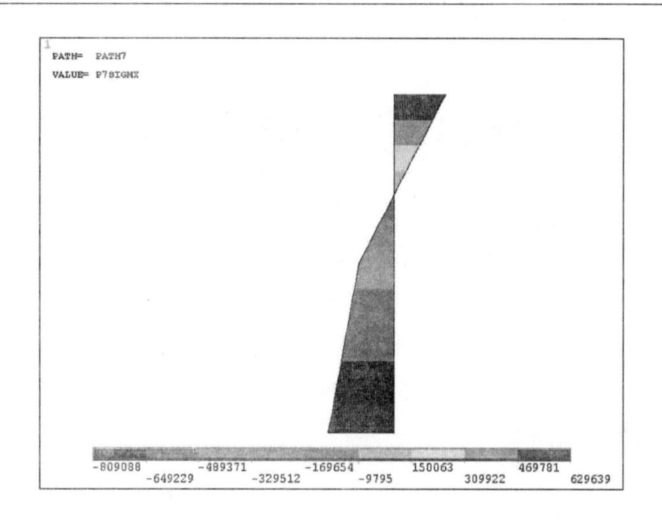

图 3-14　**路径** Path7 **正应力图**

3.5　路径技术总结

路径技术实质是一种线性积分技术，它在有限元后处理技术中相当重要，几乎所有的分析中，均要用到它。它也可以演变为求任意一点的应力，这时路径的长度为 0，即路径首尾两点重合。此外，与路径技术相对应的还有空间面技术，它是二重积分，弥补了路径的一些缺陷：如路径是以线代面的，它是沿着截面高度方向一根线，在截面宽度方向认为应力是不变化的。这种假设在一般情况下均没有问题。但是如果截面是异形的，它就会出现以线代面代不了的问题。此时，可用二重积分技术。参见《基于有限元的非杆件体系钢筋混凝土结构配筋计算方法研究》（梁春雨）一文。

第 4 章　挡土墙

挡土墙在水库枢纽、引水枢纽、水电站及各种渠系建筑物工程中有着广泛的应用，在几乎所有的水工建筑物设计中都会遇到挡土墙的设计内容。水工挡土墙多在有水条件下应用。应用广泛和运用条件复杂是其两个显著的特点。一般来说，挡土墙设计多借用传统的手段，刚体平衡理论进行稳定计算与结构计算。伴随着 CAE 技术革命，时下应用仿真进行此类分析渐渐成为常态。

4.1　挡土墙数值过程

4.1.1　基本资料

某引水枢纽进口采用半重力式挡土墙(见图 4-1)，3 级建筑物，正常运用情况，基本荷载组合。挡土墙高 7 m，前趾与进口混凝土防冲铺盖连接，坚硬黏土地基，墙后回填中砂。本例利用有限元手段，建立了全体模型，土体采用弹塑性本构 DP 材料，对挡土墙的稳定分析和结构强度分析进行了分析评价。有限元模型见图 4-2、图 4-3。

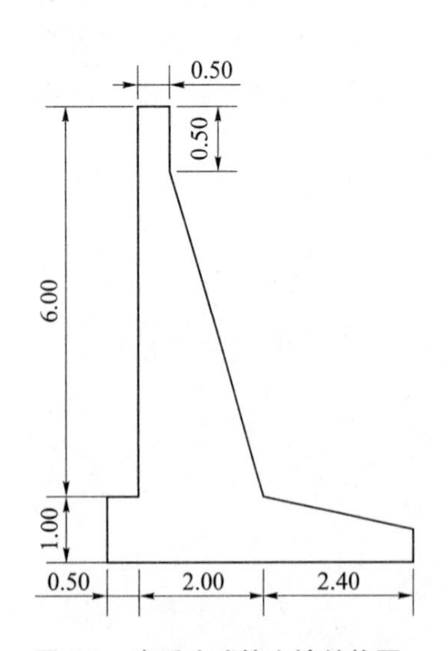

图 4-1　半重力式挡土墙结构图
(单位:m)

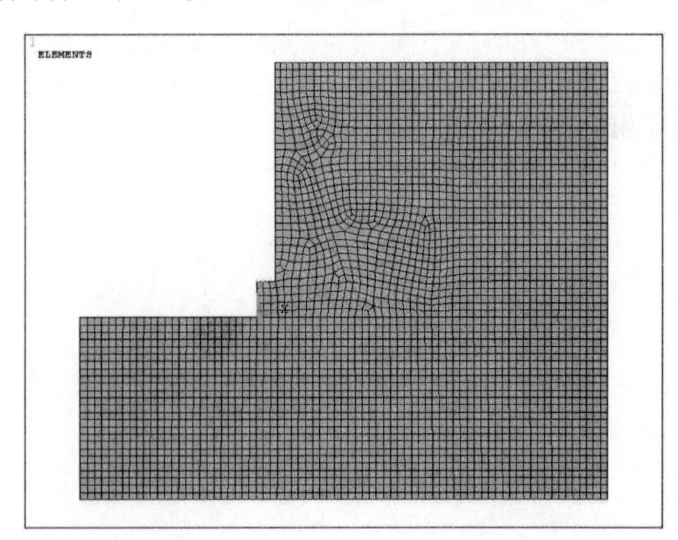

图 4-2　半重力式挡土墙有限元模型整体图

4.1.2　仿真分析程序设计

主要命令流如下：

```
Finish
```

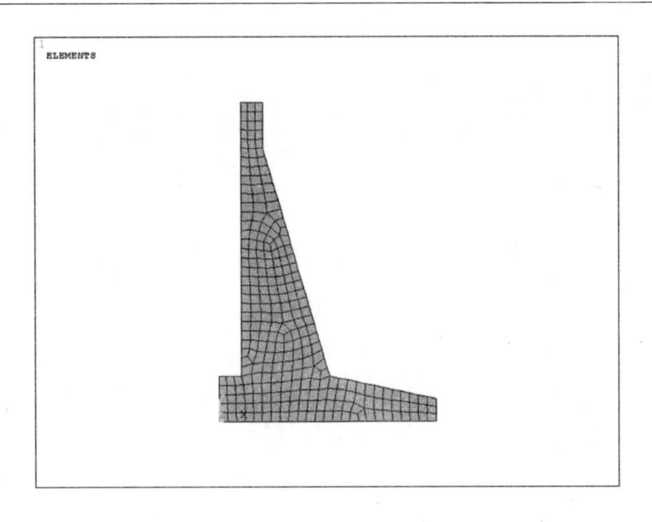

图4-3 半重力式挡土墙有限元模型图

```
/prep7
CDREAD,DB,wall42,cdb,,,                    ! 导入有限元模型
Et,1,42
Keyopt,1,3,2
! 重新定义材料
! 弹塑性本构 DP 模型
Mp,ex,1,2.8e8
Mp,prxy,1,0.3
Mp,dens,1,1600
tb,dp,1
tbdata,,19000,31,29
! 弹性本构
Mp,ex,2, 2.8e10
Mp,prxy,2,0.2
Mp,dens,2,2500
! 新材料重新赋予单元
Esel,s,mat,,1
Mpchg,1,all
Esel,s,mat,,2
Mpchg,2,all
Eplot                                      ! 单元显示
! 平面应变选项
Keyopt,1,3,1                               ! 平面应变设置
Finish
```

```
/solu
Nsel,s,loc,x,9.89,9.91
Nsel,a,loc,x,-5.01,-4.99
D,all,ux,0                              ! 约束X方向
Nsel,s,loc,y,-5.01,-4.99
D,all,uy,0                              ! 约束Y方向
Alls
Acel,,9.81                              ! 施加自重
Alls
Solve
Finish
/post1
! first path
path,path1,2,,40                        ! 定义路径1
ppath,1,,0,0,0                          ! 路径1:端点1
ppath,2,,4.9,0.0,0                      ! 路径1:端点2
pdef,P1sigmx,s,x                        ! 在路径1上映射X方向应力
pdef,p1sigmy,s,y                        ! 在路径1上映射Y方向应力
!!!!!!            基础面积分      !!!!!!!!!!!!!!!!!!!!!!!!
! 积分平面(2D、3D模型均可)正应力sigmY,对路径S的积分
PCALC,INTG,N_TEMP,P1SIGMY,S
! 提取这个轴力N_SECTION
*GET,N_SECTION,PATH,,LAST,N_TEMP
pcalc,mult,SIGMYS,P1SIGMY,S             ! σy*S
! 对过路径起点的轴之矩
PCALC,INTG,M_TEMP1,SIGMYS,S
! 提取出这个弯矩
*GET,M_temp,PATH,,LAST,M_TEMP1
! 提取路径长度
*get,s_length,path,,last,s
! 转化为对过路径中心点轴之矩M_SECTION
m_section=m_temp-n_section*s_length/2.0
```

另一种方法,先移轴,正应力与之相乘,再对其积分:

```
! 换一种解法,求弯矩
PCALC,ADD,S_S/2,S,,1.0,1.0,-0.5*S_LENGTH
pcalc,mult,SIGMYS_s/2,P1SIGMY,S_S/2
PCALC,INTG,WANJU,SIGMYS_s/2,S_S/2
```

```
*get,WANJU_FI,path,,last,WANJU
!剪应力积分求剪力 Q
PCALC,INTG,Q_TEMP,P1SIGMX,S
!提取这个剪力
*GET,Q_SECTION,PATH,,LAST,Q_TEMP
```

4.1.3　路径结果

为了进行稳定分析,需要依据相关规范对建基面进行进一步处理,以得到其抗滑力和滑动力。原始数据如图 4-4、图 4-5 所示。

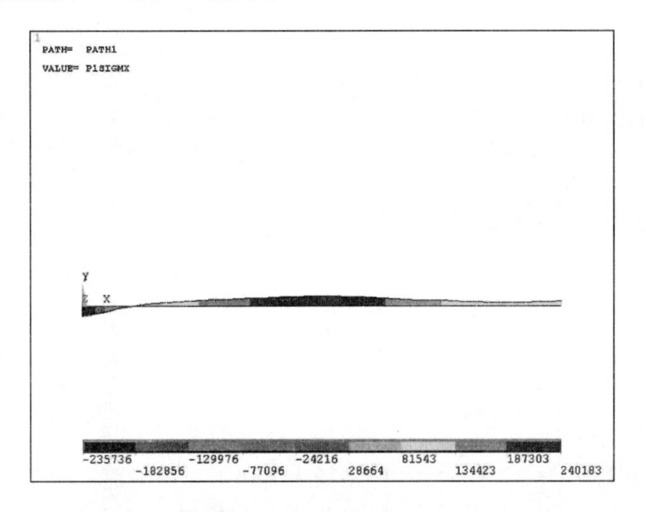

图 4-4　基础面剪应力分布图

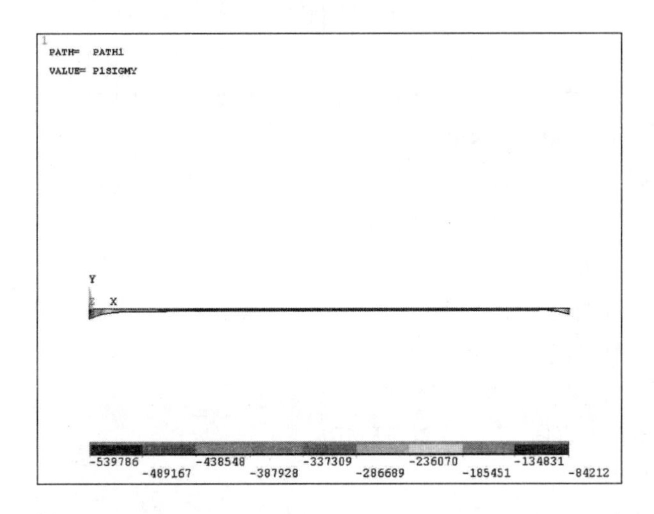

图 4-5　基础面正应力分布图

4.2　数据处理分析

4.2.1　抗滑稳定分析

挡土墙基础面内力如图 4-6 所示。依据规范计算挡土墙抗滑稳定。

Step1:滑动力:$F_{滑}$ = Q_section = 186.2 kN

Step2:抗滑力:$F_{抗}$ = N_section * f = 591.2 * 0.4 kN = 236.48 kN

Step3:$K = \dfrac{F_{抗}}{F_{滑}} = 1.27$

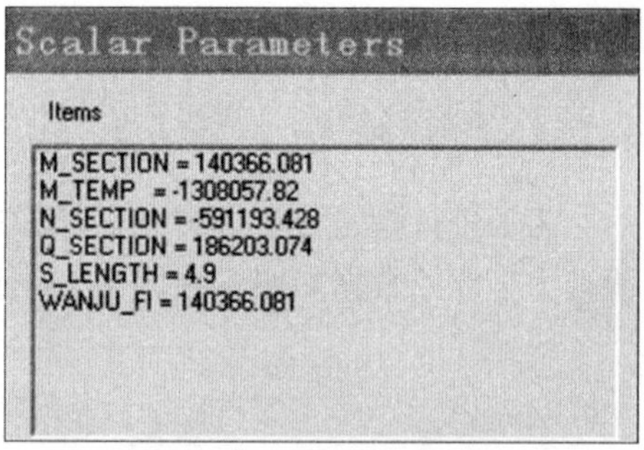

```
Scalar Parameters
Items
M_SECTION = 140366.081
M_TEMP   = -1308057.82
N_SECTION = -591193.428
Q_SECTION = 186203.074
S_LENGTH = 4.9
WANJU_FI = 140366.081
```

图 4-6　截面内力统计图

4.2.2　结构强度分析

4.2.2.1　程序设计

```
! second path
Finish
/post1
! first path
path,path2,2,,40                    ! 定义路径 1
ppath,1,,0.5,1,0                    ! 路径 1:端点 1
ppath,2,,2.5,1.0,0                  ! 路径 1:端点 2
pdef,P2sigmx,s,x                    ! 在路径 1 上映射 X 方向应力
pdef,p2sigmy,s,y                    ! 在路径 1 上映射 Y 方向应力

! 积分平面(2D、3D 模型均可)正应力 sigmY,对路径 S 的积分
PCALC,INTG,N_TEMP,P2SIGMY,S
! 提取这个轴力 N_SECTION
*GET,N_SECTION,PATH,,LAST,N_TEMP
pcalc,mult,SIGMYS,P2SIGMY,S                    ! σy * S
! 对过路径起点的轴之矩
PCALC,INTG,M_TEMP1,SIGMYS,S
! 提取出这个弯矩
*GET,M_temp,PATH,,LAST,M_TEMP1
! 提取路径长度
*get,s_length,path,,last,s
! 转化为对过路径中心点轴之矩 M_SECTION
m_section = m_temp - n_section * s_length/2.0
```

另一种方法,先移轴,正应力与之相乘,再对其积分:

```
! 换一种解法,求弯矩
PCALC,ADD,S_S/2,S,,1.0,1.0,-0.5*S_LENGTH
pcalc,mult,SIGMYS_s/2,P2SIGMY,S_S/2
PCALC,INTG,WANJU,SIGMYS_s/2,S_S/2
*get,WANJU_FI,path,,last,WANJU
! 剪应力积分求剪力 Q
PCALC,INTG,Q_TEMP,P2SIGMX,S
! 提取这个剪力
*GET,Q_SECTION,PATH,,LAST,Q_TEMP
!!!!!!!!!!!!!!!!!!!!!!!!!!!!!!!!!!!!!!!!!!!!!!!!!!!!!!!!!!!!!!!!!!!
```

4.2.2.2　控制截面

为了对钢筋混凝土挡土墙进行强度验算,取其最大墙高截面结果,见图 4-7、图 4-8。图 4-7 为截面剪应力,图 4-8 为截面正应力。

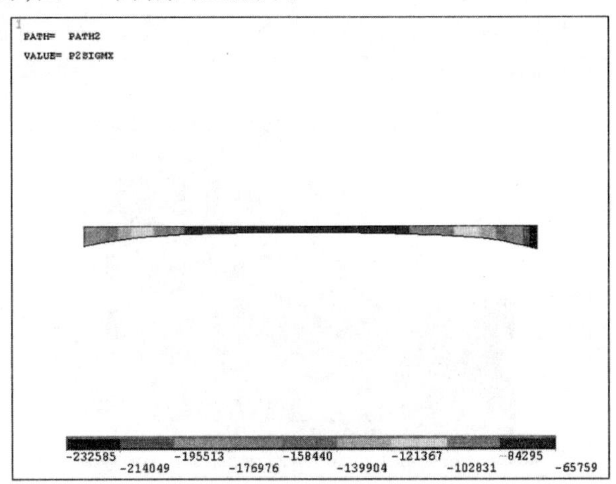

图 4-7　墙腹最大截面剪应力图

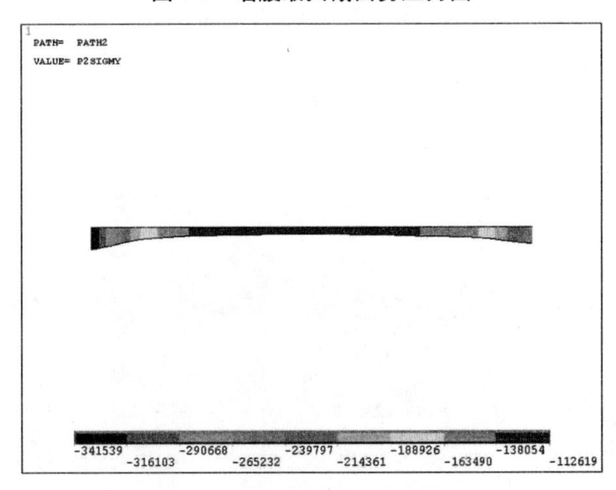

图 4-8　墙腹最大截面正应力图

4.2.2.3 截面验算

混凝土强度等级 C25,钢筋用 HRB400,由截面轴力 302.32 kN(如图 4-9 所示)可知,需要钢筋面积为 840 mm^2,配筋率为 0.04%。

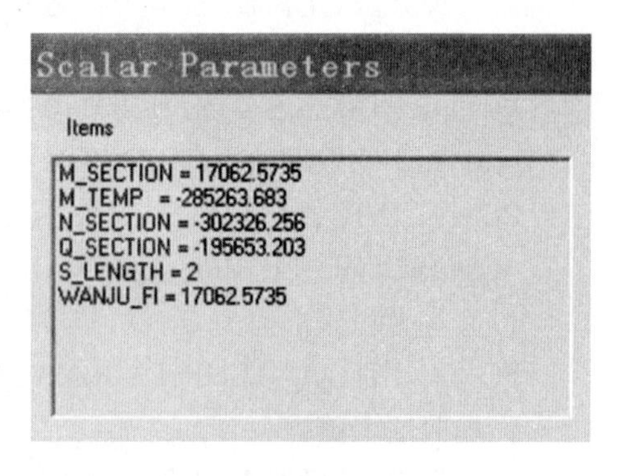

图 4-9 墙腹最大截面内力图

4.2.2.4 结果说明

挡土墙竖向位移如图 4-10 所示,结构最大位移为 3 mm,发生在墙后填土边界处,整体趋势为墙后填土边界为中心,向墙身渐小,这种现象符合工程实际。整体竖向应力如图 4-11 所示。墙趾处压应力为 539 kPa,这与传统计算类似,但值偏大,因为有限元应力集中的现象无法消除掉。设计过程中,可以以平均应力为参考,或取偏向里面一点处的应力,图 4-12 就说明了这种现象,因此在使用数值计算时,要多分析思考物理过程与工程实际意义,计算结果才可靠。图 4-13 为控制截面图,选取控制截面对于有经验的工程师来说很容易,但对于新人就不同,截面选取与结构体型相关。水利建筑众多,各个情况又不同,要多积累经验,才能精准分析。

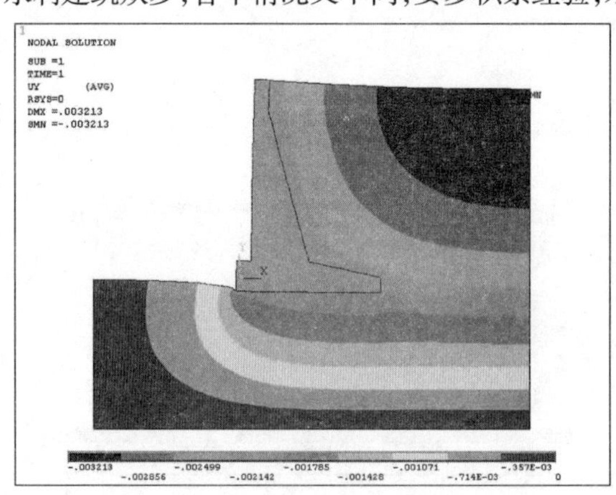

图 4-10 竖向位移图

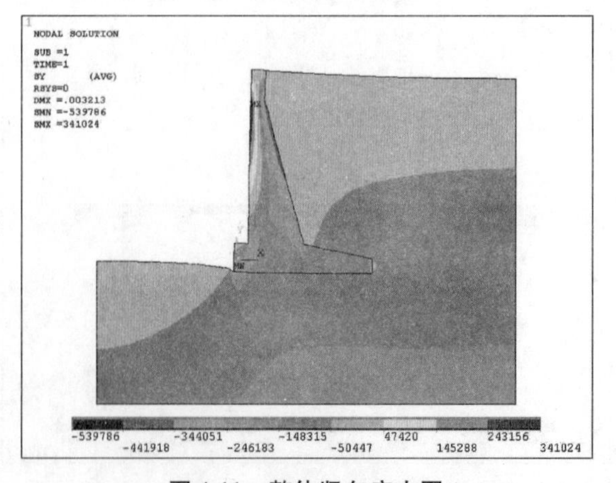

图 4-11 整体竖向应力图

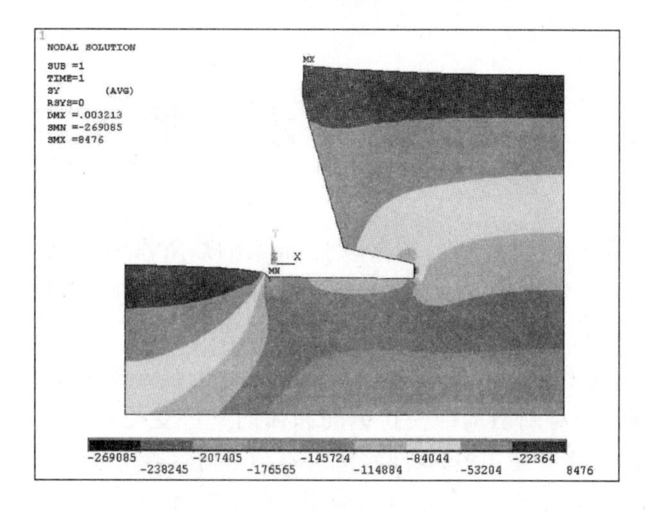

图4-12　土体竖向应力图

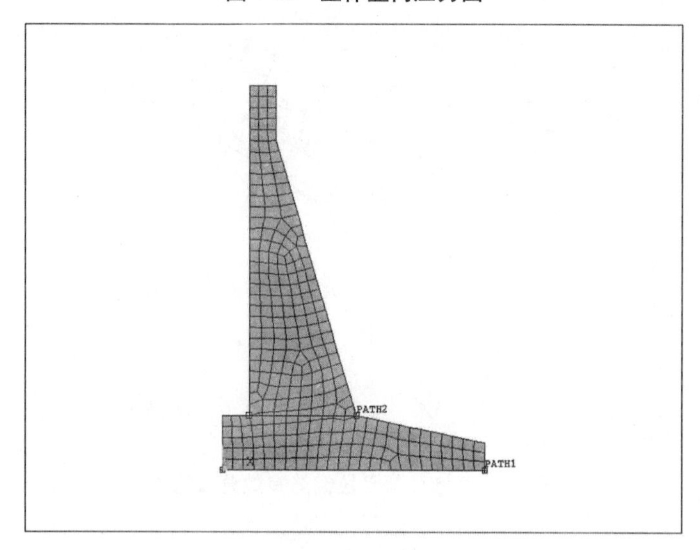

图4-13　控制截面图

第 5 章　水　闸

水闸是一种低水头水工建筑物，具有挡水、泄水的双重作用，在水利工程中应用十分广泛。其主要作用除了通过闸门的启闭控制流量和调节水位外，还担负防止潮水倒灌以及汛期排泄洪水的功能。大中型水闸一般都用弧形闸门，弧门推力均较大，作为弧门支座的牛腿，结构设计尤其重要。此外，扇形分布钢筋设计也是十分重要的，它是整体弧门牛腿的反向支撑。规范中对闸墩局部受拉钢筋和弧门支座受拉钢筋及箍筋均做了相关规定，见图 5-1 和图 5-2，这些公式多为经验公式，不利于对混凝土复杂结构做精细化分析研究。为此，作者结合生产项目，对弧形闸门应用三维有限元仿真分析进行了探讨。

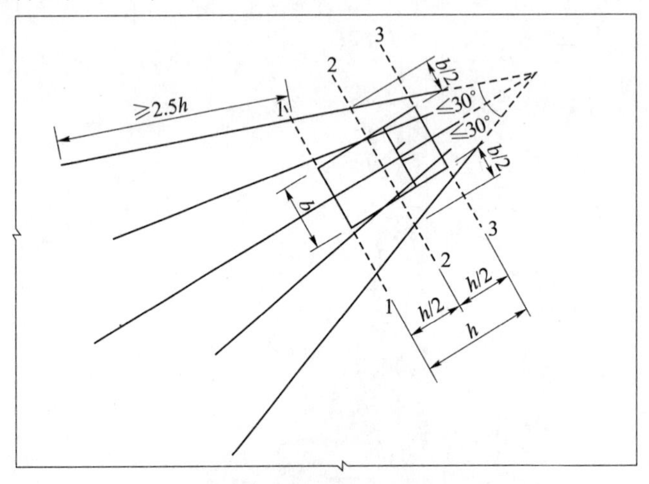

图 5-1　闸墩局部受拉钢筋有效分布范围

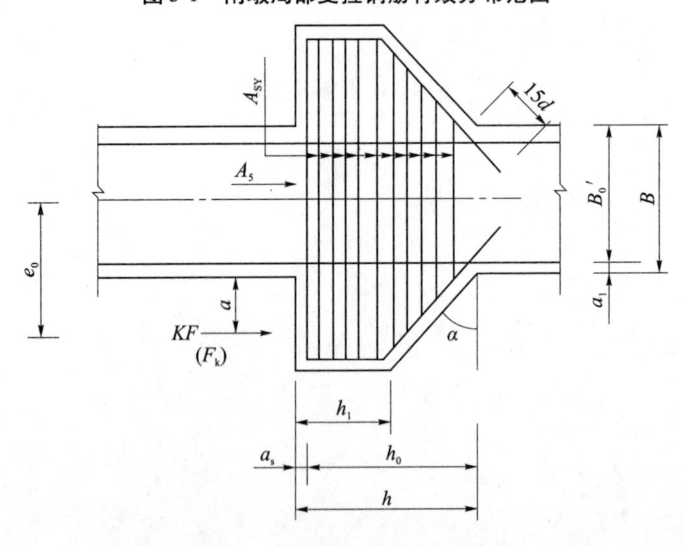

图 5-2　中墩弧门支座截面构造

5.1 工程概况

某水闸工程,因项目需求,需要对外方设计的弧形闸门做三维有限元数值模拟,以校核外方设计单位的设计成果。牛腿推力如图5-3所示。扇形钢筋分布立视图及剖面图如图5-4、图5-5所示。

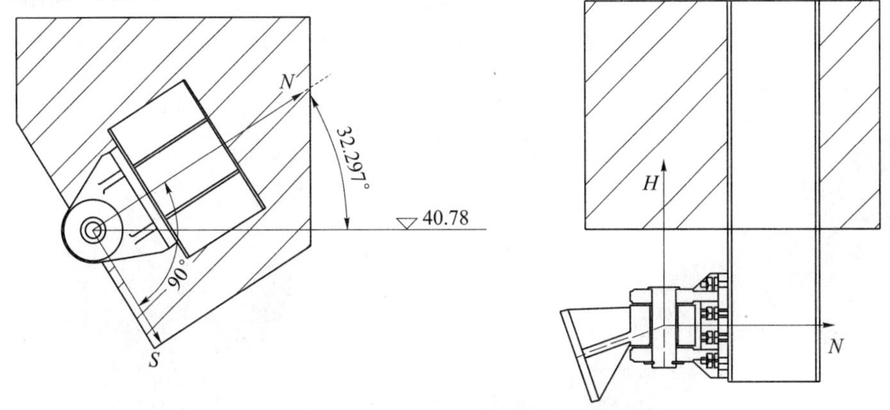

图5-3 牛腿荷载图

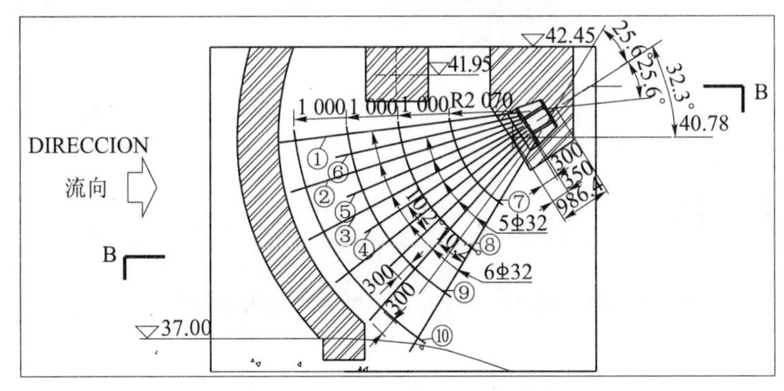

图5-4 扇形钢筋分布立视图

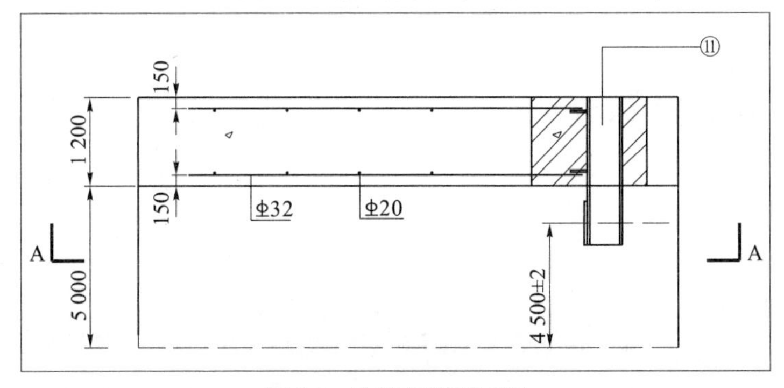

图5-5 扇形钢筋剖面图

挡水工况(标准值):$H' = 200.4$ kN,$N' = 528.1$ kN,$S' = 55.0$ kN。

提门工况(标准值):$H' = 258.25$ kN,$N' = 661.6$ kN,$S' = -62.5$ kN。

闸墩牛腿受力区加强扇形钢筋计算荷载系数:1.2。

5.2　有限元模型

模型为全中墩,约束为墩底全约束。为了分析辐射钢筋,在牛腿分布钢筋作用区域,依据配筋方向进行网格划分。

弹性模量 EX:2.49×10^{10} Pa,NUXY = 0.2,DENS = 2 400 kg/m^3。弹元选取用 Solid65 混凝土弹元模拟。闸墩整体模型见图 5-6,牛腿细部模型见图 5-7。节点总数 6 938,单元总数 5 144。

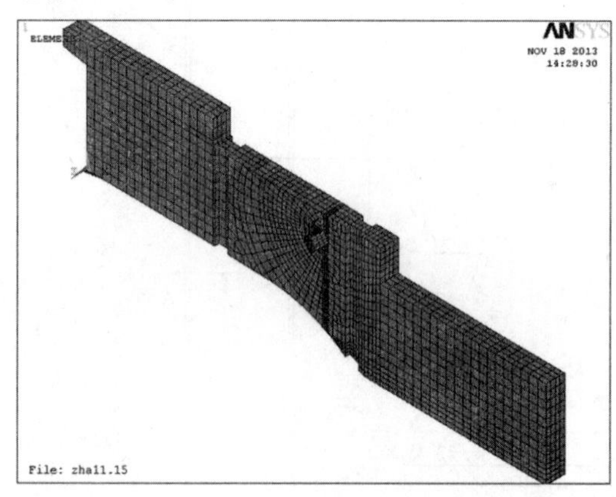

图 5-6　闸墩有限元模型

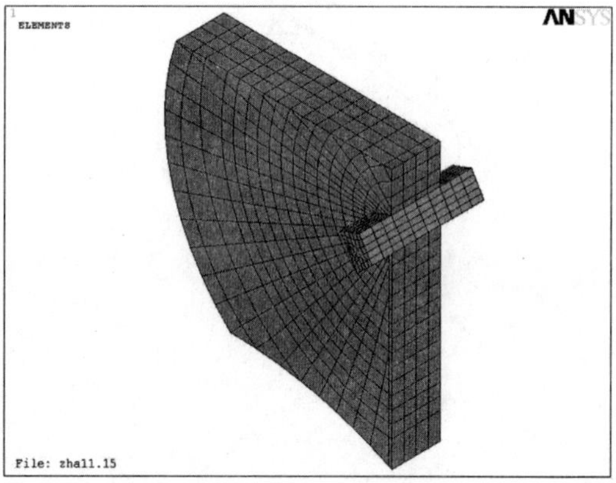

图 5-7　牛腿细部有限元模型

5.3　程序编制

```
#####################################################################
!! 加约束和荷载
FINISH
/PREP7
! 约束墩底面
CMSEL,S,DIMIAN,AREA
APLOT
NSLA,S,1
NPLOT
D,ALL,ALL,0
! 工况 1: 两侧均挡水,生成工作平面
KWPLAN,-1,22,2482,21
CSYS,WP
NSEL,S,,,6800,6801
NSEL,A,,,6971,6972
```

```
NROTAT,ALL                                  ! 该命令只在前处理器中使用
F,6800,FZ,-0.5*2.1*528.1*1000,,6801,1       ! 右侧牛腿施加 N
F,6971,FZ,-0.5*2.1*528.1*1000,,6972,1       ! 左侧牛腿施加 N
F,6800,FX,-0.5*2.1*200.4*1000,,6801,1       ! 右侧牛腿施加 H
F,6971,FX,0.5*2.1*200.4*1000,,6972,1        ! 左侧牛腿施加 H
F,6800,FY,-0.5*2.1*55*1000,,6801,1          ! 右侧牛腿施加 S
F,6971,FY,-0.5*2.1*55*1000,,6972,1          ! 左侧牛腿施加 S
! 节点 6800,6801,6971,6972
ALLS
ACEL,,9.81
FINISH
/SOLU
ALLS
SOLVE
! 工况 2:一侧挡水,一侧检修
!! 加约束和荷载
FINISH
/PREP7
! 约束墩底面
CMSEL,S,DIMIAN,AREA
APLOT
NSLA,S,1
NPLOT
D,ALL,ALL,0
KWPLAN,-1,22,2482,21
CSYS,WP
NSEL,S,,,6800,6801
! NSEL,A,,,6971,6972
NROTAT,ALL                                  ! 该命令只在前处理器中使用
F,6800,FZ,-0.5*2.1*528.1*1000,,6801,1       ! 右侧牛腿施加 N
! F,6971,FZ,-0.5*2.1*528.1*1000,,6972,1! 左侧牛腿施加 N
F,6800,FX,-0.5*2.1*200.4*1000,,6801,1       ! 右侧牛腿施加 H
! F,6971,FX,0.5*2.1*200.4*1000,,6972,1      ! 左侧牛腿施加 H
F,6800,FY,-0.5*2.1*55*1000,,6801,1          ! 右侧牛腿施加 S
! F,6971,FY,-0.5*2.1*55*1000,,6972,1        ! 左侧牛腿施加 S
! 节点 6800,6801,6971,6972
```

```
ALLS
ACEL,,9.81
FINISH
/SOLU
ALLS
SOLVE


!!!!!!!!!!!              后处理              !!!!!!!!!!!!!!!!!!!!!!!!!!!!!!!!
FINISH
/post1
LOCAL,11,1,16.026,4.307,0,179.856      ! 在辐射钢筋原点建柱坐标系,X
                                         轴是牛腿与闸面交面的左上角
rsys,11                                ! 应力结果转为径向
alls
vsel,u,loc,z,0,0.8
vsel,u,loc,z,-2,-1.2
allsel,below,volu                      ! 排除掉牛腿部分单元
nsel,r,loc,x,0.636,3.7                 ! 径向选取0.636,1.0,1.3,1.5364,
nsel,r,loc,y,-2,66                     ! 环向再选取64.305
ESLN,S,1
eplot
WPCSYS,-1,11
SUCR,SUF1,INFC,50,3.6
SUMAP,MYSX,S,X
supl,suf1,,1
!!!!!!!!!!!!!!!!!!!!!!!!!!!!! 径向一组单元,显示完整
nsel,r,loc,x,0.636,1.0                 ! 径向选取0.636,1.0,1.3,1.5364,
nsel,r,loc,y,-2,66                     ! 环向再选取64.305
ESLN,S,1
eplot
WPCSYS,-1,11
SUCR,SUF1,INFC,90,0.9
SUMAP,MYSX,S,X
supl,suf1,,1
```

```
!!!!!!!!!!!!!!!!!!!!!!!!!!!!!!!! 径向二组单元,显示完整!!!!!!!!!!!!!!
nsel,r,loc,x,0.636,1.3                       ! 径向选取0.636,0.9364,1.3,
                                               1.5364,
nsel,r,loc,y,-2,66                           ! 环向再选取64.305
ESLN,S,1
eplot
WPCSYS,-1,11
SUCR,SUF1,INFC,90,1.2
SUMAP,MYSX,S,X
supl,suf1,,1
!!!!!!!!!!!!!!!!!!!! 径向三组单元,显示完整!!!!!!!!!!!!!!!!!!!!!!!!
nsel,r,loc,x,0.636,1.6                       ! 径向选取0.636,1.0,1.3,1.5364,
nsel,r,loc,y,-2,66                           ! 环向再选取64.305
ESLN,S,1
eplot
WPCSYS,-1,11
SUCR,SUF1,INFC,90,1.5
SUMAP,MYSX,S,X
supl,suf1,,1
!!!!!!!!!!!!!!!!!! 本闸径向积向求轴力!!!!!!!!!!!!!!!!
SUGET,SUF1,MYSX,AXYZ,ON                      ! 提取切面几何与应力信息到数
                                               组AXYZ
supr                                         ! 查看数组AXYZ第一维下标的
                                               上界,填入下面的?中去
*ASK,UBOUND_AXYZ,Please input #Points of SUF1?
! 测试数组的下界
! 测试结束
! 对积分点进行循环,各径向之和
NSUM1_=0          ! 存放轴力 axial force
*DO,I,1,UBOUND_AXYZ                          ! ???????????????????????????
                                               ?????????????????
  ! 定义p0 of suf2,具体积分点
  x0=AXYZ(I,1)
  y0=AXYZ(I,2)
  z0=AXYZ(I,3)
NSUM1_=NSUM1_+AXYZ(I,8)*AXYZ(I,7)    ! 轴力
```

```
  *ENDDO
 ! 考虑到各径向向推力方向投影
 nsum2_ =0
 *DO,I,1,UBOUND_AXYZ                                  !???????????????????????????
   ! 定义 p0 of suf2,具体积分点
   x0 = AXYZ(I,1)
   y0 = AXYZ(I,2)
   z0 = AXYZ(I,3)
   x1 =16.026                                          ! 存放辐射钢筋圆心处点的坐标,
                                                         轴向力方向第一点坐标
   y1 =4.307
   z1 = AXYZ(I,3)
   x2 =15.4889                                         ! 存放轴向力方向直线的第二点
                                                         坐标
   y2 =3.9670
   z2 = AXYZ(I,3)
   m1 =x0 -x1
   n1 =y0 -y1
   p1 =z0 -z1
   m2 =x2 -x1
   n2 =y2 -y1
   p2 =z2 -z1
Jiajiao_cosin = ABS(M1 * M2 + N1 * N2 + P1 * P2)/SQRT(M1 * M1 + N1 * N1 + p1 * p1)/
sqrt(m2 * m2 +n2 * n2 +p2 * p2)
NSUM2_ = NSUM2_ + AXYZ(I,8) * AXYZ(I,7) * JIAJIAO_COSIN
                                                       ! 轴力
*ENDDO
*STATUS,PRM_
```

5.4　成果及分析

5.4.1　强度验算

将扇形区域闸墩混凝土分为三组,如图 5-8 所示。分别计算各组内力、应力(见图 5-9 ~ 图 5-14),进行配筋分析。

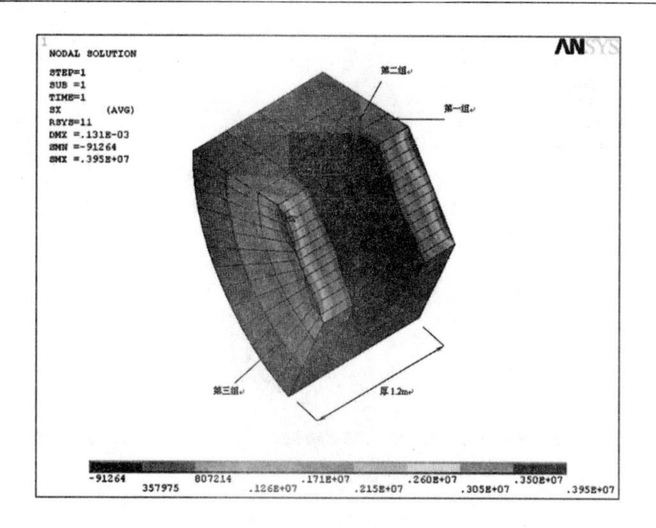

图5-8　中墩混凝土分组图

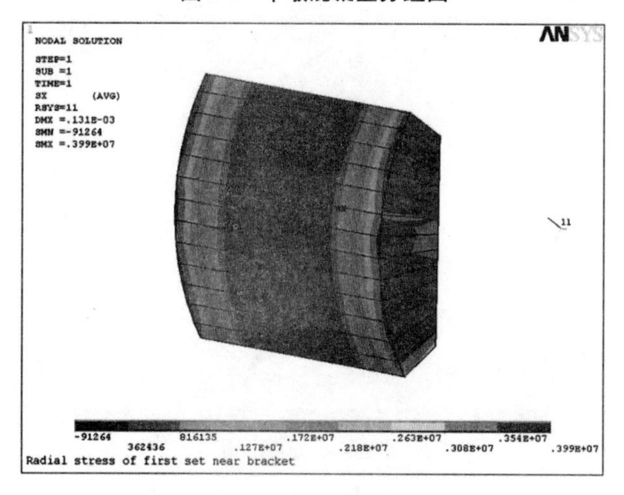

图5-9　第一组区域径向应力图

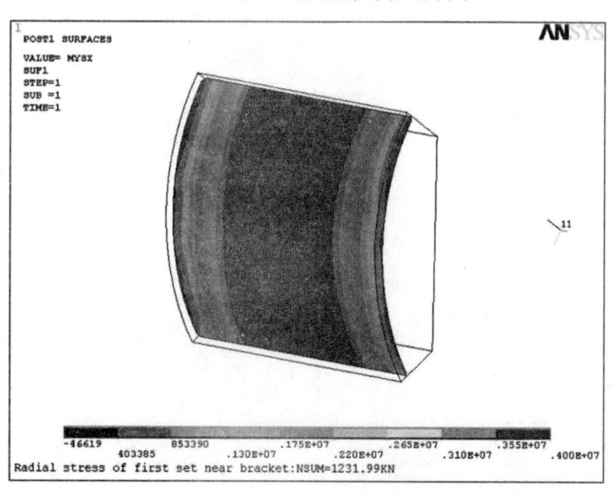

图5-10　第一组区域径向内力图

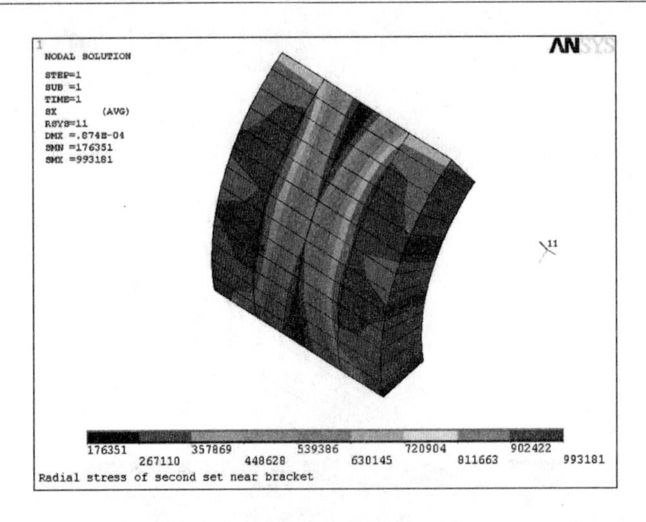

图 5-11　第二组区域径向应力图

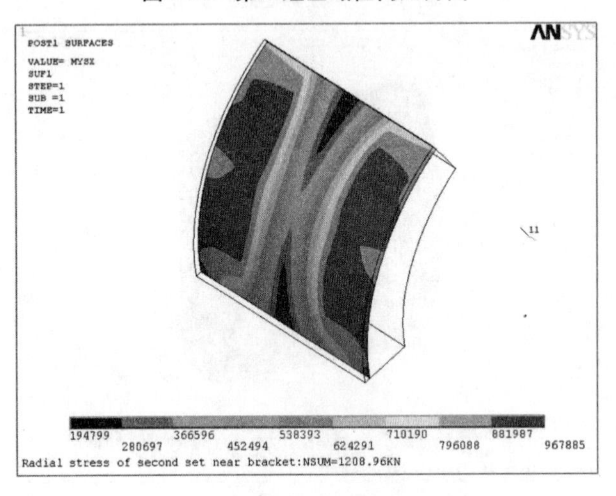

图 5-12　第二组区域径向内力图

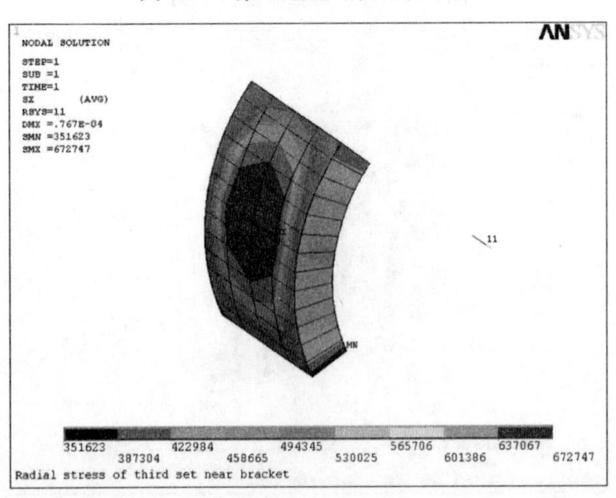

图 5-13　第三组区域径向应力图

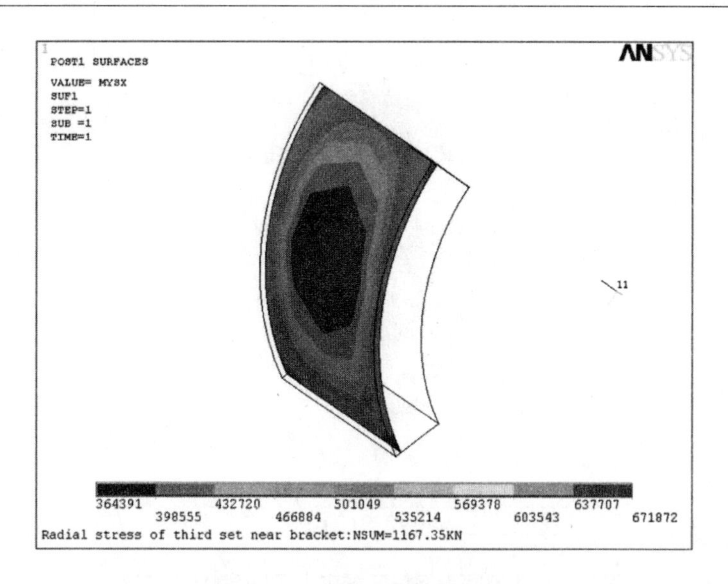

图5-14 第三组区域径向内力图

从图5-9～图5-14可以看出,积分后各组内力相差不大,内力由内层向外层分别为1 231.99 kN、1 208.96 kN、1 167.35 kN。取最大内力1 231.99 kN进行支铰牛腿受力区扇形钢筋配筋计算,该值为考虑了安全系数的标准值。

当应力图形偏离线性较大时可按主拉应力在配筋方向投影图形的总面积计算钢筋截面面积A_s,并应符合下列要求:

$$A_s \leqslant \frac{KT}{f_y}$$

式中 K——承载力安全系数,按美国规范取值2.21;

f_y——钢筋抗拉强度设计值,420 N/mm^2;

T——由钢筋承担的拉力设计值。

计算得:

$$A_s = 2\ 933.3\ mm^2 \leqslant A_{si}\cos\theta_i = 8\ 497.16\ mm^2$$

即支铰牛腿受力区扇形钢筋配筋面积大于所需配筋面积,满足要求。

5.4.2 应力验算

提取牛腿辐射钢筋区域径向应力图进行分析,两种工况下的应力图见图5-15、图5-16。

两侧挡水时,牛腿辐射钢筋区域混凝土两侧受拉、中间受压,最大压应力为0.09 MPa。一侧挡水、一侧检修时,牛腿辐射钢筋区域混凝土一侧受拉、一侧受压,最大压力为0.6 MPa。

牛腿辐射钢筋区域混凝土最大压应力都在允许范围内($0.35f'_c=9.8$ MPa),闸墩结构是安全的。

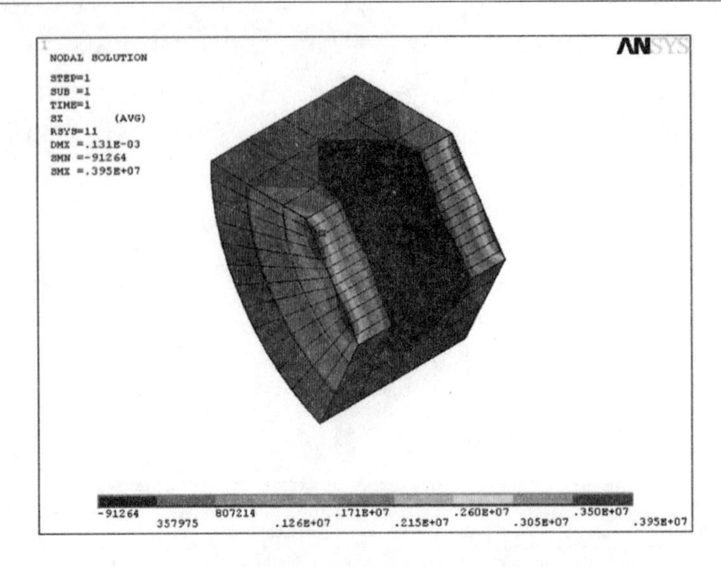

图 5-15　牛腿辐射钢筋区域应力图(两侧挡水工况)

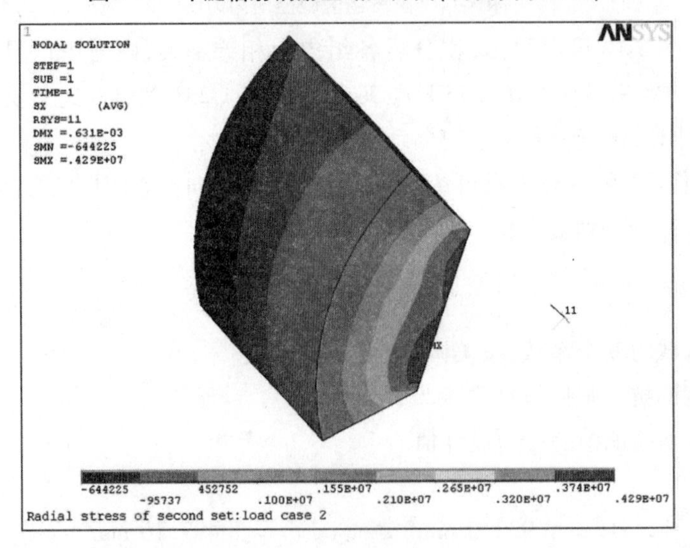

图 5-16　牛腿辐射钢筋第一、二组区域应力组(一侧挡水、一侧检修工况)

第 6 章　渠道护坡

渠系建筑物是输水工程的重要组成部分，在我国重要的长距离输水工程（如南水北调）中，渠道在工程规模与投资方面占的比重最大。一般的渠堤填筑，无论从设计还是从施工方面都很成熟。本章拟对传统的渠道设计手段进行更新换代，用数值模拟的方法，对渠道防护结构（混凝土面板）进行齿脚和分缝位置比选分析，为读者呈现不一样的设计方法和思路。

6.1　齿脚型式比选

6.1.1　齿脚型式

为了达到优化齿脚型式的目的，在以下四种常见的齿墙型式中做一比较。四种齿墙型式如图 6-1 ~ 图 6-4 所示。

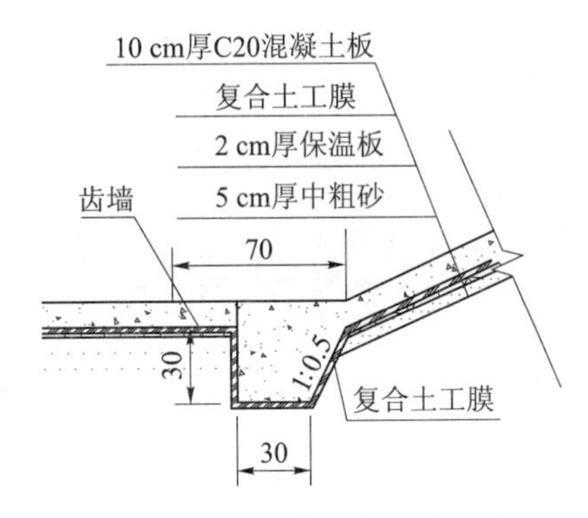

图 6-1　齿墙型式 1 典型图

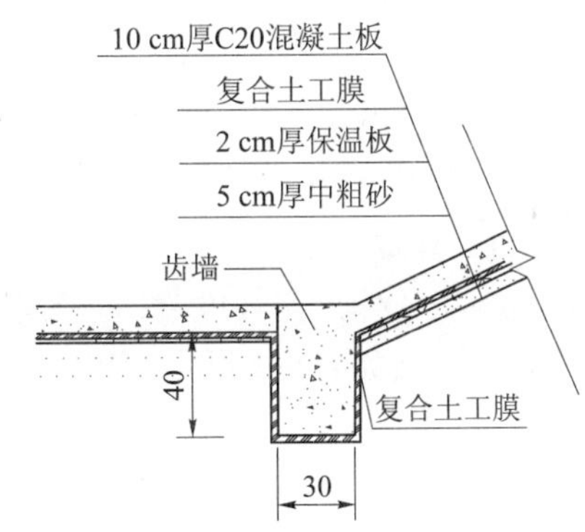

图 6-2　齿墙型式 2 典型图

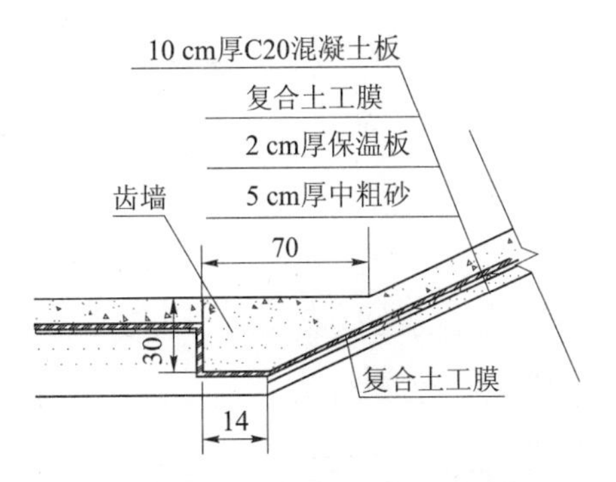

图 6-3　齿墙型式 3 典型图

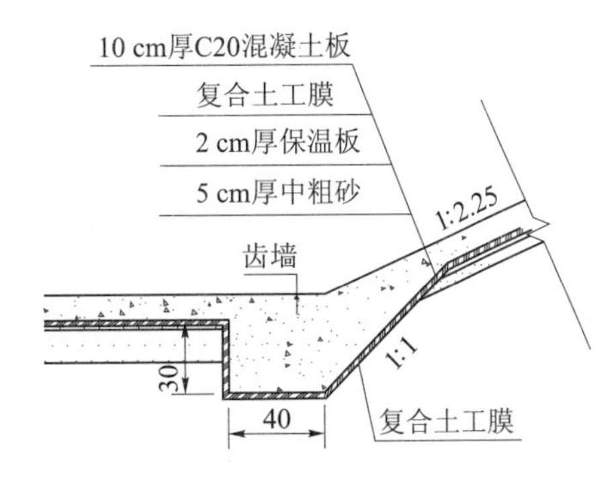

图 6-4　齿墙型式 4 典型图

6.1.2　网格与材料参数

6.1.2.1　有限元网格

渠道分填方段和挖方段,齿墙型式的比选只要统一在同一种类型渠段即可。本次计算选用挖方段,沿坡长不再设缝,模型左边界为渠道中心线,右边界为填方渠道一个马道宽度,底边界为 1 倍渠深,各边界为法向约束,如图 6-5 所示。土体、保温板、砂砾石和面板用 Plane42 单元,面板与保温板之间为土工膜,用接触单元模拟,接触方式为面—面接触,通过目标单元与接触单元指定相同的实常数号实现,接触协调的方法为增广拉格朗日算法,摩擦系数取值 0.6,如图 6-6 所示。

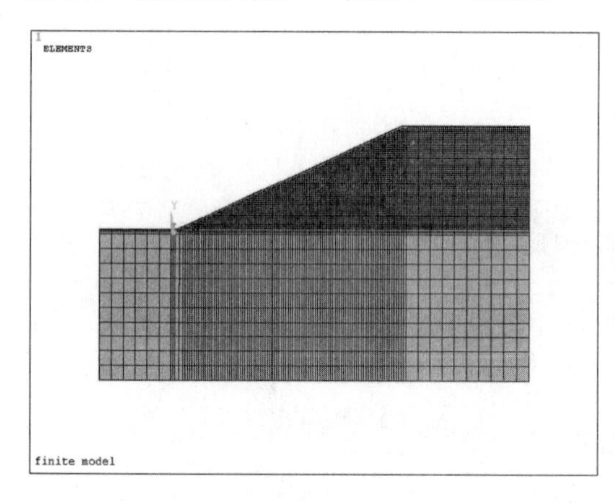

图 6-5　有限元网格

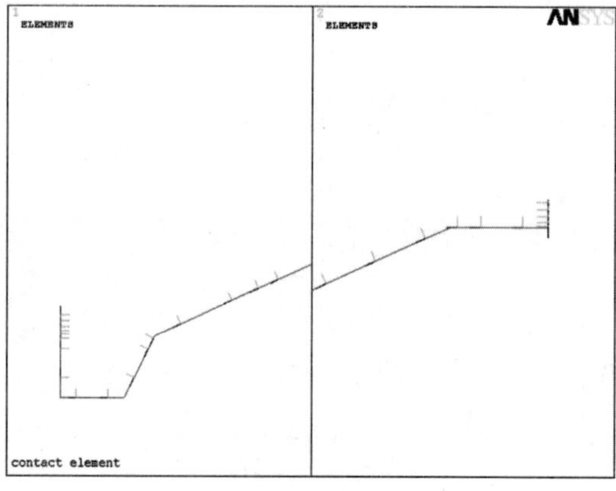

图 6-6　接触单元

6.1.2.2　材料参数

渠道材料组成体系比较庞杂,为了比较真实地反映结果,对各种材料进行分区建模处理。所用材料参数如表 6-1 所示。

表 6-1　计算参数

位置	材料	密度	弹性模量(MPa)	泊松比
北岸	衬砌混凝土(C20)	2 380 kg/m³	28 100	0.167
	聚硫密封胶	1.6 g/cm³		
	闭孔泡沫板	90 kg/m³	≥1	
	土工膜	920 kg/m³	>70	
	聚苯乙烯保温板	40 kg/m³	3.1	0.1
	水泥土	1.5 g/cm³	7 455.6	0.3
	填筑土(指碎石垫层上的土)	1.85 g/cm³	80	0.21
	碎石层	1.91 g/cm³		0.48
	原状土(碎石垫层下的土)	1.96 g/cm³	32	0.25

6.1.3　计算工况

为了比选四种齿脚型式优劣，拟做如下三种工况计算分析：

工况 1：温降 20 ℃，即从 10 ℃降至 –10 ℃；

工况 2：温升 20 ℃，即从 –10 ℃升至 10 ℃；

工况 3：运用期（加大水位）。

6.1.4　计算结果

三种工况下齿脚应力状态，整理结果如下：

（1）温降工况下，四种型式齿脚最大主应力与最小主应力如图 6-7 ~ 图 6-14 所示。

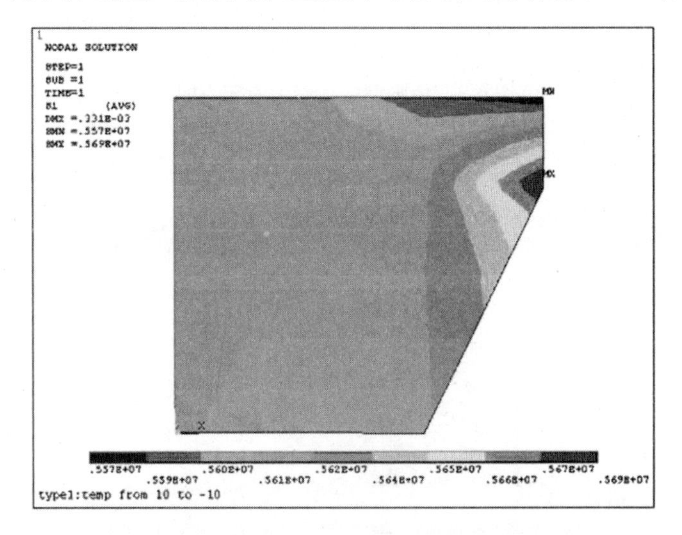

图 6-7　齿脚型式 1 最大主应力图

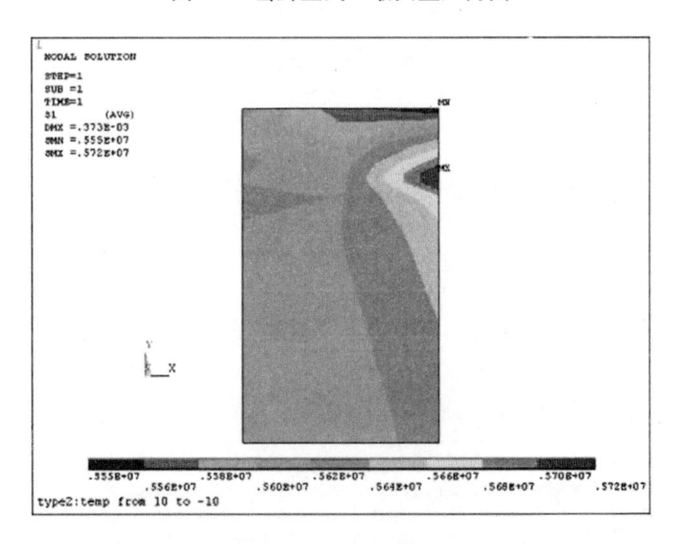

图 6-8　齿脚型式 2 最大主应力图

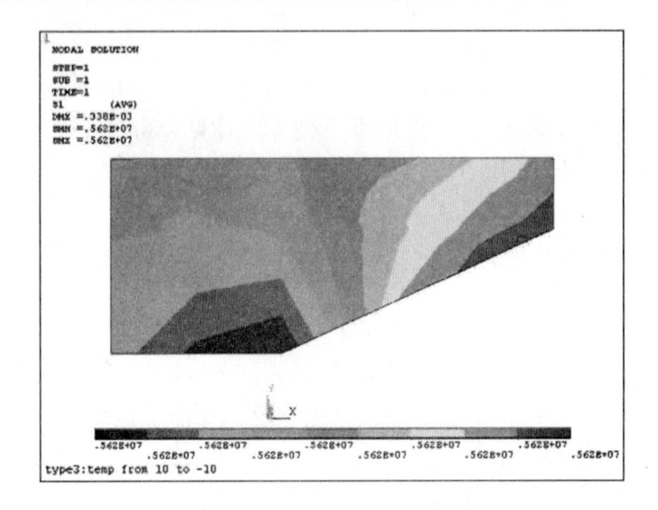

图 6-9 齿脚型式 3 最大主应力图

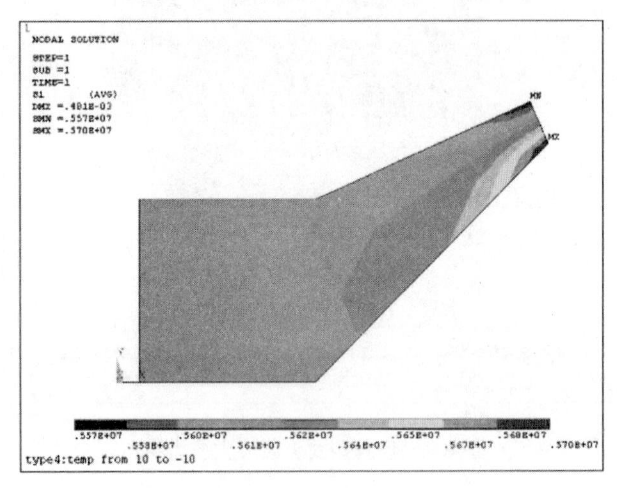

图 6-10 齿脚型式 4 最大主应力图

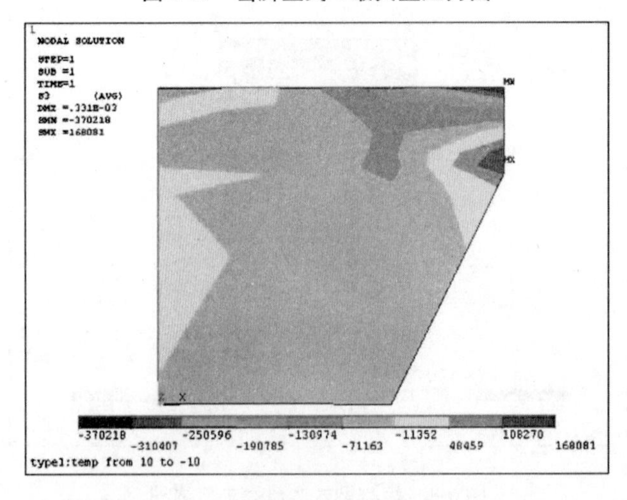

图 6-11 齿脚型式 1 最小主应力图

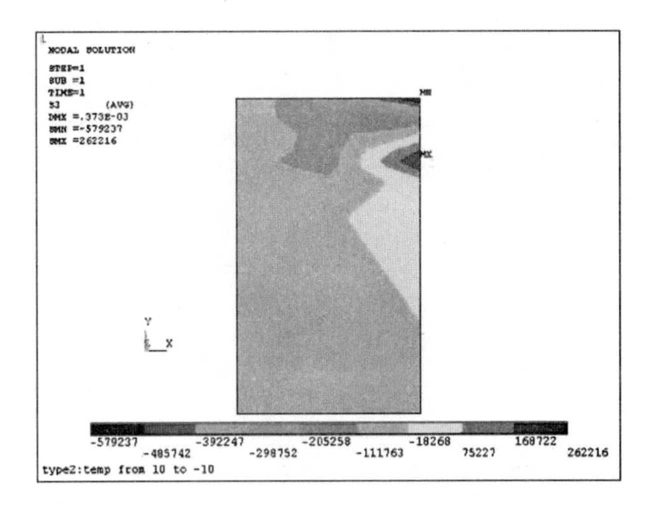

图 6-12　齿脚型式 2 最小主应力图

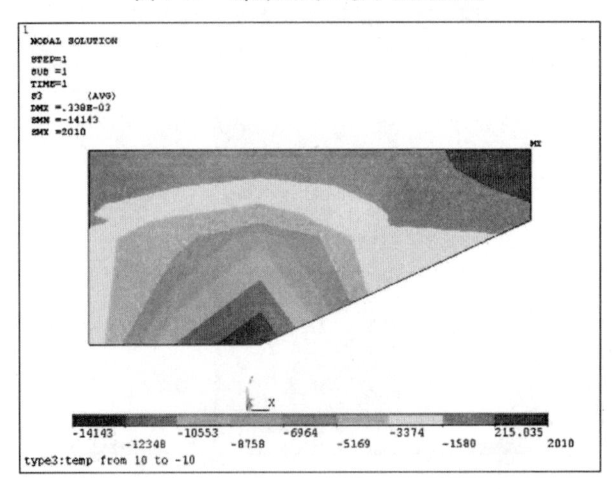

图 6-13　齿脚型式 3 最小主应力图

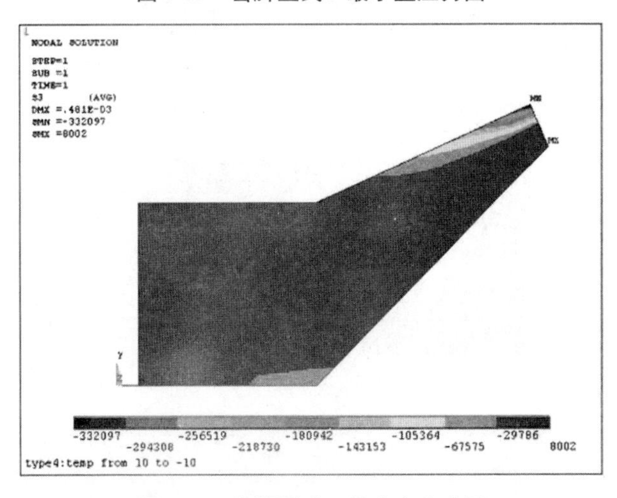

图 6-14　齿脚型式 4 最小主应力图

(2)温升工况下,各齿脚最大主应力与最小主应力如图6-15～图6-22所示。

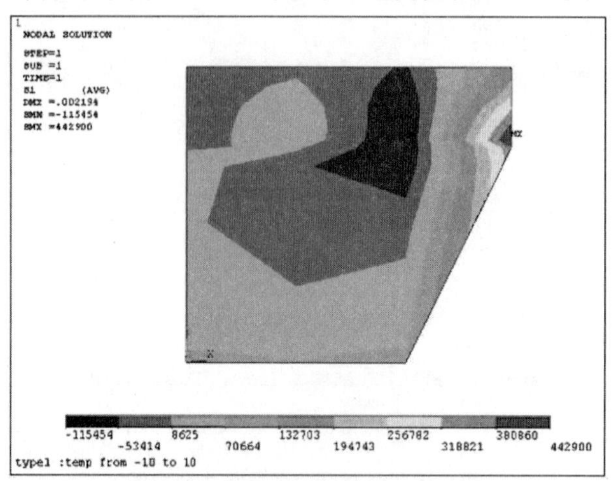

图6-15　齿脚型式1最大主应力图

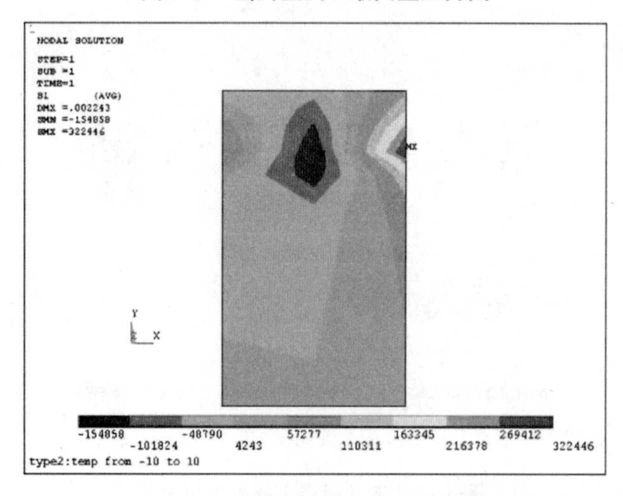

图6-16　齿脚型式2最大主应力图

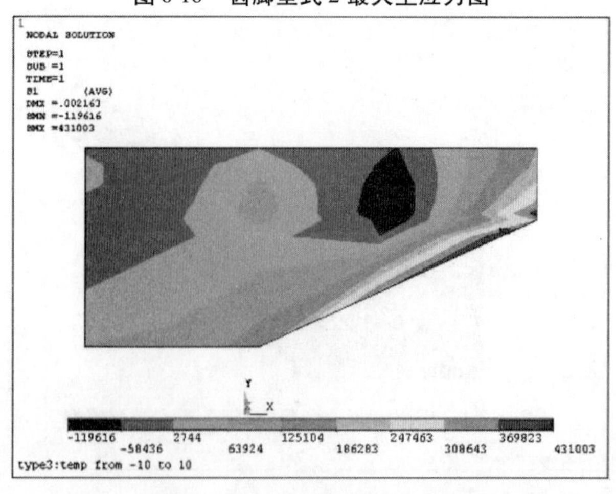

图6-17　齿脚型式3最大主应力图

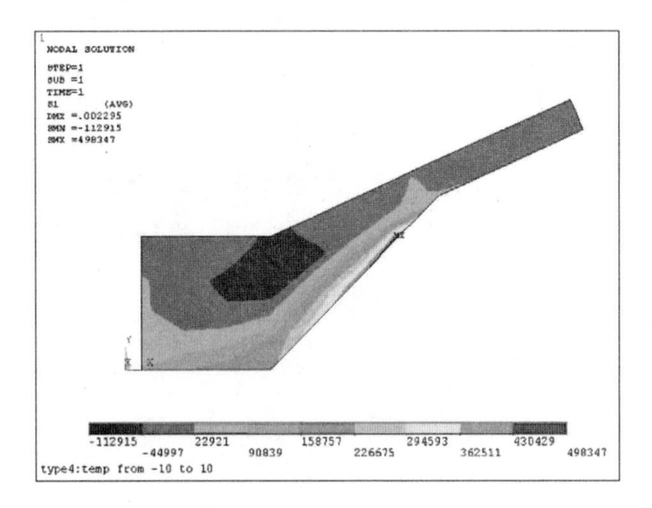

图 6-18　齿脚型式 4 最大主应力图

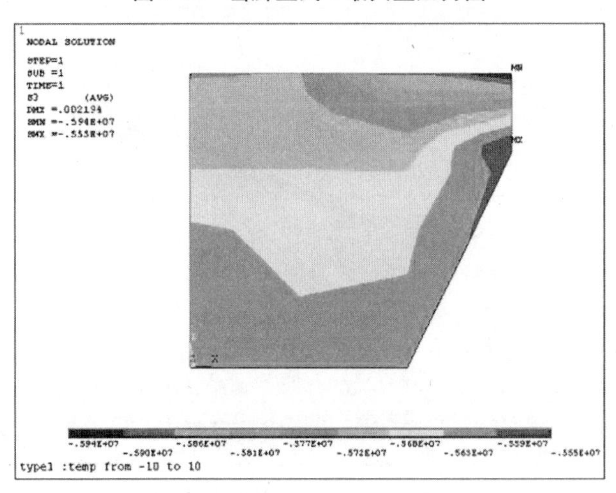

图 6-19　齿脚型式 1 最小主应力图

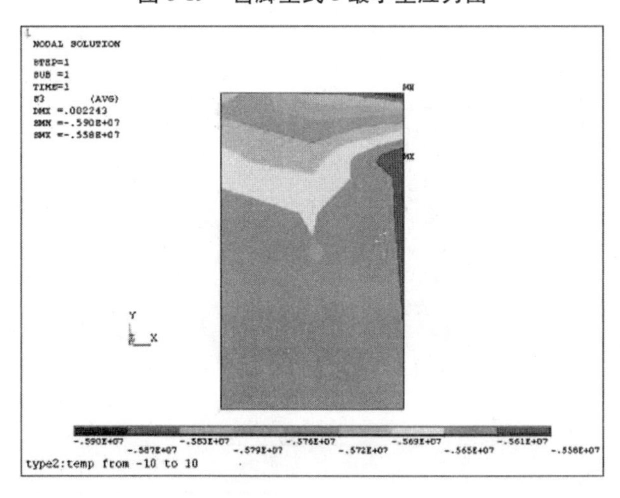

图 6-20　齿脚型式 2 最小主应力图

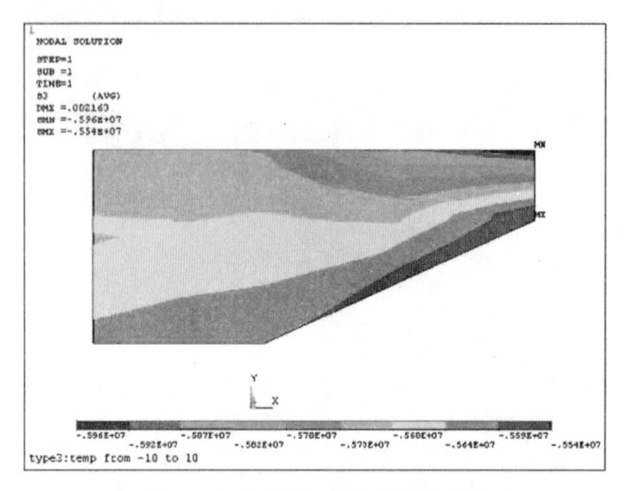

图 6-21　齿脚型式 3 最小主应力图

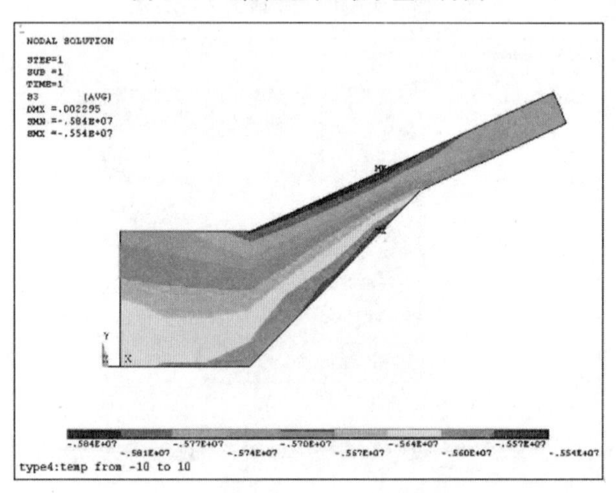

图 6-22　齿脚型式 4 最小主应力图

（3）通水工况下，各齿脚最大主应力与最小主应力如图 6-23 ~ 图 6-30 所示。

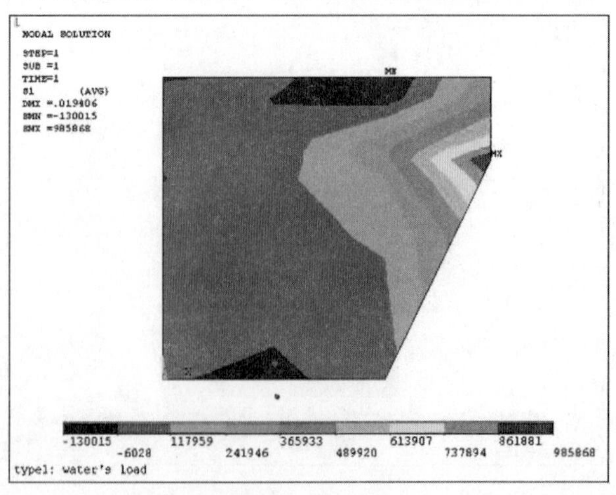

图 6-23　齿脚型式 1 最大主应力图

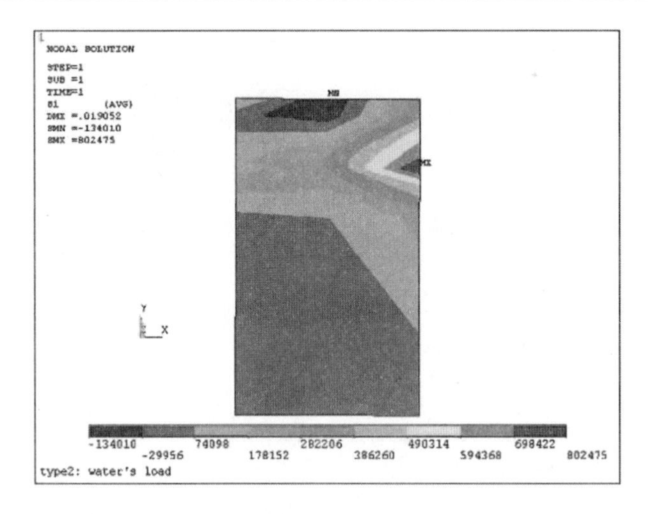

图 6-24　齿脚型式 2 最大主应力图

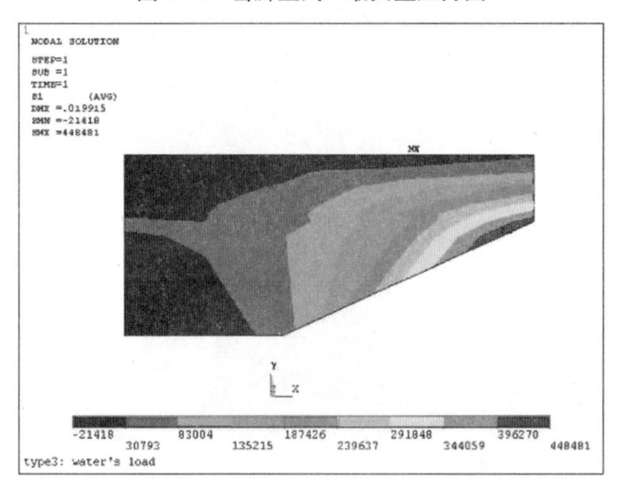

图 6-25　齿脚型式 3 最大主应力图

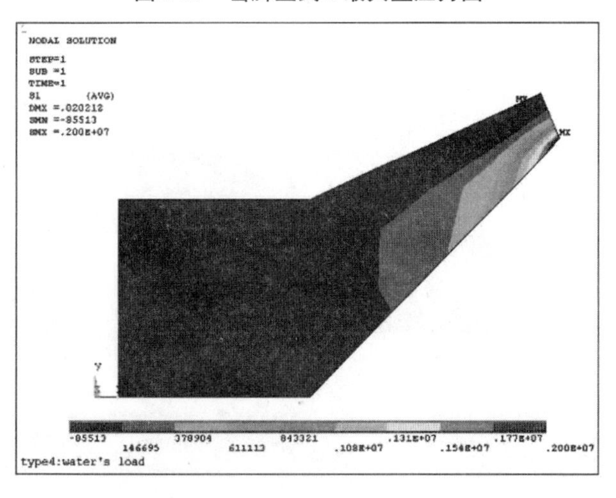

图 6-26　齿脚型式 4 最大主应力图

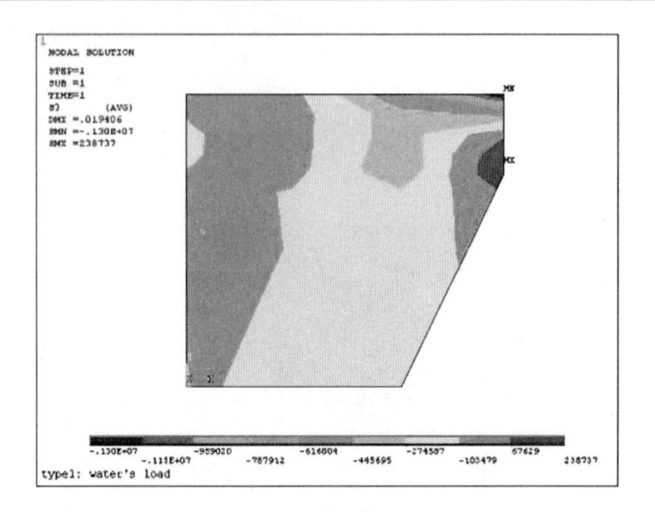

图 6-27　齿脚型式 1 最小主应力图

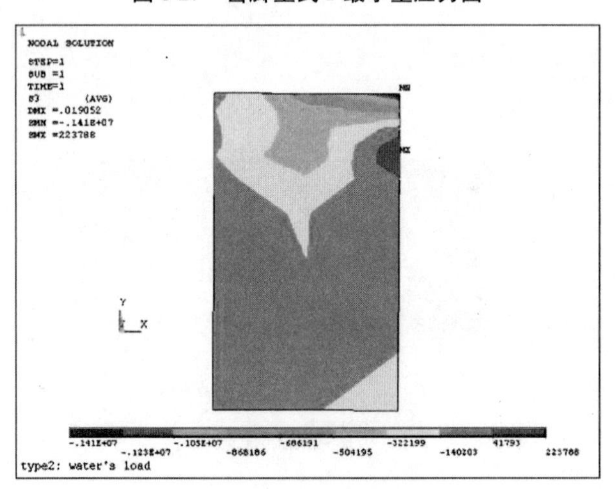

图 6-28　齿脚型式 2 最小主应力图

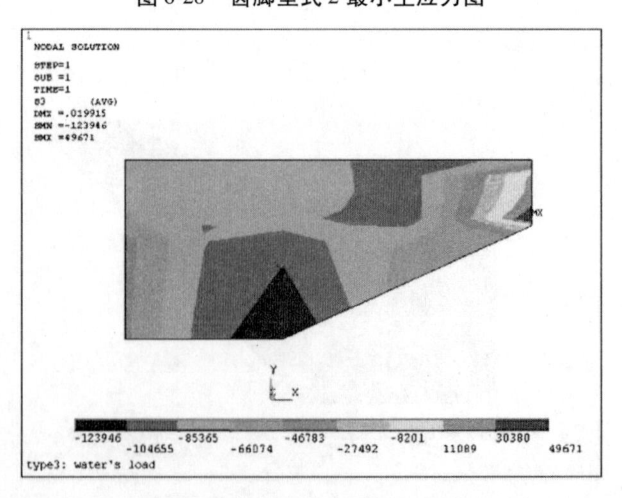

图 6-29　齿脚型式 3 最小主应力图

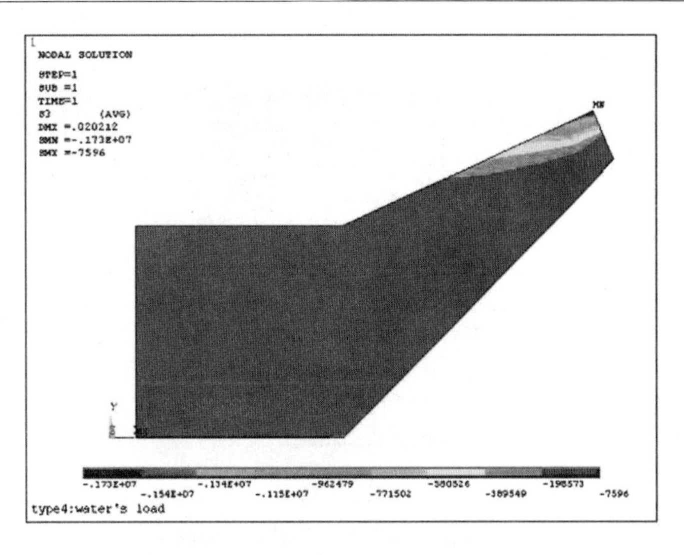

图6-30　齿脚型式4最小主应力图

6.1.5　分析与结论

为了了解各种齿脚型式的优劣,分析角度从应力、截面内力和变形三个方向入手。应力方向主要是分析等值线图中稀疏、等高距和梯度;截面内力选用齿脚与坡面分界面及坡面最大应力截面,通过积分求得内力;变形通过画出整个坡面的变挠度图得以分析。

应力等值线分布如图6-31～图6-34所示。齿脚1最大应力为0.74 MPa,齿脚2最大应力为0.75 MPa,齿脚3最大应力为0.37 MPa,齿脚4最大应力为1.91 MPa,C25混凝土轴心抗拉强度设计值为1.27 MPa,齿脚4最大应力超限,存在破坏的可能。齿脚1与齿脚2应力梯度适中,齿脚3最小,齿脚4最大。

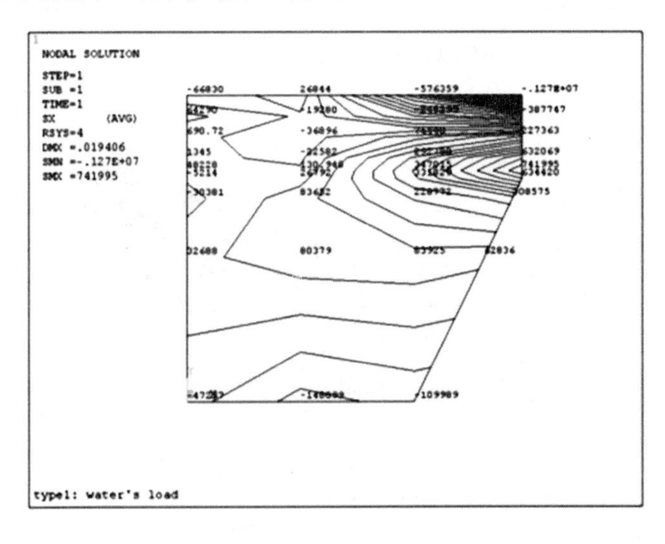

图6-31　齿脚型式1坡向应力图

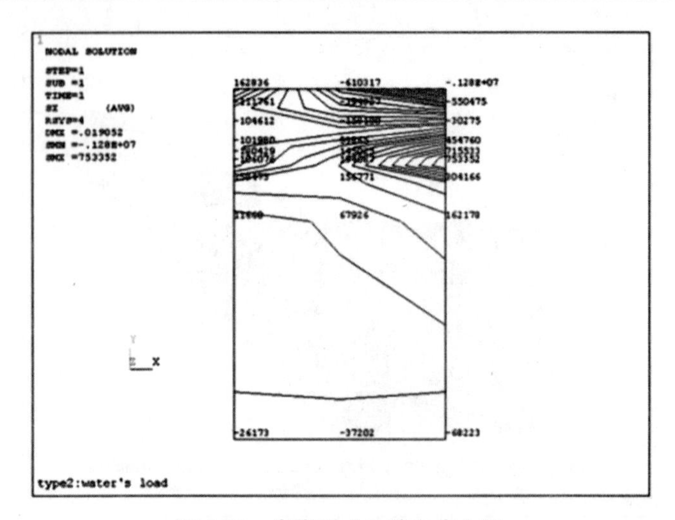

图 6-32　齿脚型式 2 坡向应力图

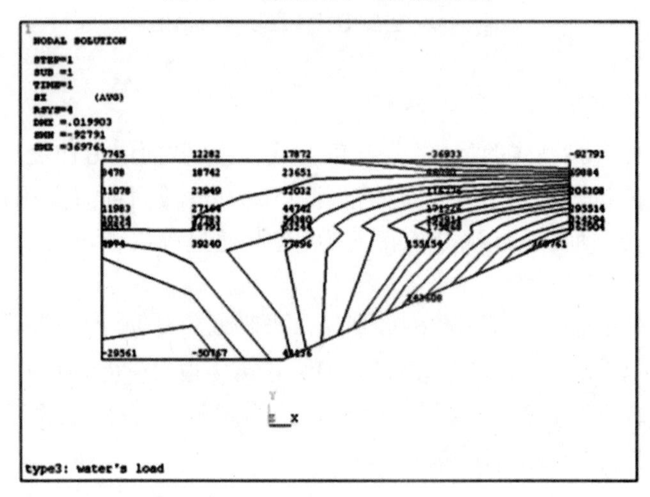

图 6-33　齿脚型式 3 坡向应力图

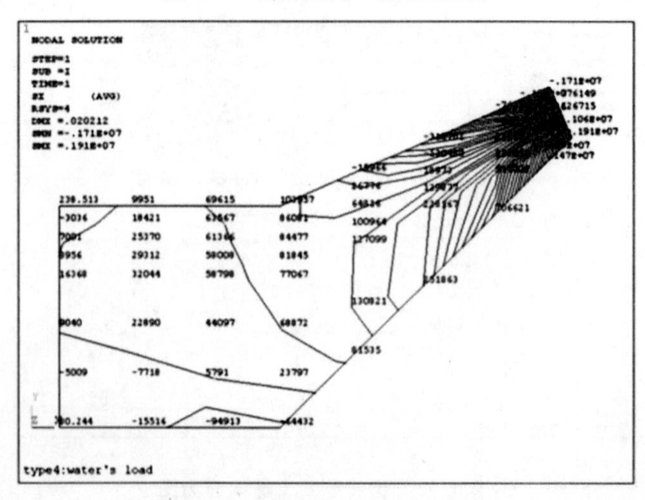

图 6-34　齿脚型式 4 坡向应力图

沿坡向应力分布和应力最大位置示意图如图 6-35 ~ 图 6-38 所示。截面应力出现位置分别为 0. 246 5 m、0. 493 m、0. 502 1 m 和 0. 746 4 m。

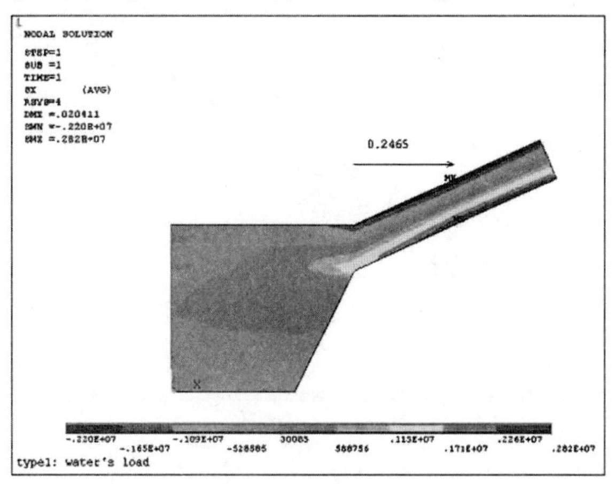

图 6-35　齿脚型式 1 坡向最大应力位置图

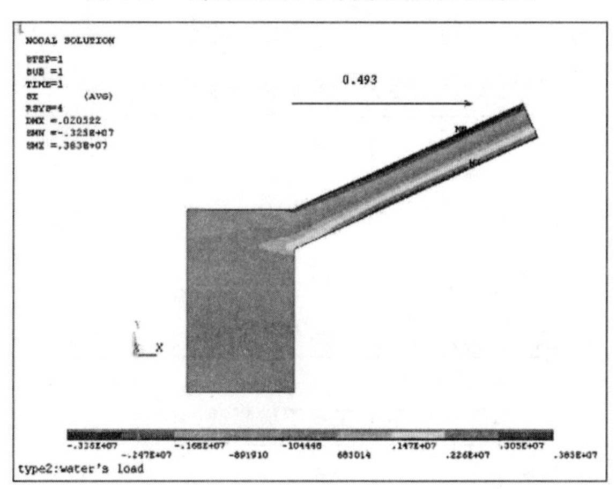

图 6-36　齿脚型式 2 坡向最大应力位置图

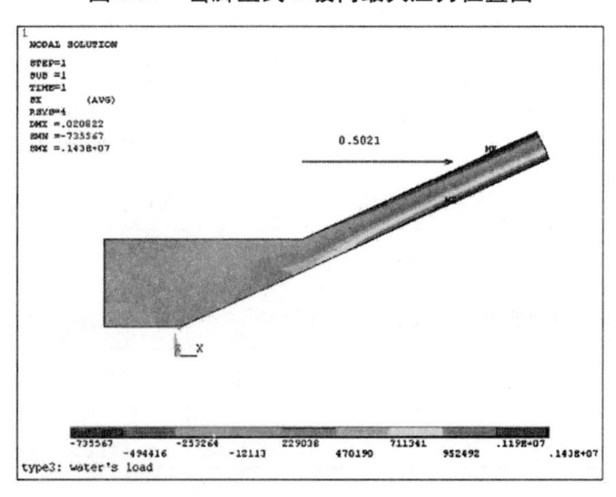

图 6-37　齿脚型式 3 坡向最大应力位置图

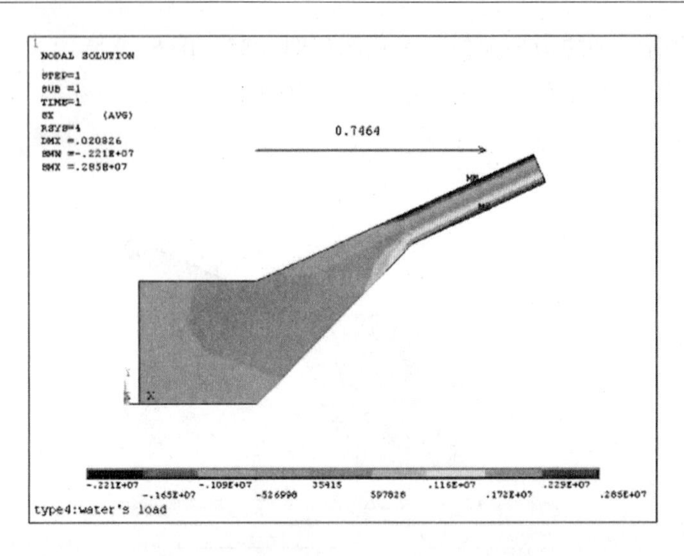

图 6-38　齿脚型式 4 坡向最大应力位置图

表 6-2 ~ 表 6-5 为各工况下特征截面内力统计,根据这些表格有以下结论:

表 6-2　温降工况下坡脚截面内力

项目	齿脚 1	齿脚 2	齿脚 3	齿脚 4
N(N)	4 704.51	3 082.03	3 290.47	6 946.31
M(N · m)	830.41	1 188.71	20.35	684.94
e(m)	0.18	0.39	0.01	0.10

表 6-3　温升工况下坡脚截面内力

项目	齿脚 1	齿脚 2	齿脚 3	齿脚 4
N(N)	-77 449.03	-74 627.19	-77 895.49	-74 013.62
M(N · m)	2 328.42	1 843.17	2 739.77	736.78
e(m)	0.03	0.02	0.04	0.01

表 6-4　静水压力工况下坡脚截面内力

项目	齿脚 1	齿脚 2	齿脚 3	齿脚 4
N(N)	19 998.89	6 560.40	28 165.22	19 725.90
M(N · m)	3 457.87	3 671.34	830.25	3 613.26
e(m)	0.17	0.56	0.03	0.18

表6-5　静水压力主应力截面内力

项目	齿脚1	齿脚2	齿脚3	齿脚4
N(N)	36 240.84	20 759.18	43 671.79	31 006.56
M(N·m)	4 845.98	5 644.03	2 181.01	4 215.83
e(m)	0.13	0.27	0.05	0.14
断面位置(m)	0.247	0.493	0.502	0.746

偏心距(e):齿脚2最大,齿脚3最小,齿脚1和齿脚4相当且居中;偏心距大小代表应力分布均匀程度,越小表明应力越均匀;反之,越分散。结论如下:

(1)齿脚2因偏心距最大,带来面板截面应力分布最不均匀。(静水压力情况下偏心距0.56,对这么大偏心距进行分析,会造成什么后果)

(2)齿脚3因偏心距最小,面板截面应力分布最均匀。

(3)齿脚1和齿脚4较为适中。

轴力:齿脚3轴力在温升和水压工况下为最大,齿脚1和齿脚4相当且居中,齿脚2最小。轴力可以表达衬砌板对坡脚齿墙的推力,轴力越大,推力越大,齿墙的抗滑稳定性越差;反之,抗滑能力越强。结论如下:

(1)齿脚3面板截面轴向力最大,对抗滑稳定最不利。

(2)齿脚2面板截面轴向力最小,对抗滑稳定最有利。

(3)齿脚1和齿脚4较为适中。

各种型式垂直坡向挠度如图6-39～图6-42所示。

(1)变形:从变形分布图来看,垂直坡向最大位移出现位置距坡脚1.8 m处,各种齿脚型式的变形量没有太大的差别,仅限于细微差异。注意:各种型式截面最大应力发生位置不同,范围介于0.24～0.75 m,表明有必要在该范围设置分缝,改变体形,阻断应力发展。

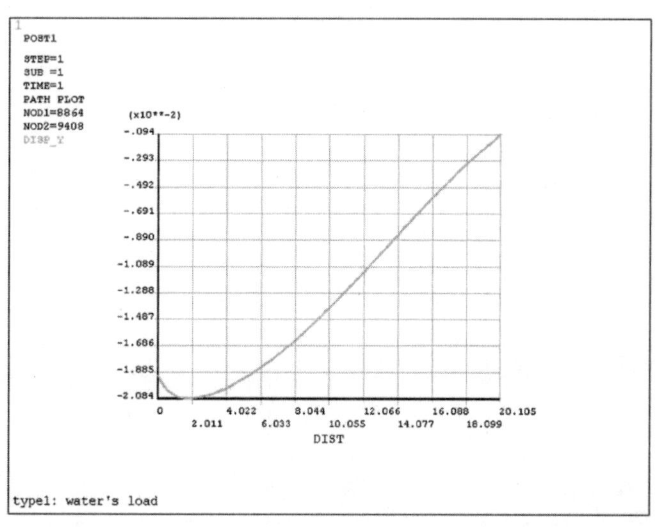

图6-39　齿脚型式1挠度图

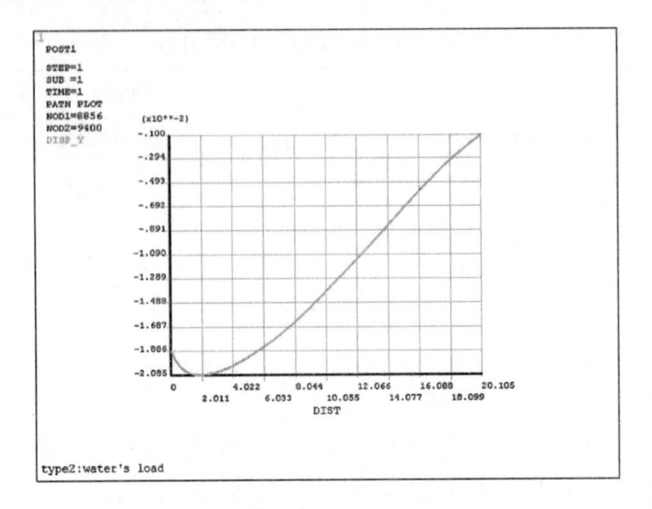

图 6-40　齿脚型式 2 挠度图

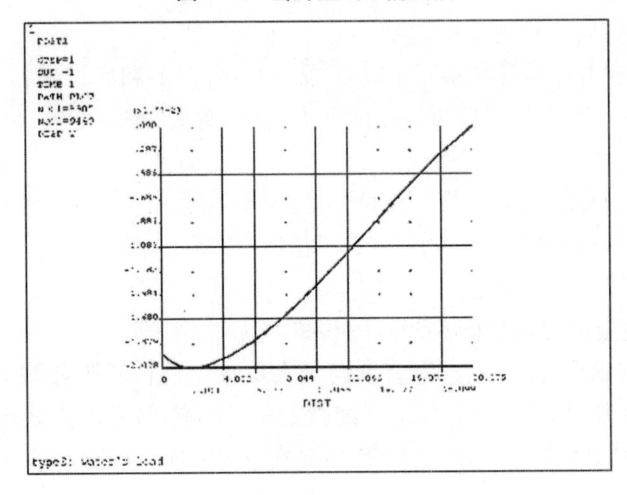

图 6-41　齿脚型式 3 挠度图

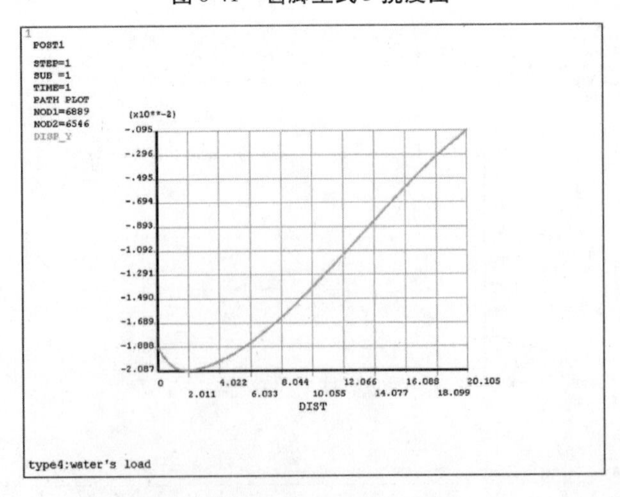

图 6-42　齿脚型式 4 挠度图

(2)经济指标:表 6-6 表明,齿脚 1 和齿脚 4 在受力状态一致的前提下,齿脚 1 较齿脚 4 每千米节省混凝土 154 m^3,表明齿脚 1 较经济。

表 6-6　截面特征

项目	齿脚 1	齿脚 2	齿脚 3	齿脚 4
齿脚面积(m^2)	0.158 9	0.15	0.169 1	0.291
断面面积(m^2)	2.170 6	2.161 7	2.180 8	2.247 6

从施工上看,齿墙 1 和齿墙 2 需要开挖较陡的齿槽,施工难度较大,齿墙 3 和齿墙 4 边坡较缓,施工相对容易。

6.2　分缝位置分析

6.2.1　有限元模型

计算对象选填方渠段如图 6-43 所示,左边界取渠道中心线,右边界与左边界以渠顶中心线对称,底边界为 1 倍渠深,各边界为法向约束。土体、保温板、砂砾石和面板用 Plane42 单元,面板与保温板之间为土工膜,用接触单元模拟,接触方式为面—面接触,通过目标单元与接触单元指定相同的实常数号实现,接触面协调的算法为增广拉格朗日算法,摩擦系数取 0.6。

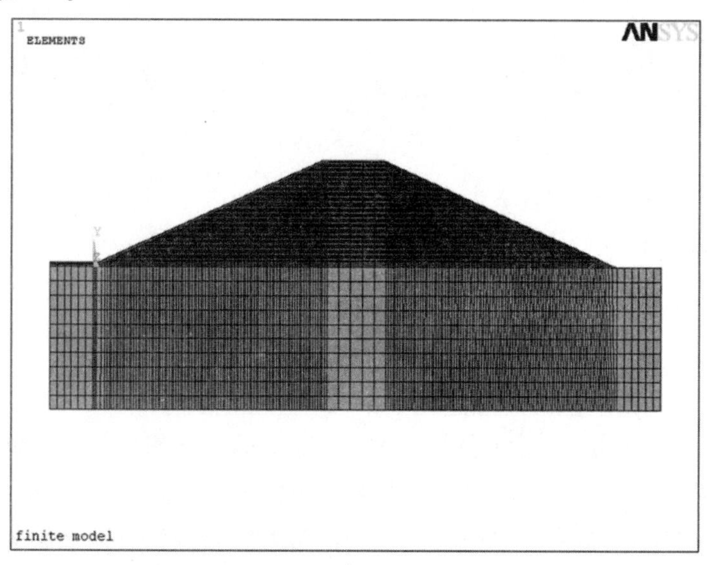

图 6-43　有限元模型图

6.2.2　工况组合

为了从受力与变形的角度分析衬砌板的受力状态和各分缝间优劣比较,拟采用如下

工况，荷载如图6-44所示。

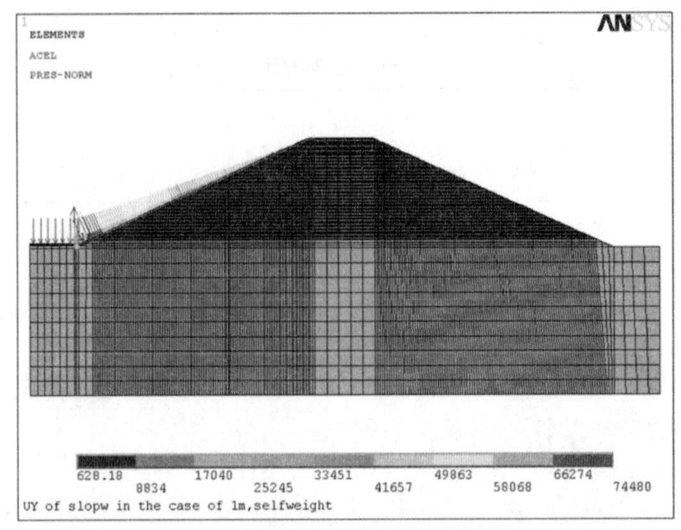

图6-44　荷载示意图

组合1：静水压力，模拟蓄水对衬砌板影响。

组合2：自重，模拟沉降对衬砌板影响。

组合3：静水压力＋自重，模拟蓄水和自重沉降叠加对衬砌板影响。

6.2.3　材料参数

所用材料参数见表6-1。

6.2.4　其他说明

为了全面分析板的受力状态，取以下3个位置截面：位置1为坡脚处，位置2为$L/2$处，位置3为$L/3$坡长处，如图6-45所示。

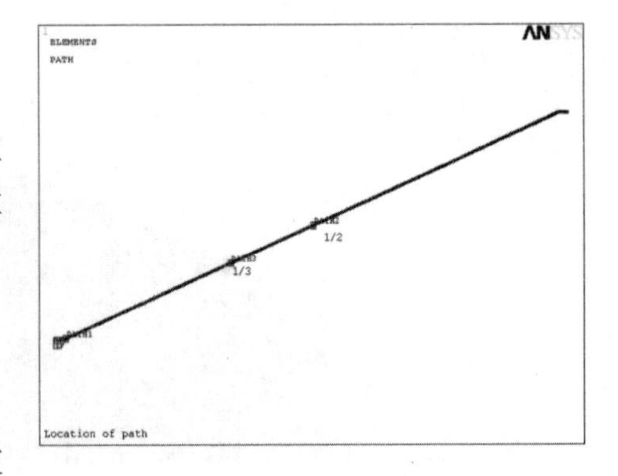

图6-45　路径位置图

6.2.5　计算结果与分析

6.2.5.1　工况1：静水压力

垂直坡面位移如图6-46～图6-51所示。坡面自坡脚至坡顶，垂直坡向位移0.26～2.13 cm。最小位移发生在坡顶处，最大位移发生距坡脚1 m附近。距坡脚0～1 m区间，坡面位移逐渐变大，由1.9 cm增至2.13 cm，然后沿后续坡面减至0.26 cm。各种分缝规律比较接近，大体相同。

(1)坡面各截面受力情况如表6-7～表6-9所示，在静水压力工况下，缝距0.5 m偏心距最小，表明截面受力较均匀，其他分缝依次变大，表明截面受力较分散。

(2)在分缝型式确定的情况下，自下而上，截面弯矩逐渐变小，轴力先增后降，这是由接触面传递剪力应力导致的。

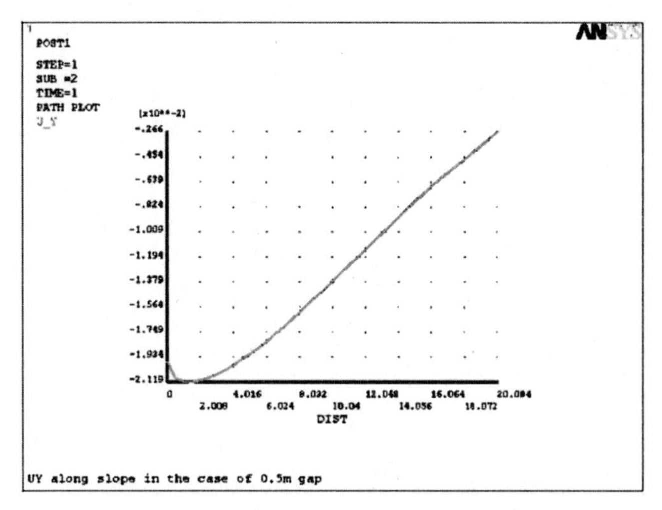

图6-46　缝距0.5 m+4 m布置型式路径变形图

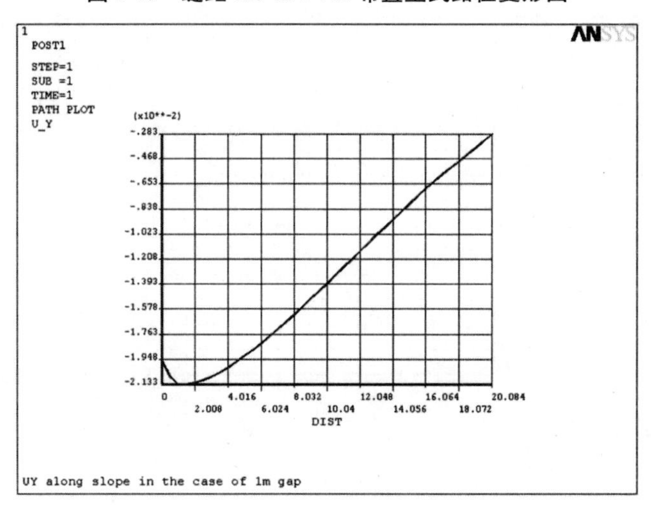

图6-47　缝距1 m+4 m布置型式路径变形图

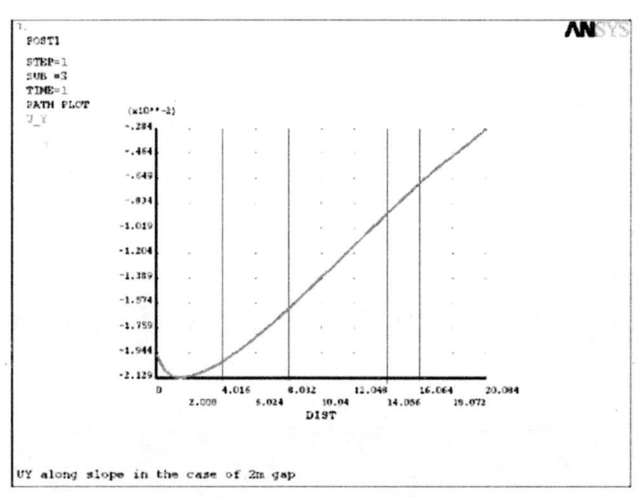

图6-48　缝距2 m+4 m布置型式路径变形图

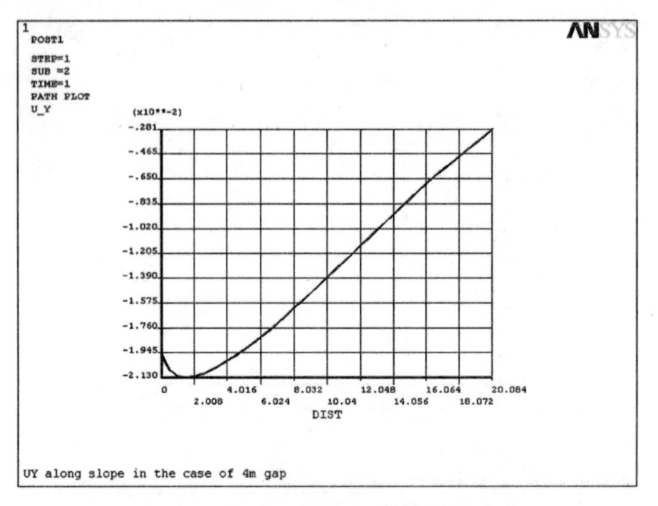

图 6-49　缝距 4 m 布置型式路径变形图

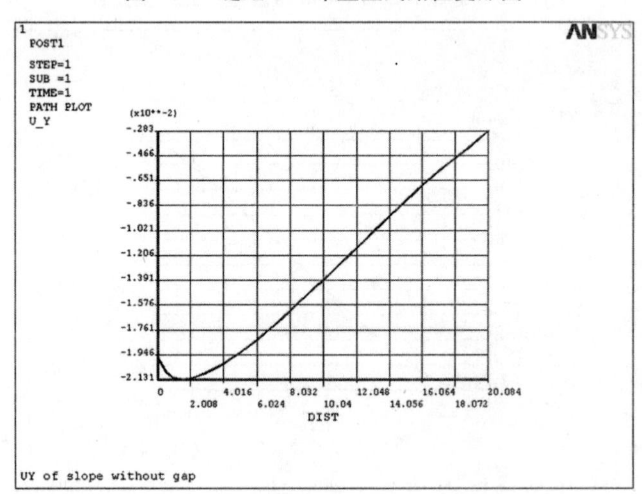

图 6-50　无缝布置型式路径变形图

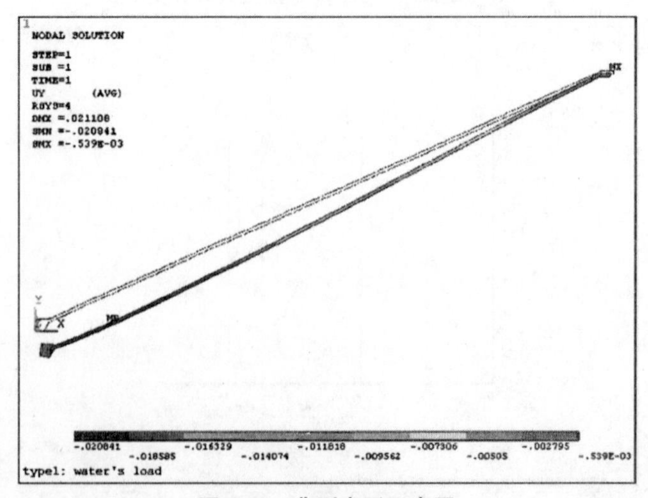

图 6-51　典型变形示意图

表6-7　蓄水工况下坡脚截面内力

项目	0.5 m缝	1 m缝	2 m缝	4 m缝	无缝
N(N)	36 521.04	23 631.66	20 488.86	20 396.99	20 000.51
M(N·m)	4 895.06	4 688.80	5 654.73	5 653.25	5 076.93
e(m)	0.13	0.20	0.28	0.28	0.25

表6-8　蓄水工况下跨中截面内力

项目	0.5 m缝	1 m缝	2 m缝	4 m缝	无缝
N(N)	34 936.36	28 814.11	34 361.67	28 290.19	28 645.91
M(N·m)	28.34	117.80	563.01	10.63	35.98
e(m)	0.001	0.004	0.02	0.000 4	0.001

表6-9　蓄水工况下1/3截面内力

项目	0.5 m缝	1 m缝	2 m缝	4 m缝	无缝
N(N)	40 849.09	31 432.10	31 158.62	30 901.98	31 091.41
M(N·m)	132.42	145.38	380.91	188.87	163.97
e(m)	0.003	0.005	0.01	0.01	0.01

6.2.5.2　工况2:自重

图6-52～图6-62显示:顺坡向自下而上,坡脚与坡顶位移比较接近,位移变化的拐点和变形梯度不尽相同,表明分缝的位置对变形有一定作用。0.5 m与1 m分缝情况下,拐点出现位置均在16.57 m附近;2 m分缝出现在14.31 m,4 m分缝出现在16.07 m,无缝出现在15.56 m,均有所提前。各种分缝型最大位移均为3.99 cm。

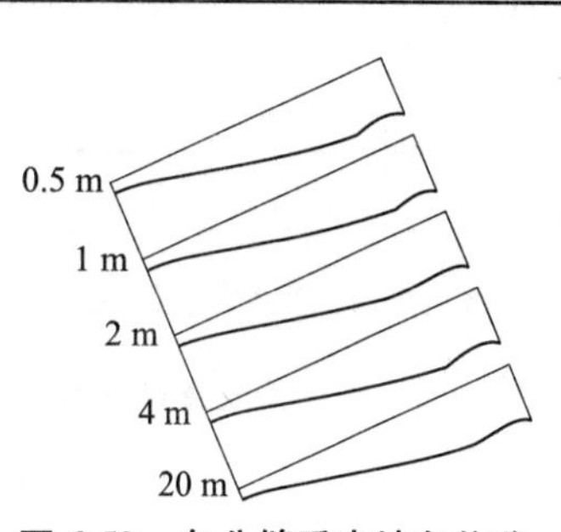

图6-52　各分缝垂直坡向位移对比图

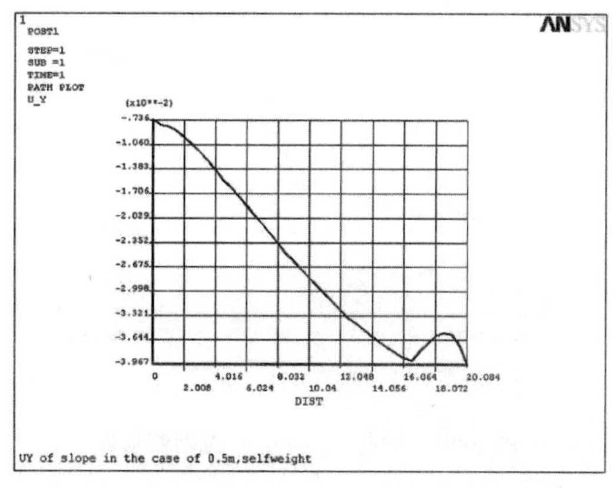

图6-53　缝距0.5 m+4 m布置型式路径变形图

图6-54　缝距1 m+4 m布置型式路径变形图

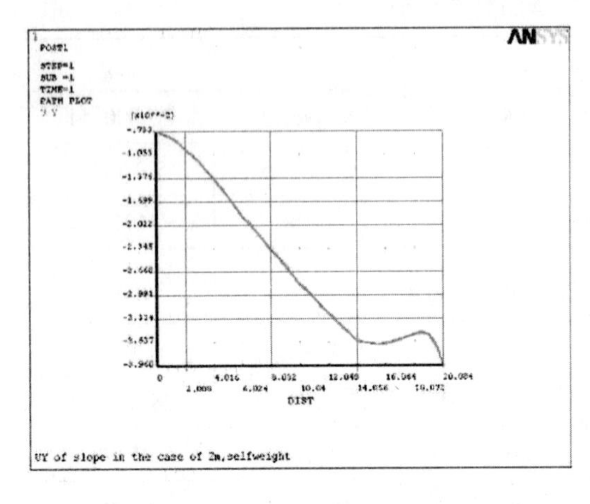

图 6-55　缝距 2 m + 4 m 布置型式路径变形图

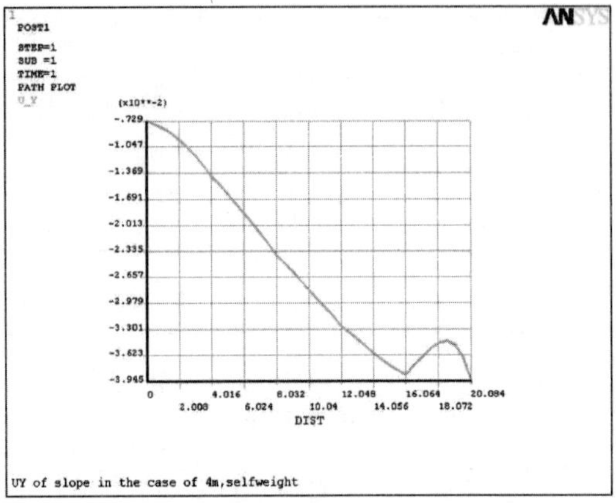

图 6-56　缝距 4 m 布置型式路径变形图

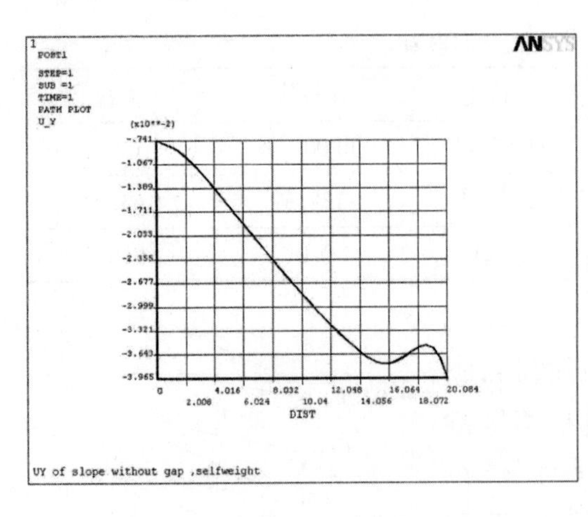

图 6-57　无缝布置型式路径变形图

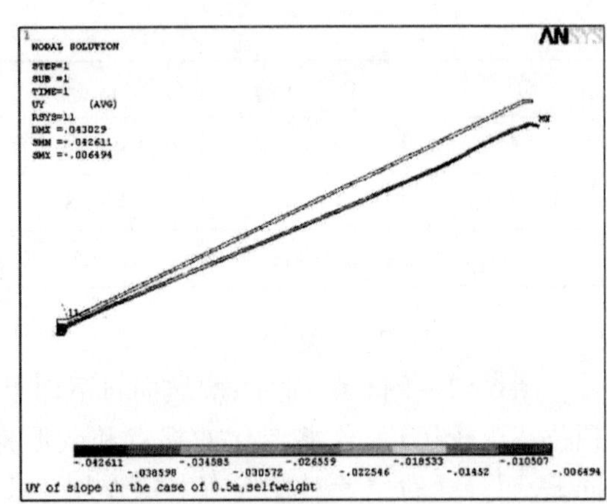

图 6-58　缝距 0.5 m + 4 m 衬砌变形图

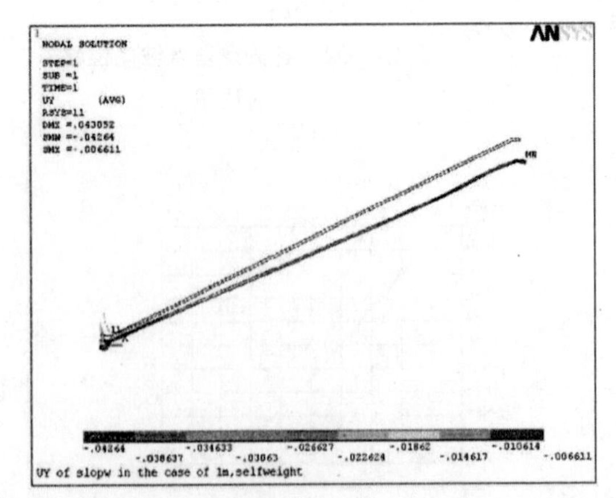

图 6-59　缝距 1 m + 4 m 衬砌变形图

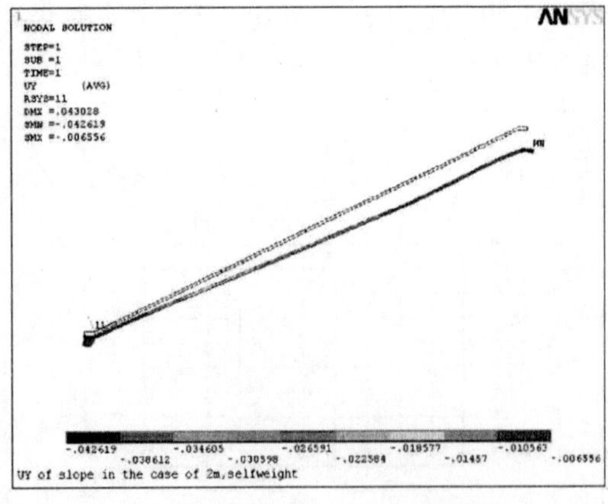

图 6-60　缝距 2 m + 4 m 衬砌变形图

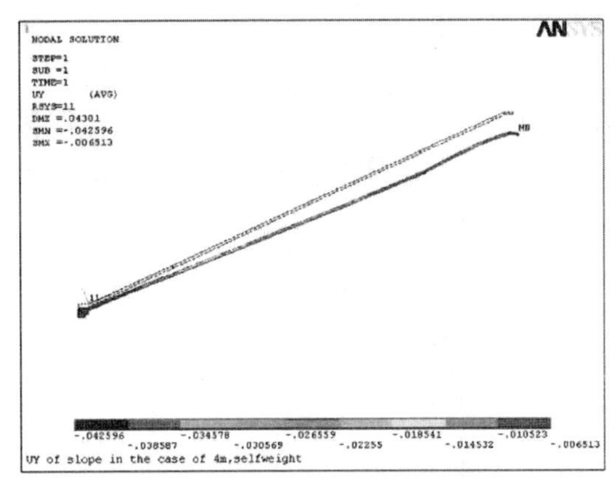

图 6-61　缝距 4 m 衬砌变形图

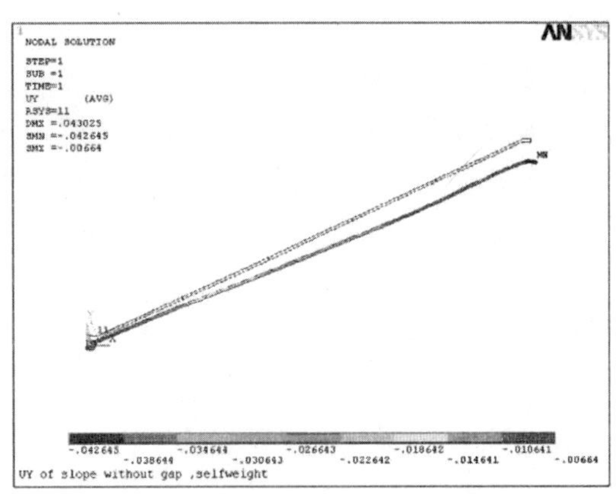

图 6-62　无缝衬砌变形图

由表 6-10 ~ 表 6-12 可知：

(1)第一条缝位置为 0.5 m 和 1 m 时，各截面偏心距均较小，表明这两种分缝型式导致各截面内力均匀。

(2)当第一条缝位置为 2 m 时，坡面各截面偏心距较大，表明该型式将导致截面应力分布不均匀。

表 6-10　自重工况下坡脚截面内力

项目	0.5 m 缝	1 m 缝	2 m 缝	4 m 缝	无缝
N(N)	-140 732.9	-141 102.7	-140 066.5	-138 974.57	-144 565.44
M(N·m)	1 555.22	1 869.02	3 334.06	3 305.87	3 472.25
e(m)	-0.01	-0.01	-0.02	-0.02	-0.02

表 6-11　自重工况下 1/2 截面内力

项目	0.5 m 缝	1 m 缝	2 m 缝	4 m 缝	无缝
N(N)	-146 464.54	-145 910.86	-177 239.76	-143 491.55	-150 756.47
M(N·m)	344.44	-217.75	-2 555.77	579.58	279.10
e(m)	-0.002	0.001	0.010	-0.004	-0.002

表 6-12　自重工况下 1/3 截面内力

项目	0.5 m 缝	1 m 缝	2 m 缝	4 m 缝	无缝
N(N)	-150 791.87	-154 599.88	-150 076.21	-148 703.18	-156 522.41
M(N·m)	324.23	301.92	-1 241.52	-97.46	42.27
e(m)	-0.002	-0.002	0.01	0.001	-0.000 3

6.2.5.3　工况 3:自重 + 水重

如图 6-63 ~ 图 6-68 所示:

坡面自坡脚至坡顶,垂直坡向位移 2.6 ~ 4.6 cm。最小位移发生在坡脚处,最大位移发生距坡脚 17.06 m 附近。距坡脚 0 ~ 17.06 m 区间,坡面位移逐渐变大,由 4.6 cm 降至 4.4 cm,然后反弹至 4.5 cm。各种分缝规律比较接近,大体相同。

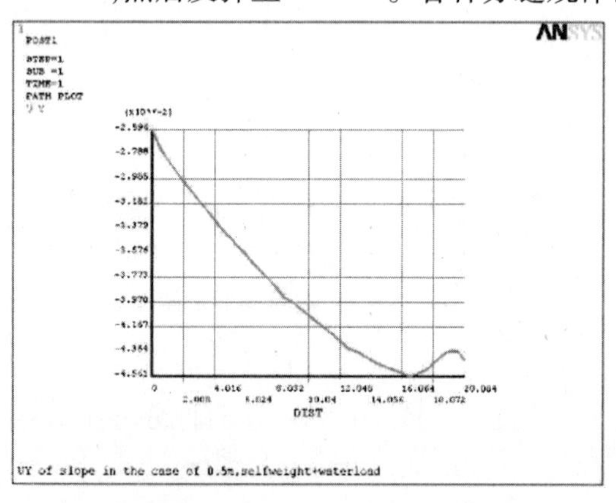

图 6-63　缝距 0.5 m + 4 m 路径变形图

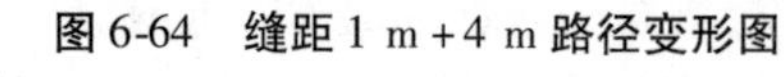

图 6-64　缝距 1 m + 4 m 路径变形图

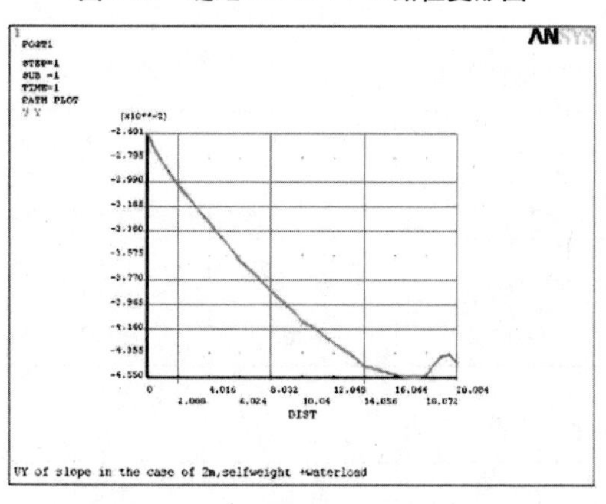

图 6-65　缝距 2 m + 4 m 路径变形图

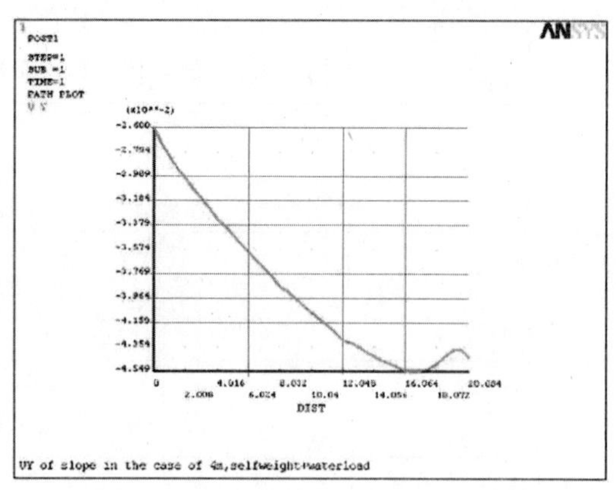

图 6-66　缝距 4 m 路径变形图

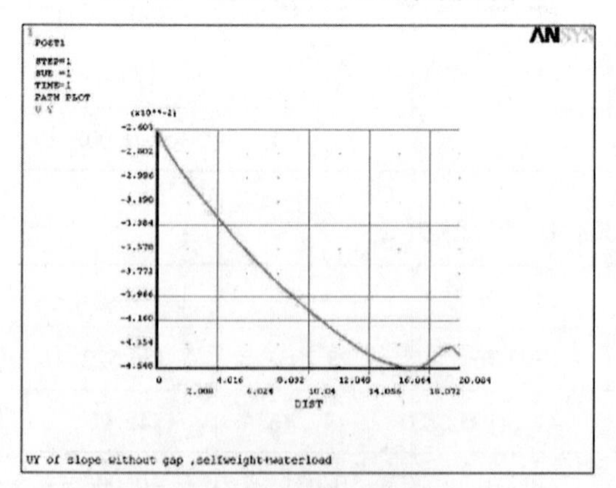

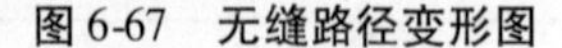

图 6-67　无缝路径变形图

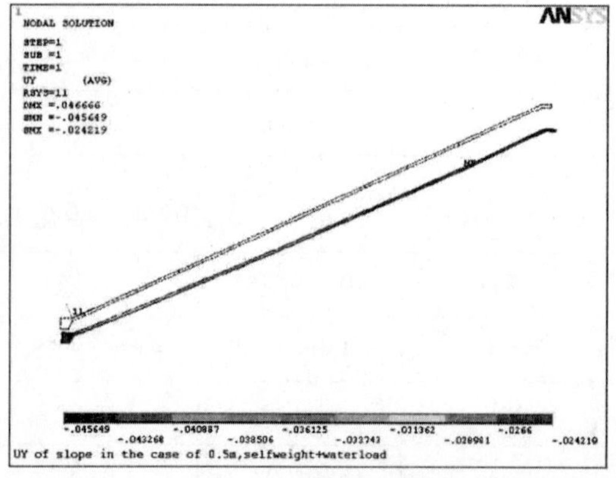

图 6-68　典型变形图

由表6-13～表6-15可知：

(1)该工况与前两种工况相比,各种分缝型式均表现出坡脚受力较大,这是由堤身沉降和静水压力叠加效应造成的,由上面分析可知,两种荷载均造成衬砌板坡脚处下弯表现,说明叠加方向一致。

(2)首缝距0.5 m与1 m分缝型式较其他缝距偏心距小,说明该种分缝型式较合理,坡面截面应力分布均匀。

(3)首缝距2 m分缝型式,在各种情况下,均表现出较大的偏心距,说明这种分缝型式不占优势。

表6-13 工况3坡脚截面内力

项目	0.5 m缝	1 m缝	2 m缝	4 m缝	无缝
N(N)	-2 055.37	-4 424.02	-2 174.42	-2 151.65	-2 581.44
M(N·m)	740.67	718.66	990.03	987.70	962.99
e(m)	-0.36	-0.16	-0.46	-0.46	-0.37

表6-14 工况3跨中截面内力

项目	0.5 m缝	1 m缝	2 m缝	4 m缝	无缝
N(N)	-149 594.14	-148 757.03	-183 224.03	-149 703.19	-152 979.60
M(N·m)	231.24	-170.87	-2 789.23	414.20	279.20
e(m)	-0.002	0.001	0.02	-0.003	-0.002

表6-15 工况3 1/3截面内力

项目	0.5 m缝	1 m缝	2 m缝	4 m缝	无缝
N(N)	-120 008.10	-120 272.34	-119 718.16	-120 191.41	-123 365.23
M(N·m)	250.27	306.66	-695.84	75.21	222.56
e(m)	-0.002	-0.003	0.01	-0.001	-0.002

以上三种工况组合结果对比分析表明,首缝位置设在0.5 m或1 m处时,衬砌坡面受力较均匀,变位适中。

第7章　动力时间历程响应分析在建筑物抗震分析中的应用

7.1　概　述

随着核电站、大坝、高层建筑、大跨桥梁、海洋平台等结构的大量兴建，结构动力时间历程响应分析（简称时程分析）显得越来越重要。

时程分析是用于确定结构承受任意随时间变化载荷的动力学响应的方法，可以用它来分析随时间变化的位移、应变、应力以及荷载下的结构响应。在加载时间内，惯性力和阻尼作用比较显著，仅靠静力分析很难满足工程设计要求，因此需要进行时程分析。

时程分析应用于建筑物抗震分析是指通过输入对应于工程场地的若干条地震加速度记录或人工加速度时程曲线，通过积分运算求得在地面加速度随时间变化期间结构的内力和变形状态随时间变化的全过程，并以此进行结构构件的界面抗震承载力验算和变形验算。《建筑抗震设计规范》（GB 50011—2010）规定，对复杂结构抗震验算必须进行时程反应分析，需要“三波检验”。

时程分析可以采用3种方法：Full（完全法）、Reduced（减缩法）及Mode Superposition（模态叠加法）。

（1）Full法。Full法采用完整的系统矩阵计算结构瞬态响应，它是3种方法中功能最强的，允许包含各类非线性特性（塑性、大变形、大应变等）。

（2）Reduced法。Reduced法通常采用主自由度和缩减矩阵来压缩问题的求解规模。主自由度处的位移被计算出来后，计算结果可以被扩展到初始的完整的DOF集上。

（3）Mode Superposition法。Mode Superposition法通常通过模态分析得到的振型（特征向量）乘以因子并求和来计算结构的响应。

瞬态动力学的基本运动方程是：

$$[M]\{\ddot{u}\}+[C]\{\dot{u}\}+[K]\{u\}=\{F(t)\}$$

式中　$[M]$——质量矩阵；

$[C]$——阻尼矩阵；

$[K]$——刚度矩阵；

$\{\ddot{u}\}$——节点加速度向量；

$\{\dot{u}\}$——节点速度向量；

$\{u\}$——节点位移向量；

$F(t)$——随时间变化的载荷函数。

对任意给定的时间t，这些方程可看作是一系列考虑了惯性力（$[M]\{\ddot{u}\}$）和阻尼力

($[C]\{\dot{u}\}$)的静力学平衡方程。ANSYS 程序使用 Newmark 时间积分方法在离散的时间点上求解这些方程。

7.2　计算分析步骤

7.2.1　准备工作和前处理

如果分析中包括非线性,可以首先通过进行静力学分析尝试了解非线性特性如何影响结构的响应。了解结构的动力学特性,通过模态分析计算结构的固有频率和振型。

需要注意以下几点:

(1)必须指定弹性模量 EX 和密度 DENS。材料特性可以是线性的、各项同性的或各项异性的、恒定的或与温度相关的。

(2)划分网格,网格细划至足以确定我们需要的最高振型。需要观察应力或应变区域的网格应该比只观察位移的区域网格细一些。对于非线性问题,网格应当细划到能够捕捉到非线性效果。波的传播,网格一般是沿波的传播方向每一波长至少有 20 个单元。

7.2.2　设定求解器及其参数

Analysis Options:

Solution Method [TRNOPT]　　FULL Method
　　Reduced Method
　　Mode Superpositon

7.2.2.1　FULL Method

1. 优点

(1)容易使用,不必关心选择主自由度或振型。

(2)允许包含各种类型的非线性特征。

(3)采用完整矩阵,不涉及质量矩阵的近似。

(4)在一次处理过程中计算出所有的位移和应力。

(5)允许施加所有类型的荷载。

(6)可以用实体模型上施加的荷载。

2. 缺点

计算消耗大,时间长。

7.2.2.2　Reduced Method

通过采用主自由度及缩减矩阵压缩问题规模。在主自由度的位移被计算出来后,ANSYS 将结果扩展到初始的完整自由度集上。

1. 优点

计算速度快,开销小。

2. 缺点

(1)初始解只是计算主自由度上的结果,需进行扩展。

(2)不能施加单元荷载(压力、温度等),允许有加速度。

(3)所有荷载必须加在用户定义的主自由度上。

(4)整个分析过程中时间步长必须保持恒定,不允许自动步长。

(5)非线性分析只是简单的点—点接触。

7.2.2.3 Mode Superposition

通过对模态分析得到的振型乘以参与因子并求和来计算结构的响应,是 ANSYS/Linear Plus中唯一可用的瞬态动力学分析方法。

1. 优点

(1)计算速度很快,开销小。

(2)在模态分析时施加的荷载可以通过 LVSCAL 命令用于时程反应分析。

(3)允许指定振型阻尼(阻尼比为模态数值的函数)。

2. 缺点

(1)时间步长恒定,不能使用自动时间步长。

(2)线性,位移允许的非线性是简单的点—点接触。

(3)不能用于分析"未固定的(floating)"或不连续结构。

(4)提取模态采取"Power Dynamics"时,初始条件不能有预加的荷载或位移。

(5)不接受外加的(非零)位移。

7.2.2.4 Mass Matrix Formulation [LUMPM]

使用该选项可以采用默认的质量矩阵形成方式或集中质量矩阵近似方式。通常选择质量矩阵形成方式,但对于某些包含"薄膜"结构的问题,如细长梁和非常薄的壳,采用集中质量矩阵来近似,通常可以产生良好的效果。

7.2.2.5 Large Deformation Effects [NLGEOM]

在分析中存在大变形(细长杆的弯曲)和大应变(金属成形)时,选择 ON,默认值为 OFF。

7.2.2.6 Stress Stiffening Effects [SSTIF]

应力刚化属于几何非线性,在两种情况下选择 ON。一种是在小变形分析中希望结构中的应力能显著增加或降低结构的刚度,如承受法向压力的圆形薄膜;另一种是在大变形分析中需要用此选项帮助收敛。

7.2.2.7 Newton - Raphson [NROPT]

此选项用于指定求解期间切割矩阵被刷新的频度。ANSYS 中通过牛顿—拉普森(NR)平衡迭代迫使在每一个荷载增量的末端解达到平衡收敛,保持在一个容差范围内。

7.2.2.8 TIMINT

该动态载荷选项表示是否考虑时间积分的影响。当考虑惯性力和阻尼时,必须考虑时间积分的影响,否则,ANSYS 只会给出静力分析解,所以默认情况下,该选项就是打开的。从静力学分析的结果开始瞬态动力学分析时,该选项特别有用,也就是说,第一个载荷步不考虑时间积分的影响。例如:

```
antype,trans
alphad,
```

```
betad,
timint,off                ! 关闭时间积分
nlgeom,on                 ! 大变形选项打开
time, 1e-6
kbc,1
acel,0, -9.8
solve
timint,on                 ! 积分选项打开
/input,dizhen,txt         ! 读入地震时程曲线
delt time=0.01            ! 时间间隔 0.01 s
*do,I,1,200
acel,0,ac(i),0
time,i*delt_time
solve
*enddo
```

7.2.3 施加载荷

时程分析所加荷载为时间的函数,要指定这样的荷载,需要将荷载对时间的关系曲线划分成合适的荷载步。第一个荷载步通常被用来建立初始条件,然后要指定后继的瞬态荷载步及荷载步选项,如荷载是按照 Stepped 或者 Ramped 的方式施加、是否使用自动时间步长等。荷载步写入文件并一次性求解所有的荷载步。

7.2.4 施加初始条件

初始位移和初始速度,默认值都为 0。初始加速度一般假定为 0,如果不为 0,可以通过在一个很小的时间间隔内施加合适的加速度来指定非零的初始加速度。有以下不同组合情况。

7.2.4.1 零初始位移和非零初始速度

非零速度是通过对结构中需要指定速度的部分加上小的时间间隔上的小位移来实现的。例如 $v=0.25$,可以通过在时间间隔 0.004 内加上 0.001 的位移来实现。

7.2.4.2 非零初始位移和非零初始速度

施加的数值可以是一个真实的数值,不必再是一个“小”的数值。

7.2.4.3 非零初始位移和零初始速度

需要两个子步来实现,[NSUBST,2],所加位移在两个子步间是阶跃变化的[KBC,1]。如果所加的位移不是阶跃变化的(或者只是一个子步),所加位移随时间变化,产生非零初速度。

7.2.4.4 非零初始加速度

通过在小的时间间隔内指定要加的加速度[ACEL]来实现。

用 GUI 或者 APDL 命令流均可实现,对于地震时程反应分析,由于有大量的数据点,

推荐应用命令流。

7.2.5　指定荷载步

定义求解的频率范围,设定分析求解的载荷子步数,设定载荷变化方式(Stepped or Ramped),选择 Ramped 时,载荷的幅值随载荷子步逐渐增长。选择 Stepped 时,则载荷在频率范围内的每个载荷子步保持恒定。

GUI:Main Menu > Solution > Load Step Opts > Time/Frequency > Freq and substeps

7.2.6　求解

命令:SOLVE

GUI:Main Menu > Solution > Solve > Current Ls

7.2.7　结果后处理和分析

瞬态动力学分析的结果被保存到结构分析结果文件 Jobname. RST 中。可以用 POST26 和 POST1 观察结果。POST26 用于观察模型中指定处(节点、单元等)响应随频率变化的历程分析结果。POST1 用于观察在给定时间整个模型的结果。

POST26 要用到结果项/频率对应关系表,即 Variables(变量)。每一个变量都有一个参考号,1 号变量被内定为频率。

用以下命令定义变量:

NSOL 用于定义基本数据(节点位移)。

ESOL 用于定义派生数据(单元数据,如应力)。

RFORCE 用于定义反作用力数据。

FORCE(合力或合力的静力分量、阻尼分量、惯性力分量)。

SOLU(时间步长、平均迭代次数、响应频率等)。

GUI:Main Menu > TimeHist Postpro > Define Variables

绘制变量变化曲线或列出变量值。通过观察整个模型关键点处的时间历程分析结果。

命令:PLVAR(绘制变量变化曲线)

GUI:Main Menu > TimeHist Postpro > Graph Variables

7.2.8　需要注意的问题

在时程分析中,需要注意的问题有:

(1)必须指定系统的杨氏模量或某种形式的刚度以形成刚度矩阵,同样必须指定密度或某种形式的质量以形成质量矩阵。

(2)若要考虑重力,不仅需要在材料性质中输入密度,而且需要输入加速度,因为 ANSYS 将重力以惯性力的方式施加,所以在输入加速度时,其方向应与实际的方向相反。

(3)地震波的输入可以编辑成文本文件,然后通过定义数组来简化输入。选择合适的地震波后,要对选用的地震记录和加速度峰值按适当的比例放大或缩小,使峰值加速度相当于与设防烈度相应的多遇地震和罕遇地震时的加速度峰值。

7.3 关键技术问题

7.3.1 数组参数和 Vread 命令的应用

数组参数是能够容纳多个值的参数。

定义数组的步骤如下:

(1)指定类型和维数。

Utility Menu > Parameters > Array Parameters > Define/Edit > Add

或使用 * DIM 命令,例如:

```
*dim,aa,array,4          ! 4×1×1 array
*dim,bb,array,5,3        ! 5×3×1 array
```

(2)给数组赋值。

Utility Menu > Parameters > Array Parameters > Define/Edit > Edit

或使用 * VEDIT 命令

或使用"="例如:

```
bb(1,1)=11,21,31,41,51
bb(1,2)=12,22,32,42,52
bb(1,3)=13,23,33,43,53
```

给数组赋值的其他方法:

用 * VFILL 命令或(Utility Menu > Parameters > Array Parameters > Fill)预定义函数赋值跃阶函数、随机函数等。

从一个文件读入数据:

* VREAD 用于数值数组,例如:

```
*dim,aa,,101,2
*vread,aa(1,1),TIANJIN,txt,,jik,2,101
! Reads data and produces an array parameter vector or matrix
```

7.3.2 阻尼

阻尼(DAMPING):指任何振动系统在振动中,由外界作用或固有的原因引起的振动幅度逐渐下降的特性,以及此特性的量化表征。

最常用也是比较简单的阻尼是 Rayleigh 阻尼,又称为比例阻尼。它是多数实用动力分析的首选,对许多实际工程应用也是足够的。在 ANSYS 中,它就是阻尼与阻尼之和,分别用 ALPHD 与 BETAD 命令输入。

Rayleigh 阻尼常数 α 和 β 用作矩阵$[M]$和$[K]$的乘子来计算$[C]$:

$$[C]=\alpha[M]+\beta[K]$$

$$\frac{\alpha}{2\omega} + \frac{\beta\omega}{2} = \xi$$

此处,ω 是频率,ξ 是阻尼比。在不能定义阻尼比 ξ 时,需使用这两个阻尼常数。

ALPHD 设置的值为质量阻尼,其大小与周期成线性比例关系,和结构的运动相关,可让长周期分量极大程度地衰减。α 阻尼与质量有关,主要影响低阶振型,只有当黏度阻尼是主要因素时才规定此值,如在进行各种水下物体、减震器或承受风阻力物体的分析时;如果忽略 β 阻尼,α 阻尼可通过已知值 ξ(阻尼比)和已知频率 ω 来计算:

$$\alpha = 2\xi\omega$$

因为只允许有一个 α 值,所以要选用最主要的响应频率来计算 α 阻尼。

BETAD 设置的值为刚度阻尼,是大多数材料的固有特性,其与频率成线性比例关系,和结构的变形有关,可让高频分量衰减。β 阻尼与刚度有关,主要影响高阶振型。β 对每一个材料进行规定(作为材料性质 DAMP),或作为一个单一的总值。如果忽略 α 阻尼,β 可以通过已知的 ξ(阻尼比)和已知频率 ω 来计算:

$$\beta = \frac{2\xi}{\omega}$$

时程分析时常采用 ω_1 和 ω_2 两个频率来确定阻尼系数 α 和 β。ω_1 采用了结构的基频,$\omega_2 = n\omega_1$,n 为大于$\frac{\omega_e}{\omega_1}$的奇数,其中 ω_e 为地震波的主频。这样 α 和 β 可以表示为

$$\alpha = 2\xi \frac{\omega_1\omega_2}{\omega_1 + \omega_2}$$

$$\beta = 2\xi \frac{1}{\omega_1 + \omega_2}$$

这种方法既考虑了结构的频率特性,也考虑了地震动的频谱特性。瑞利阻尼系数计算典型命令流如下:

```
Antype,trans               ! 指定为时程分析(采用荷载步法,而非连续法)
dampratio =0.239           ! 阻尼比
pi =3.1415
w1 =6.0590 * 2 * pi        ! w1 角速度 6.0590 第一个频率
w2 =6.8381 * 2 * pi        ! w2 角速度 6.8381 第二个频率
! 得到阻尼系数(质量系数和刚度系数)
Alphad,2 * dampratio * w1 * w2/(w1 + w2)
Betad,2 * dampratio/(w1 + w2)
Trnopt,full                ! 指定为完全瞬态分析
Timint,off                 ! 关闭时间积分开关
Outres,basic,all           ! 输出基本项,每一项都输出
Nlgeom,on                  ! 打开大变形开关
```

7.3.3 黏弹性人工边界

模拟无限地基辐射阻尼是进行结构—地基动力相互作用问题分析的一个关键环节。

采用有限元法等数值方法求解结构—地基动力相互作用问题时，一般需要从无限介质中取出有限尺寸的计算区域，无限地基的模拟是通过在区域的边界上引入虚拟的人工边界来实现的。一般来说，人工边界可分为全局人工边界和局部人工边界两大类。局部人工边界具有时空解耦的特性和较好的适用性，计算消耗时间少，因而在有限元方法中得到广泛的应用。

黏弹性人工边界是局部人工边界中的一种，它克服了黏性边界引起的低频漂移，能够模拟人工边界外半无限介质弹性恢复性能，具有良好的频率稳定性，应用方便并且与大型软件容易结合，在 ANSYS、NASTRAN、MARC 等大型通用有限元软件上都已经初步实现，并且经过验证能够满足工程精度的要求，具有良好的稳定性，因此黏弹性人工边界已经在结构—地基动力相互作用相关的科研和工程问题中得到越来越多的应用。

黏弹性动力人工边界可以方便地与有限元方法结合使用，只需在有限元模型中人工边界节点的法向和切向分别设置并联的弹簧单元和阻尼器单元。三维黏弹性动力人工边界具体的实施方法如图 7-1 所示。图中坐标 X 和 Y 向为人工边界面的切向，Z 向为法向，弹簧单元的弹性系数 K 及阻尼器单元的阻尼系数 C 可以取为

$$K = \alpha \frac{G}{R} \sum A_i$$

$$C = \rho c \sum A_i$$

式中　$\sum A_i$——人工边界节点所代表的面积，即图 7-1 虚线所包围部分；

ρ、G——介质的质量密度、剪切模量；

R——散射波源至人工边界的距离；

c——介质中的波速，法向人工边界 c 取 P 波波速 c_p，切向人工边界 c 取 S 波波速 c_s，参数 α 根据人工边界的类型及设置方向参照表 7-1 取值。

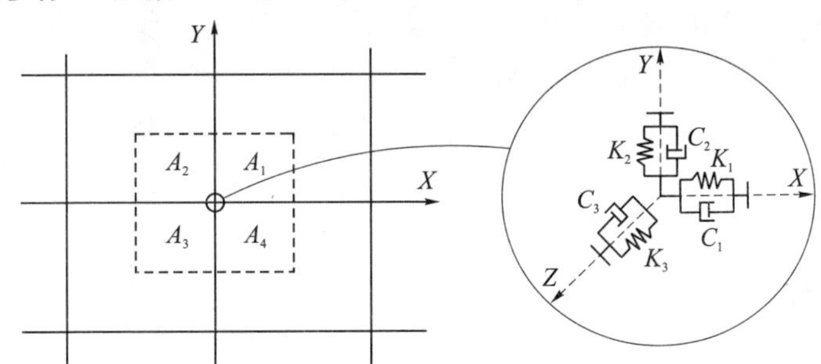

图 7-1　三维黏弹性动力人工边界的有限元实现

表 7-1　黏弹性动力人工边界中参数 α 的取值

类型	方向	α
二维人工边界	平面内法向	2.0
	平面内切向	1.5
	出平面切向	0.5
三维人工边界	法向	4.0
	切向	2.0

7.3.4　COMBIN14 弹簧单元

COMBIN14 称为弹簧—阻尼器单元，具有 1D、2D、3D 的轴向和扭转能力。轴向弹簧—阻尼器为单轴拉压行为，每个节点自由度可达 3 个，即沿节点坐标系 X、Y 和 Z 方向的平动位移，此时无弯曲和扭转能力。而扭转弹簧—阻尼器为纯扭转行为，每个节点 3 个自由度，即绕节点坐标系 X、Y 和 Z 方向的转动位移，此时无弯曲和轴向拉压能力。

COMBIN14 单元无质量特性，可通过其他方式添加(如 MASS21 单元)，弹簧和阻尼可仅考虑其中之一。

图 7-2 给出了单元几何、节点位置和坐标系，单元输入数据包括 2 个节点、弹簧常数 K、阻尼常数 C_{V1} 和 C_{V2}，静态分析或无阻尼模态分析不能考虑阻尼特性。当为轴向弹簧—阻尼器时，弹簧常数的量纲为"力/长度"，阻尼常数的量纲为"力 × 时间/长度"；当为扭转弹簧—阻尼器时，弹簧常数的量纲为"力 × 长度/弧度"，阻尼常数的量纲为"力 × 长度 × 时间/弧度"。

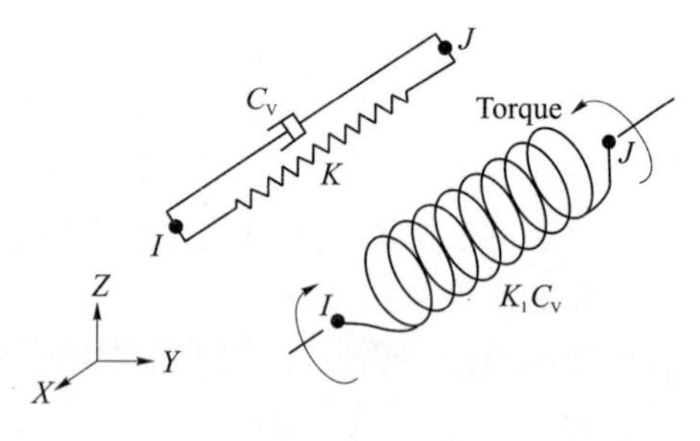

图 7-2　COMBIN14 单元几何

该单元的阻尼部分仅仅是利用阻尼常数形成单元的阻尼矩阵，可输入阻尼常数 C_{V1} 和线性阻尼常数 C_{V2}。C_{V2} 仅用于液态环境下非线性阻尼响应，若输入了实常数 C_{V2}，则必须设置 KEYOPT(1) =1。

KEYOPT(2) =1 ~6 用于定义 1D 单元特性，此时单元行为均位于节点坐标系下，即由 KEYOPT(2)的值决定自由度方向。KEYOPT(2) =7 和 8 用于热分析或压力分析。

KEYOPT(3)选项控制 2D 和 3D 自由度：

KEYOPT(3) =0　3D 轴向弹簧—阻尼器

KEYOPT(3) =1　3D 扭转弹簧—阻尼器

KEYOPT(3) =2　2D 轴向弹簧阻尼(必须位于 XY 平面内)

因此，黏弹性人工边界 COMBIN14 单元选项选择 KEYOPT(3) =0。

7.4　工程实例

计算某矩形柱体结构在地震波作用下的动力时间历程响应。矩形柱体几何尺寸为长 1.5 m、宽 1.5 m、高 9.0 m。从地基无限域中取出有限尺寸的基础，并施加三维黏弹性人工边界。基础几何尺寸为长 10.5 m，宽 10.5 m，高 2.0 m。材料参数：上部矩形柱体结构为钢筋混凝土，密度 2 400 kg/m^3，弹性模量 1.0 × 10^8 Pa，泊松比 0.20；基础土密度 2 400 kg/m^3，弹性模量 1.0 ×10^6 Pa，泊松比 0.3。

7.4.1　模型构建

参数化建立模型并划分网格，命令流如下：

```
/prep7
```

```
L = 10.5                  ! 基础    X 向长度
W = 10.5                  ! 基础    Y 向宽度
H = 2.0                   ! 基础    Z 向高度
length = 1.5              ! 上部结构    X 向长度
width = 1.5               ! 上部结构    Y 向长度
hight = 9.0               ! 上部结构    Z 向长度
E = 2.5e8                 ! 地基土弹性模量
nu = 0.30                 ! 地基土泊松比
density = 2400            ! 地基土密度
Ec = 2.5e10               ! 混凝土弹性模量
nuc = 0.20                ! 混凝土泊松比
dc = 2400                 ! 混凝土密度
dxyz = 0.5                ! 网格尺寸
Et,1,solid45
MP,ex,1,E
MP,prxy,1,nu
MP,dens,1,density         ! MP1 地基土材料
MP,ex,2,Ec
MP,prxy,2,nuc
MP,dens,2,dc              ! MP2 上部混凝土结构材料
BLOCK,0,L,0,W,0,H,
/replot
BLOCK,(L-1.5)/2,(L-1.5)/2+length,(W-1.5)/2,(W-1.5)/2+width,H,
H+hight,
/replot
lsel,all
lesize,all,dxyz
vmesh,all
allsel
nplot
nummrg,node               ! 合并重合节点
allsel
vsel,s,,,2
vplot
eslv
eplot
MPCHG,2,all,
allsel
```

```
vsel,s,,,1
vplot
eslv
eplot
MPCHG,1,all,
allsel
eplot
/PNUM,MAT,1    ! 显示单元材料颜色
/REPLOT
```

算例所用模型见图 7-3、图 7-4。

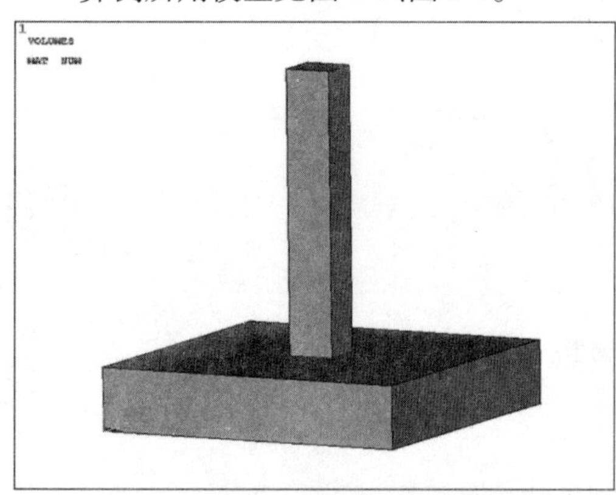

图 7-3　整体模型

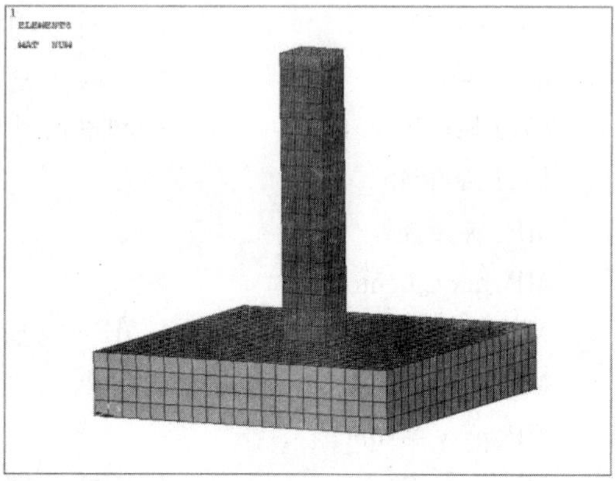

图 7-4　有限元模型

7.4.2　三维黏弹性人工边界施加

通过遍历节点的方法,使用 ANSYS 中的 COMBIN14 弹簧单元为各边界面建立法向和切向弹簧阻尼单元,结果见图 7-5、图 7-6。

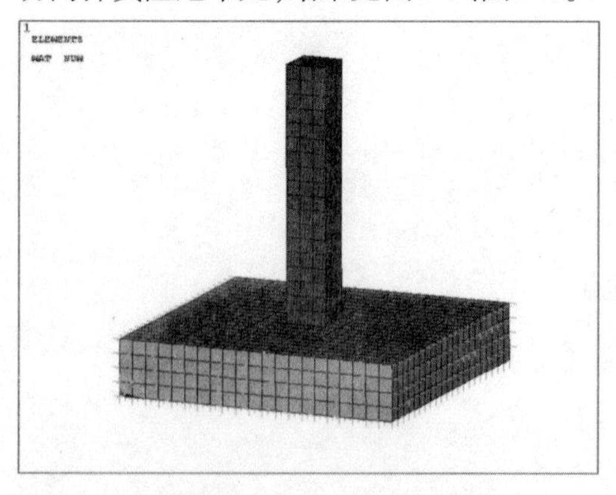

图 7-5　三维黏弹性人工边界添加后有限元模型

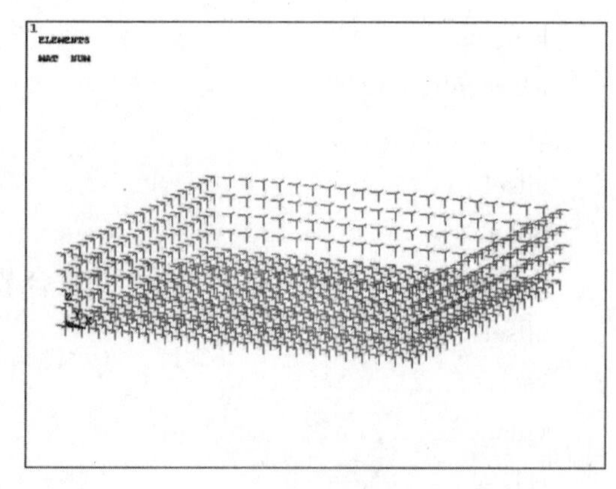

图 7-6　三维黏弹性人工边界

命令流如下:

```
G = E/(2 * (1 + nu))                                ! 剪切模量
```

```
Cp = sqrt(E * (1 - nu)/((1.0 + nu) * (1.0 - 2.0 * nu))/density)    ! 压缩波速
Cs = sqrt(G/density)                                                ! 剪切波速
R = sqrt(L * L/4 + H * H/4 + W * W/4)                               ! 波源到边界点等效长度
xn = 4.0                                                            ! 人工边界法向参数
xt = 2.0                                                            ! 人工边界切向参数
KT = xt * (G/R) * (dxyz) * * 2                                      ! 弹簧切向系数
KN = xn * (G/R) * (dxyz) * * 2                                      ! 弹簧法向系数
CT = density * Cs * (dxyz) * * 2                                    ! 阻尼器切向系数
CN = density * Cp * (dxyz) * * 2                                    ! 阻尼器法向系数
et,2,combin14,,,2                                                   ! 切向弹簧单元
et,3,combin14,,,2                                                   ! 法向弹簧单元
r,2,KT,CT
r,3,KN,CN
Keyopt,2,3,0
Keyopt,3,3,0
! 以下建立底边界 Z = 0 法向和切向弹簧阻尼单元(节点遍历法)
allsel
* get,npmax,node,,num,maxd                                          ! 得到选中的最大的节点号
nsel,s,loc,z,0.
* get,nmin,node,0,num,min                                           ! 得到选中的最小的节点号,存入 nmin
* do,I,1,NDINQR(0,13)                                               ! NDINQR(0,13)提取当前所选择的单元数
        x = nx(nmin)
        y = ny(nmin)
        z = nz(nmin)
        npmax = npmax + 1
        n,npmax,x,y,z - dxyz/2                                      ! 定义法向节点
        type,3
        real,3
        e,nmin,npmax                                                ! 定义法向单元
        d,npmax,all,0.                                              ! 约束新生成的点
```

```
        npmax = npmax + 1
        n,npmax,x - dxyz/2,y,z                    ! 定义 X 方向切向节点
        type,2
        real,2
        e,nmin,npmax                              ! 定义 X 方向切向单元
        d,npmax,all,0.                            ! 约束新生成的点
        npmax = npmax + 1
        n,npmax,x,y - dxyz/2,z                    ! 定义 Y 方向切向节点
        type,2
        real,2
        e,nmin,npmax                              ! 定义 Y 方向切向单元
        d,npmax,all,0.                            ! 约束新生成的点
nmin = NDNEXT(nmin)
*enddo
! 以下建立侧边界 X =0 法向和切向弹簧阻尼单元
allsel
*get,npmax,node,,num,maxd                         ! 得到选中的最大的节点号
nsel,s,loc,x,0.
nsel,r,loc,z,0.1,10000
*get,nmin,node,0,num,min                          ! 得到选中的最小的节点号，存入 nmin
*do,I,1,NDINQR(0,13)                              ! NDINQR(0,13)提取当前所选择的单元数
        x = nx(nmin)
        y = ny(nmin)
        z = nz(nmin)
        npmax = npmax + 1
        n,npmax,x - dxyz/2,y,z                    ! 定义法向节点
        type,3
        real,3
        e,nmin,npmax                              ! 定义法向单元
```

```
        d,npmax,all,0.                          ! 约束新生成的点

        npmax = npmax + 1
        n,npmax,x,y - dxyz/2,z                  ! 定义 Y 方向切
                                                  向节点
        type,2
        real,2
        e,nmin,npmax                            ! 定义 Y 方向切
                                                  向单元
        d,npmax,all,0.                          ! 约束新生成的点

        npmax = npmax + 1
        n,npmax,x,y,z - dxyz/2                  ! 定义 Z 方向切
                                                  向节点
        type,2
        real,2
        e,nmin,npmax                            ! 定义 Z 方向切
                                                  向单元
        d,npmax,all,0.                          ! 约束新生成的点
nmin = NDNEXT(nmin)
*enddo
! 以下建立侧边界 X = L 法向和切向弹簧阻尼单元
allsel
*get,npmax,node,,num,maxd                       ! 得到选中的最
                                                  大的节点号
nsel,s,loc,x,L
nsel,r,loc,z,0.1,10000
*get,nmin,node,0,num,min                        ! 得到选中的最
                                                  小的节点号,
                                                  存入 nmin

*do,I,1,NDINQR(0,13)                            ! NDINQR(0,13)
                                                  提取当前所选
                                                  择的单元数
          x = nx(nmin)
          y = ny(nmin)
          z = nz(nmin)
          npmax = npmax + 1
```

```
        n,npmax,x + dxyz/2,y,z                  ! 定义法向节点
        type,3
        real,3
        e,nmin,npmax                            ! 定义法向单元
        d,npmax,all,0.                          ! 约束新生成的点

       npmax = npmax + 1
       n,npmax,x,y - dxyz/2,z                   ! 定义 Y 方向切
                                                  向节点
       type,2
       real,2
       e,nmin,npmax                             ! 定义 Y 方向切
                                                  向单元
       d,npmax,all,0.                           ! 约束新生成的点

       npmax = npmax + 1
       n,npmax,x,y,z - dxyz/2                   ! 定义 Z 方向切
                                                  向节点
       type,2
       real,2
       e,nmin,npmax                             ! 定义 Z 方向切
                                                  向单元
       d,npmax,all,0.                           ! 约束新生成的点
nmin = NDNEXT(nmin)
*enddo
! 以下建立侧边界 Y =0 法向和切向弹簧阻尼单元
allsel
*get,npmax,node,,num,maxd                       ! 得到选中的最
                                                  大的节点号
nsel,s,loc,Y,0
nsel,r,loc,x,0.1,L-0.1
nsel,r,loc,z,0.1,10000
*get,nmin,node,0,num,min                        ! 得到选中的最
                                                  小的节点号,
                                                  存入 nmin
*do,I,1,NDINQR(0,13)                            ! NDINQR(0,13)
                                                  提取当前所选
                                                  择的单元数
```

```
            x = nx(nmin)
            y = ny(nmin)
            z = nz(nmin)
            npmax = npmax + 1
            n,npmax,x,y - dxyz/2,z                    ! 定义法向节点
            type,3
            real,3
            e,nmin,npmax                              ! 定义法向单元
            d,npmax,all,0.                            ! 约束新生成的点
            npmax = npmax + 1
          n,npmax,x - dxyz/2,y,z                      ! 定义 X 方向切向节点
          type,2
          real,2
          e,nmin,npmax                                ! 定义 X 方向切向单元
          d,npmax,all,0.                              ! 约束新生成的点
          npmax = npmax + 1
          n,npmax,x,y,z - dxyz/2                      ! 定义 Z 方向切向节点
          type,2
          real,2
          e,nmin,npmax                                ! 定义 Z 方向切向单元
          d,npmax,all,0.                              ! 约束新生成的点
nmin = NDNEXT(nmin)
*enddo
! 以下建立侧边界 Y = W 法向和切向弹簧阻尼单元
allsel
*get,npmax,node,,num,maxd                             ! 得到选中的最大的节点号
nsel,s,loc,Y,W
nsel,r,loc,x,0.1,L-0.1
nsel,r,loc,z,0.1,10000
*get,nmin,node,0,num,min                              ! 得到选中的最小的节点号,存入 nmin
```

```
*do,I,1,NDINQR(0,13)                      ! NDINQR(0,13)提取当前所选择的单元数
      x = nx(nmin)
      y = ny(nmin)
      z = nz(nmin)
      npmax = npmax + 1
      n,npmax,x,y + dxyz/2,z              ! 定义法向节点
      type,3
      real,3
      e,nmin,npmax                        ! 定义法向单元
      d,npmax,all,0.                      ! 约束新生成的点
      npmax = npmax + 1
     n,npmax,x - dxyz/2,y,z               ! 定义X方向切向节点
     type,2
     real,2
     e,nmin,npmax                         ! 定义X方向切向单元
     d,npmax,all,0.                       ! 约束新生成的点
     npmax = npmax + 1
     n,npmax,x,y,z - dxyz/2               ! 定义Z方向切向节点
     type,2
     real,2
     e,nmin,npmax                         ! 定义Z方向切向单元
     d,npmax,all,0.                       ! 约束新生成的点
nmin = NDNEXT(nmin)
*enddo
```

7.4.3 模态分析

先进行模态分析用于确定结构的振动特性,即固有频率和振型,它们是动力分析的重要参数。模态提取方法采用分块兰索斯法。X 方向的主振型为第 5 阶、Y 方向的主振型为第 4 阶、Z 方向的主振型为第 9 阶,如图 7-7 ~ 图 7-9 所示。

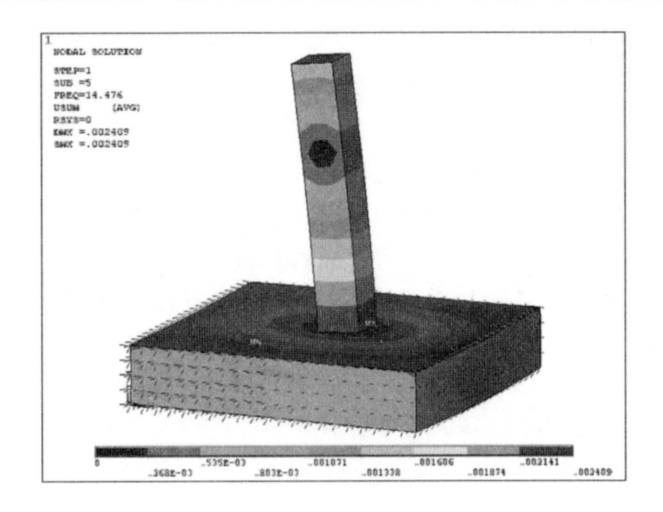

图 7-7　X 向主振型

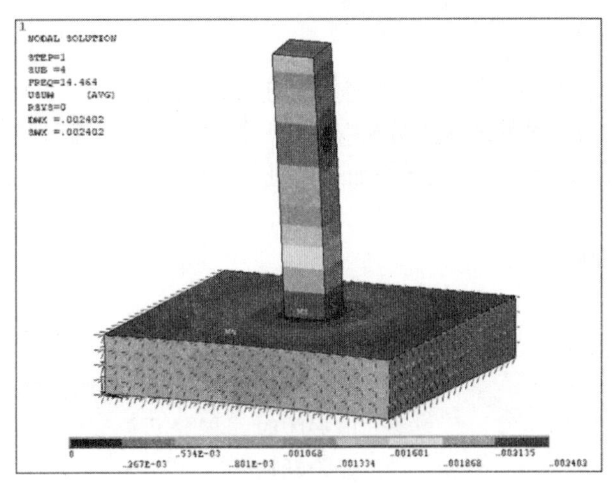

图 7-8　Y 向主振型

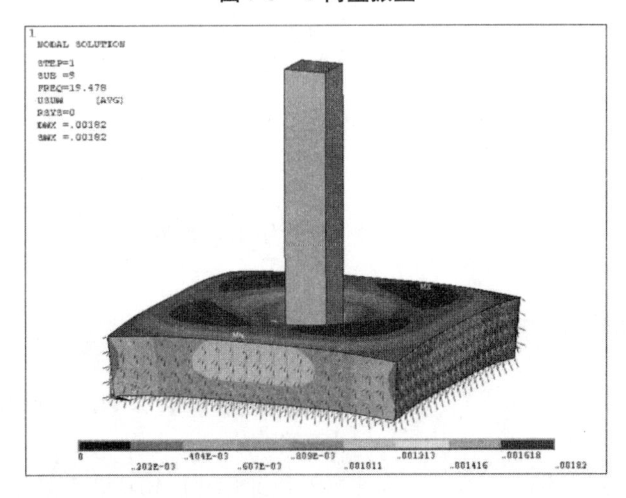

图 7-9　Z 向主振型

模态分析命令流如下:

```
! 模态分析
/sol
antype,2                  ! 模态分析
modopt,lanb,10,,,,off     ! Block Lanczos 方法,提取 150 阶
mxpand,10,,,1             ! 指定要扩展和写的模态阶数
lumpm,0                   ! 指定混合质量矩阵方程,选择默认单元质量矩阵方程
pstres,0                  ! 不考虑预应力效应
allsel,all
/output,'res. mod','out',,
solve
finish
```

7.4.4 求解

由于自身重力已经对结构产生了影响,首先关闭时间积分开关,设置一个分析时间为 1e－4 的瞬态分析,为下面的地震力分析,得到一个结构的预应力和预变形。然后指定荷载步,从模型底部输入数组“aa”赋值的加速度进行求解。命令流如下:

```
finish
/config,nres,2000
allsel
/solu
antype,trans              ! 指定为时程分析(采用荷载步法,而非连续法)
Timint,off                ! 关闭时间积分开关
kbc,1                     ! 阶跃荷载
allsel
acel,0,0,9.8
time,1e-4
nsubst,10
allsel
SOLVE
Trnopt,full               ! 指定为完全瞬态分析
lumpm,0
dampratio=0.05            ! 阻尼比
pi=3.1415
w1=2.3824*2*pi            ! w1 角速度 2.3824 第 1 阶频率 先进行模态分析所得
w2=14.464*2*pi            ! w2 角速度 14.464 第 5 阶频率 先进行模态分析所得
```

```
Alphad,2 * dampratio * w1 * w2/(w1 + w2)
Betad,2 * dampratio/(w1 + w2)          ! 得到阻尼系数(质量系数和刚度系数)
Timint,on                              ! 打开时间积分开关
btime = 0.01
etime = 10.01
dtime = 0.01
*DO,i,1,1000
TIME,i * 0.01
AUTOTS,1                               ! 使用自动时间步
allsel
nsel,s,loc,z,0
cm,nd,nodes
d,nd,accx,aa(i,2)
allsel
solve
*ENDDO
```

7.4.5　结果后处理和分析

地震波输入持续 10 s，T = 7.6 s 时上部结构振幅达到最大值，USUM = 5.35 m。矩形柱体顶部各方向位移随时间变化曲线如图 7-10 ~ 图 7-12 所示，T = 7.6 s 时结构沿各方向位移如图 7-13 ~ 图 7-15 所示。

通过 Main Menu > TimeHist Postpro > Define Variables 定义时间历程变量。

通过 Main Menu > TimeHist Postpro > Graph Variables 绘制变量的时间历程曲线。

通过 PlotCtrls > Animate > Over Results 生成结构动力时间历程响应动画。

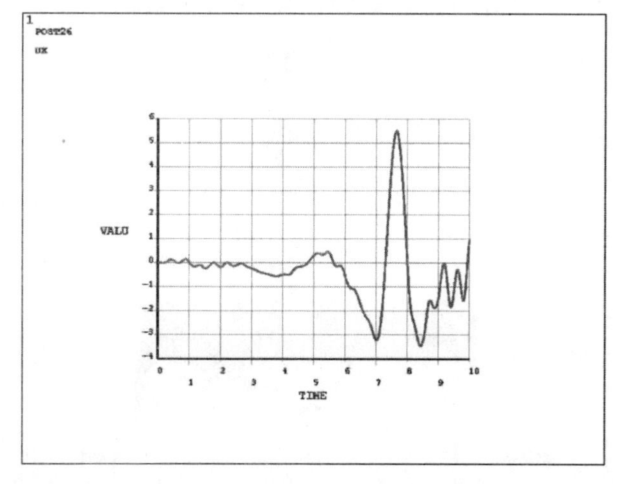

图 7-10　柱体顶部 X 向位移变化曲线

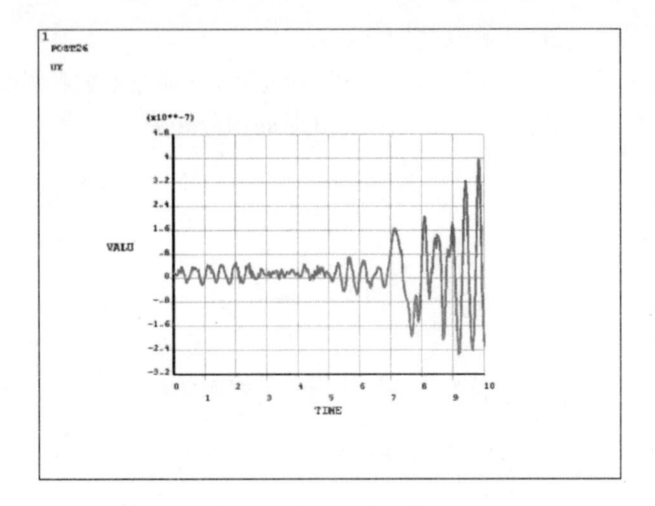

图 7-11　柱体顶部 Y 向位移变化曲线

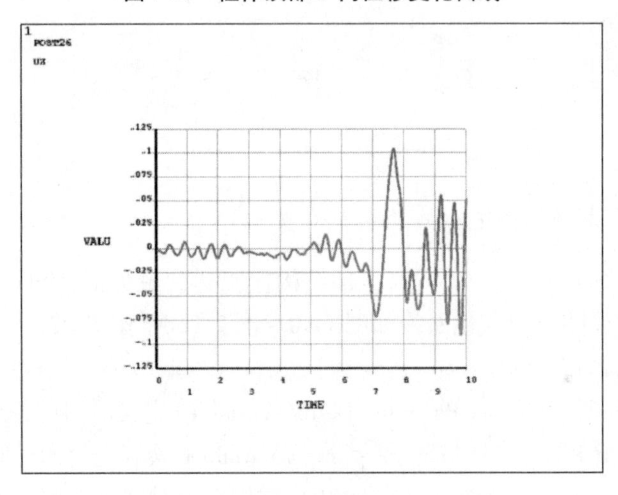

图 7-12　柱体顶部 Z 向位移变化曲线

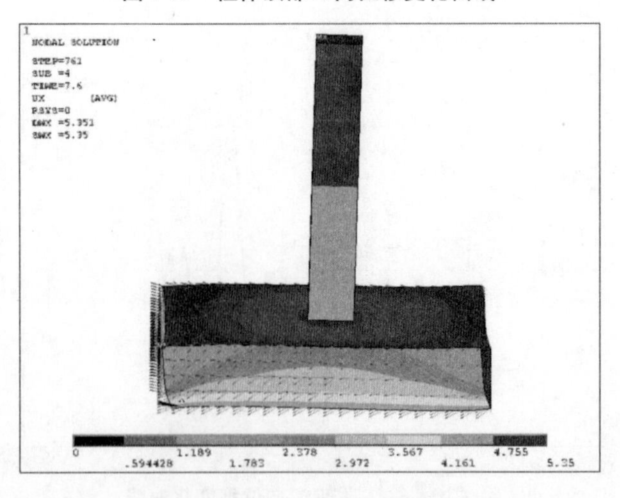

图 7-13　T = 7.6 s 时上部结构 UX

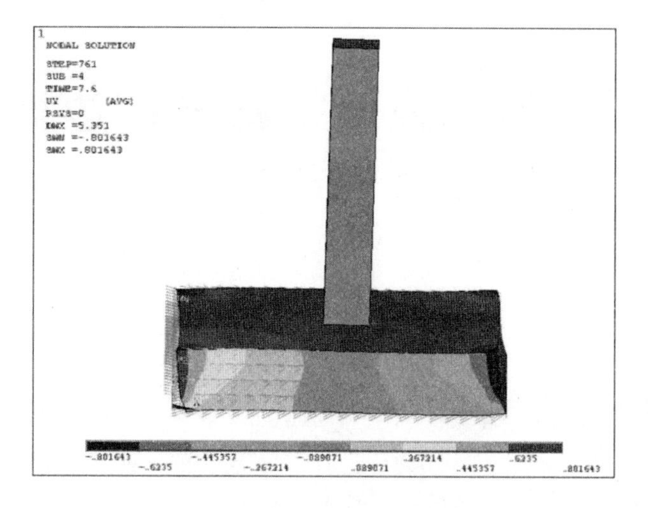

图 7-14　$T = 7.6$ s 时上部结构 UY

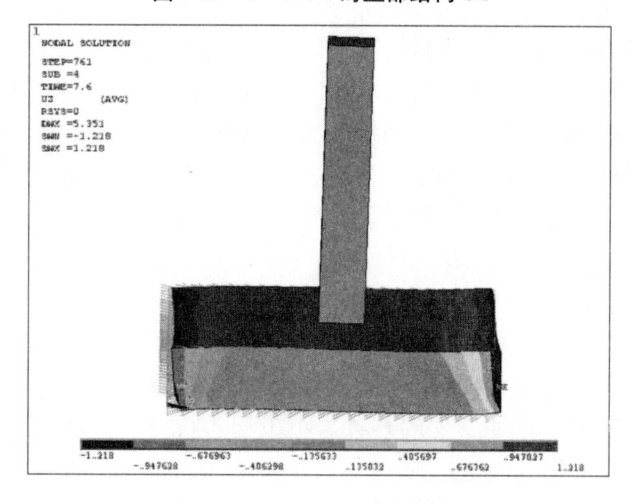

图 7-15　$T = 7.6$ s 时上部结构 UZ

第 8 章　有限元强度折减法在边坡稳定性分析中的应用

8.1　概　述

边坡稳定性分析一直是工程建设中一个常见而又非常重要的技术问题。随着我国水利工程、高速公路、山区公路的大规模建设,边坡失稳问题不断引起工程人员的重视。边坡滑塌造成不同程度的经济损失,甚至有些工程后期防治修复费用占到整个工程造价的绝大部分,对社会产生不良影响。

边坡失稳破坏主要是由岩土体抗剪强度降低、容重增加、坡顶荷载增大、开挖扰动等多种因素导致的。对于天然边坡而言,岩土体抗剪强度降低往往是主要因素。边坡安全系数可以定义为使边坡刚好达到临界破坏状态时,对土的抗剪强度进行折减的程度。有限元强度折减法就是通过逐步减小抗剪强度指标,将 c、φ 值同时除以折减系数 k 得到一组新的抗剪强度指标并反复计算直至边坡达到临界破坏状态,根据弹塑性有限元计算结果得到滑裂面和稳定安全系数。

强度折减法兼具数值方法和极限平衡法的优点:

(1)用有限元强度折减法求解边坡安全系数时,不需要假定滑面的形状和位置,也无须进行条分,而是由程序自动求出滑面与强度储备安全系数。

(2)能够对复杂地貌、地质条件的各种岩土工程进行计算,不受工程的几何形状、边界条件以及材料不均匀等的限制。

(3)能考虑应力—应变关系,提供应力、应变、位移和塑性区等力和变形的全部信息。

8.2　关键技术问题

8.2.1　边坡失稳判别标准

伴随强度折减系数的增加,边坡的塑性应变增大,塑性区也随之扩大,当塑性区发展成一个贯通区域,边坡就不稳定,此时求解也不收敛。与之同时,边坡水平位移也变大。因此,主要通过观察后处理中边坡塑性应变、塑性区、位移突变和收敛与否来判断边坡稳定性。

根据有限元计算是否收敛来判断边坡稳定性状态。在给定的迭代次数内,如果最大位移或者不平衡力的残差值不能满足预先设定的收敛条件,计算将不会收敛,可认为边坡失稳破坏。

边坡失稳可以看作是塑性应变区自坡脚处逐渐扩展至坡顶,形成贯通带,边坡进入完全流塑状态而无法继续承担荷载的过程。例如边坡内部的塑性应变区、广义剪应变或者等效塑性应变等自坡脚至坡顶形成贯通带,即可认为边坡发生破坏。

边坡破坏过程中滑动面外侧的土体由相对静止状态转变为运动状态,滑坡体上特征点的位移就会发生突变。

8.2.2　阻尼 Mohr – Column 准则与 Drucker – Prager 准则参数换算

岩土体的屈服准则有多种,目前应用最广和应用时间最长的是摩尔 – 库仑屈服(M – C)准则。M – C 准则较好地反映岩土材料拉压不等的特性,应用最为广泛,但也存在诸多缺点,例如它在三维应力空间中的屈服面存在棱角奇异点而导致数值计算不收敛。为此前人对其做了大量的修正,总体上看,这些修正准则在 π 平面上的屈服面是抹圆了的六角形,虽然较好地解决了 M – C 准则棱角不收敛的问题,但它们的表达式往往过于复杂,不便于应用。与 M – C 准则及其众多修正准则不同,Drucker – Prager(D – P)准则在 π 平面上是个圆,而且表述简单,更利于编程实现数值计算。常用的 D – P 准则包括 M – C 外角外接圆、M – C 内角外接圆、M – C 内切圆以及摩尔 – 库仑等面积圆等。此外,还有张鲁渝等提出的平面应变条件下基于非关联流动法则的 D – P 准则(又称为摩尔匹配 D – P 准则)。

采用平面应变摩尔 – 库仑匹配 D – P 准则:

$$\alpha_1 = \frac{\sin\varphi_1}{\sqrt{3(3 + \sin^2\varphi_1)}} \quad k_1 = \frac{3c_1\cos\varphi_1}{\sqrt{3(3 + \sin^2\varphi_1)}}$$

ANSYS 中采用了外接圆 D – P 准则:

$$\alpha_2 = \frac{2\sin\varphi_2}{\sqrt{3}(3 - \sin\varphi_2)} \quad k_2 = \frac{6c_2\cos\varphi_2}{\sqrt{3}(3 - \sin\varphi_2)}$$

令 $\alpha_1 = \alpha_2, k_1 = k_2$,求得:

$$\varphi_2 = \arcsin\frac{3\sin\varphi_1}{\sin\varphi_1 + 2\sqrt{(3 + \sin^2\varphi_1)}}$$

$$c_2 = c_1 \times \frac{\tan\varphi_2}{\tan\varphi_1}$$

8.2.3　计算分析步骤

ANSYS 具有很强大的非线性功能,能够很好地进行有限元强度折减计算。ANSYS 程序采用理想弹塑性本构关系分析边坡的失稳状态,判断出边坡稳定的安全系数。充分利用 ANSYS 软件的强大功能,通过不断增加折减系数,观察边坡发生的位移,动态显示等效塑性应变及塑性区的开展情况,也可以采用数值迭代不收敛判断边坡失稳。

ANSYS 在分析边坡稳定性问题时,需设置初始折减系数。为了保证边坡的稳定性,设置的初始值足够小,然后基于强度折减法对岩土体参数进行折减,通过反复的试算比较,直至达到边坡失稳判别标准。此时,边坡将达到极限平衡状态,它对应的折减系数即边坡最小安全系数。同时,可以得到边坡的临界滑裂面。

8.3　工程实例

某碾压混凝土重力坝,最大坝高 77.7 m,为 3 级建筑物。由于边坡紧邻大坝,其安全性状对大坝影响严重,因此确定边坡级别同主要建筑物级别,即边坡级别为 3 级。另外,考虑边坡位置紧邻大坝,其破坏对大坝影响较大,因此安全系数取范围值的上限。大坝工程开始开挖至右坝肩坝轴线附近 500 m 高程,发现了 3 条断层(f3、f5、f6),断层带范围内岩体破碎、溶蚀现象发育,在坝顶 489.7 m 高程以上形成不稳定楔形体,对工程安全影响较大。在 489.7 ~ 461 m 高程的坝基开挖坡面上,f3 和 f5 继续向下部延伸,溶蚀破碎带在边坡上呈倒梯形,对坝体稳定及边坡稳定造成不利影响。需要针对开挖揭露的地质条件对大坝稳定进行计算,保证大坝工程安全。

计算选取右坝肩坝轴线下游边坡 E—E、F—F、G—G、H—H 四个断面,断面位置和详细地质情况见图 8-1 ~ 图 8-5。

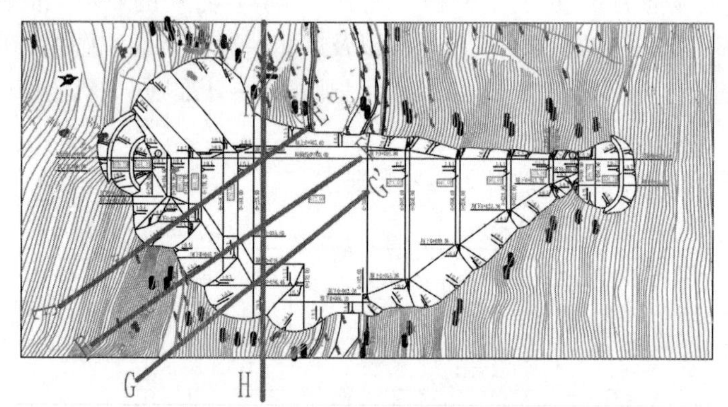

图 8-1　平面计算剖面位置示意图

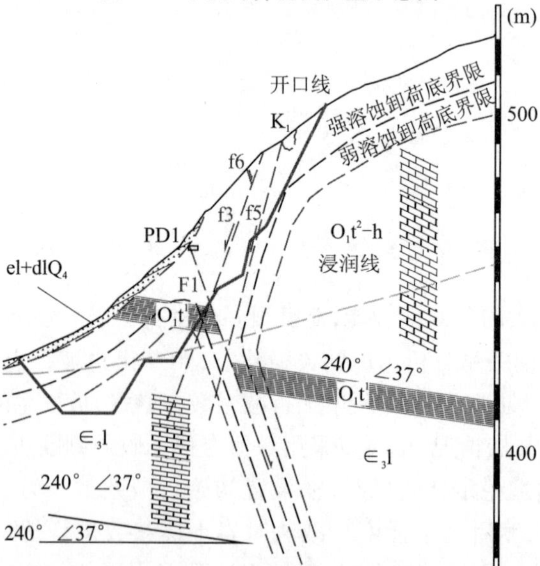

图 8-2　E—E 断面地质情况

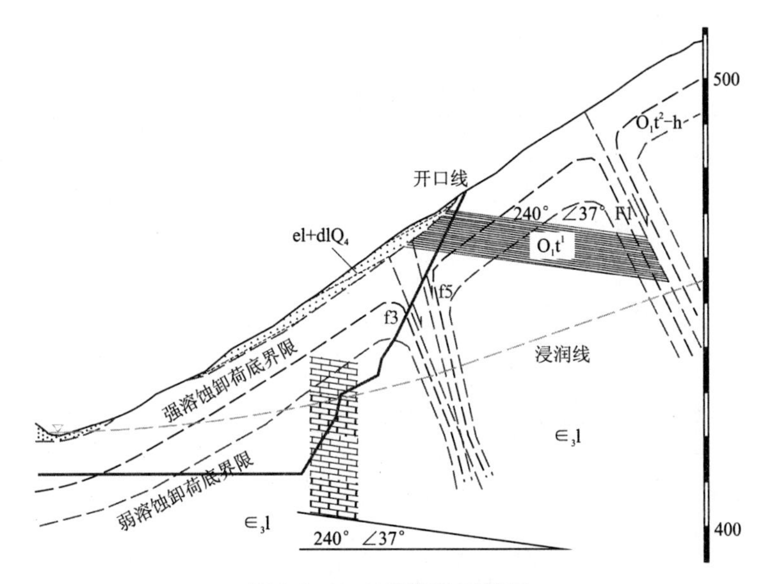

图 8-3　F—F 断面地质情况

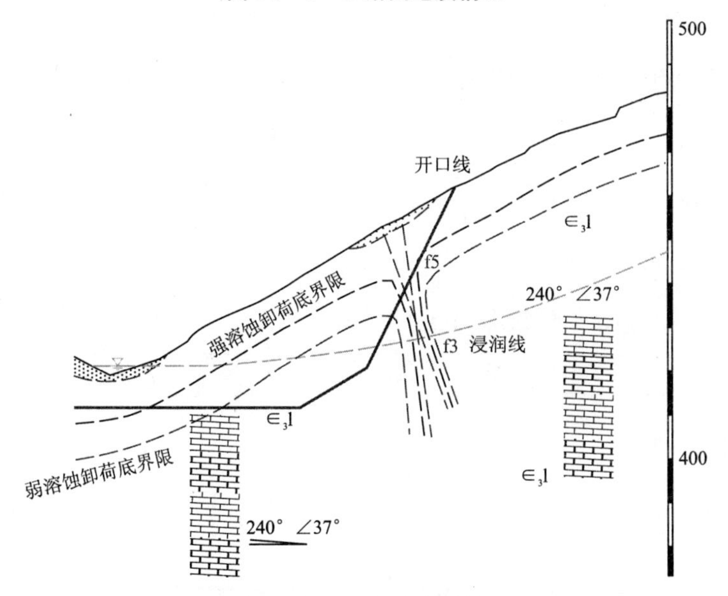

图 8-4　G—G 断面地质情况

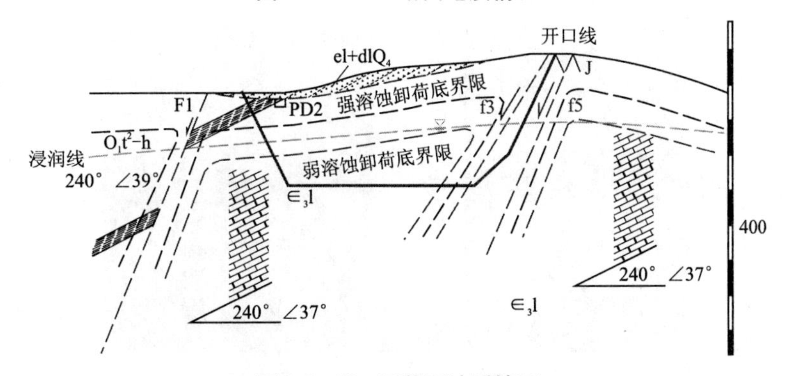

图 8-5　H—H 断面地质情况

本次计算选取的主要物理力学指标见表 8-1。

表 8-1　右坝肩边坡物理力学指标采用值

类别			天然容重(kN/m³)	f'	c'(MPa)
O_1t^1	O_1t^1强风化带		2.65	0.3	0.15
	O_1t^1中等风化带		2.65	0.6	0.35
	O_1t^1微、新		2.65	0.8 ~ 0.9	0.6 ~ 0.7
O_1t^2-h	O_1t^2-h 强风化带		2.65	0.65 ~ 0.7	0.45 ~ 0.5
	O_1t^2-h 中等风化带		2.65	0.92	1.05
	O_1t^2-h 微、新		2.65	1.1 ~ 1.3	1.4 ~ 1.6
$\in_3l$	$\in_3l$ 强风化带		2.65	0.65 ~ 0.7	0.45 ~ 0.5
	$\in_3l$ 中等风化带		2.65	0.95	1.10
	$\in_3l$ 微、新		2.65	1.2	1.50
结构面	断层面/断层带		2.65	0.4/0.4	0.05/0.1
	裂隙			0.6	0.1
	O_1t^1 层面	强风化带	2.65	0.4	0.05
		中等风化带	2.65	0.5	0.1
		微、新	2.65	0.55 ~ 0.65	0.1 ~ 0.15
	O_1t^2-h 层面	强风化带	2.65	0.55 ~ 0.6	0.1
		中等风化带	2.65	0.65	0.15
		微、新	2.65	0.75	0.2
	$\in_3l$ 层面	强风化带	2.65	0.55 ~ 0.65	0.10
		中等风化带	2.65	0.65	0.15
		微、新	2.65	0.8	0.2

8.3.1　模型构建

将含有地质构造的信息从 AutoCAD 导入 ANSYS,首先需要过 AutoCAD 菜单绘图 > 边界命令定义封闭岩土层区域,见图 8-6。

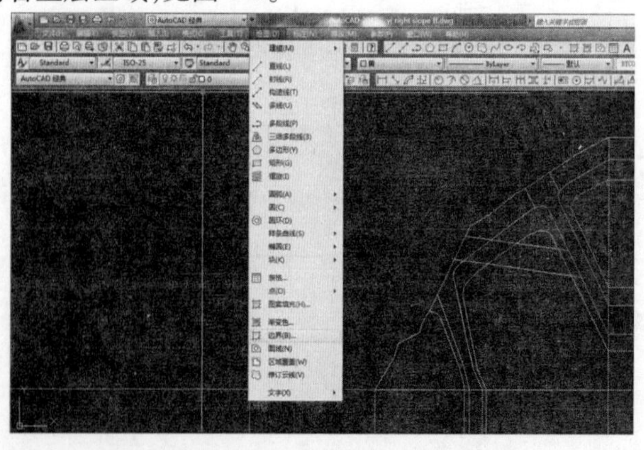

图 8-6　在 AutoCAD 中定义岩土层区域

将模型信息通过 AutoCAD 菜单文件 > 输出为 sat 文件，见图 8-7。

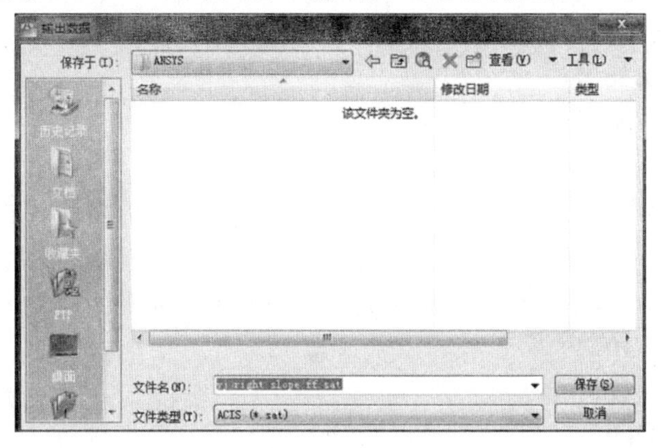

图 8-7　输出 sat 文件

在 ANSYS 中通过 Utility Menu > File > Import > sat 读入上一步中生成的文件，构建模型。

8.3.2　定义单元类型

进入前处理器，针对二维平面应变问题，采用 Plane82 单元并将 Plane82 的 KEYOPT (3)设置为 2。命令流如下：

```
/PREP7
ET,1,PLANE82
KEYOPT,1,3,2
```

8.3.3　定义材料参数

模型中根据岩土层和折减系数组合共有 21 种材料。定义材料参数的命令流如下：

```
! 定义材料 1　断层区材料属性　折减系数为 1
MP,EX,1,0.1E10
MP,PRXY,1,0.28
MP,DENS,1,2400
TB,DP,1
TBDATA,1,37117,16.54

! 定义材料 2　O1t2 -h 中分化层　折减系数为 1
MP,EX,2,0.7E10
MP,PRXY,2,0.28
MP,DENS,2,2700
TB,DP,2
TBDATA,1,594691,27.51
```

```
! 定义材料3　O_1t^2-h强分化层　折减系数为1
MP,EX,3,0.5E10
MP,PRXY,3,0.35
MP,DENS,3,2700
TB,DP,3
TBDATA,1,294611,23.03

! 定义材料4　∈_3l和O_1t^2-h微分化层　折减系数为1
MP,EX,4,0.7E10
MP,PRXY,4,0.26
MP,DENS,4,2700
TB,DP,4
TBDATA,1,732546,30.38

! 定义材料5　弹性模型层
MP,EX,5,3.2E10
MP,PRXY,5,0.24
MP,DENS,5,2700

! 定义材料6　断层区材料属性　折减系数为1.3
MP,EX,6,0.1E10
MP,PRXY,6,0.28
MP,DENS,6,2400
TB,DP,6
TBDATA,1,29773,13.4

! 定义材料7　O_1t^2-h中分化层　折减系数为1.3
MP,EX,7,0.7E10
MP,PRXY,7,0.28
MP,DENS,7,2700
TB,DP,7
TBDATA,1,512768,24.18

! 定义材料8　O_1t^2-h强分化层　折减系数为1.3
MP,EX,8,0.5E10
MP,PRXY,8,0.35
MP,DENS,8,2700
TB,DP,8
```

TBDATA,1,244824,19.46

！定义材料 9　$\in_3 l$ 和 O_1t^2-h 微分化层　折减系数为 1.3
MP,EX,9,0.7E10
MP,PRXY,9,0.26
MP,DENS,9,2700
TB,DP,9
TBDATA,1,652204,27.56

！定义材料 10　断层区材料属性　折减系数为 1.4
MP,EX,10,0.1E10
MP,PRXY,10,0.28
MP,DENS,10,2400
TB,DP,10
TBDATA,1,27910,12.59

！定义材料 11　O_1t^2-h 中分化层　折减系数为 1.4
MP,EX,11,0.7E10
MP,PRXY,11,0.28
MP,DENS,11,2700
TB,DP,11
TBDATA,1,489100,23.19

！定义材料 12　O_1t^2-h 强分化层　折减系数为 1.4
MP,EX,12,0.5E10
MP,PRXY,12,0.35
MP,DENS,12,2700
TB,DP,12
TBDATA,1,231389,18.47

！定义材料 13　$\in_3 l$ 和 O_1t^2-h 微分化层　折减系数为 1.4
MP,EX,13,0.7E10
MP,PRXY,13,0.26
MP,DENS,13,2700
TB,DP,13
TBDATA,1,627512,26.66

！定义材料 14　断层区材料属性　折减系数为 1.45

MP,EX,14,0.1E10
MP,PRXY,14,0.28
MP,DENS,14,2400
TB,DP,14
TBDATA,1,27060,12.21

! 定义材料 15　O_1t^2-h 中分化层　折减系数为 1.45
MP,EX,15,0.7E10
MP,PRXY,15,0.28
MP,DENS,15,2700
TB,DP,15
TBDATA,1,477909,22.71

! 定义材料 16　O_1t^2-h 强分化层　折减系数为 1.45
MP,EX,16,0.5E10
MP,PRXY,16,0.35
MP,DENS,16,2700
TB,DP,16
TBDATA,1,225161,18.00

! 定义材料 17　$\in_3l$ 和 O_1t^2-h 微分化层　折减系数为 1.45
MP,EX,17,0.7E10
MP,PRXY,17,0.26
MP,DENS,17,2700
TB,DP,17
TBDATA,1,615608,26.22

! 定义材料 18　断层区材料属性　折减系数为 1.5
MP,EX,18,0.1E10
MP,PRXY,18,0.28
MP,DENS,18,2400
TB,DP,18
TBDATA,1,26260,11.86

! 定义材料 19　O_1t^2-h 中分化层　折减系数为 1.5
MP,EX,19,0.7E10
MP,PRXY,19,0.28
MP,DENS,19,2700

```
TB,DP,19
TBDATA,1,467127,22.25

! 定义材料 20   O1t2 - h 强分化层   折减系数为 1.5
MP,EX,20,0.5E10
MP,PRXY,20,0.35
MP,DENS,20,2700
TB,DP,20
TBDATA,1,219233,17.56

! 定义材料 21   ∈3l 和 O1t2 - h 微分化层   折减系数为 1.5
MP,EX,21,0.7E10
MP,PRXY,21,0.26
MP,DENS,21,2700
TB,DP,21
TBDATA,1,604003,25.79
```

8.3.4　网格划分

先定义线网格密度,对面赋予材料属性,设定自由网格划分和三角形网格划分。网格划分典型命令流如下:

```
lsel,s,,,58,59,1               ! 选择线 L58 ~ L59
lsel,a,,,5                     ! 附加选择线 L5
lesize,all,16                  ! 把所选择线段以尺寸间距为 16 划分
mat,3                          ! 给面 13 赋予 3 号材料特性
type,1
mshkey,1                       ! 设定自由网格划分
mshape,0                       ! 设定三角形网格划分
amesh,13                       ! 划分面积 A13

allsel
lsel,s,,,7,9,2                 ! 选择线 L7、L9
lsel,a,,,50                    ! 附加选择线 L50
lesize,all,16                  ! 把所选择线段以尺寸间距为 16 划分
mat,4                          ! 给面 1、3、9、11 赋予 4 号材料特性
type,1
mshkey,1                       ! 设定自由网格划分
mshape,0                       ! 设定三角形网格划分
```

```
amesh,1,3,2
amesh,9,11,2                ! 划分面积 A1、3、9、11

allsel
lsel,s,,,2,4,2              ! 选择线 L2、L4
lsel,a,,,52                 ! 附加选择线 L52
lesize,all,16               ! 把所选择线段以尺寸间距为 16 划分
mat,5                       ! 给面 2、10、12 赋予 5 号材料特性
type,1
mshkey,1                    ! 设定自由网格划分
mshape,0                    ! 设定三角形网格划分
amesh,2,10,8
amesh,12                    ! 划分面积 A2、10、12

save,ee,db
```

4 个断面网格划分好的模型如图 8-8 ~ 图 8-11 所示。

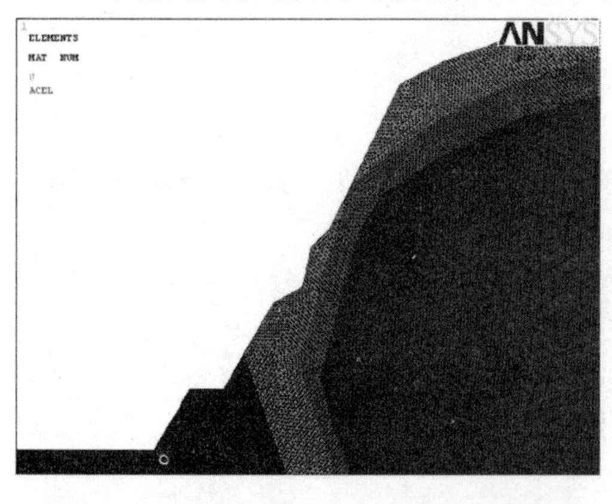

图 8-8　E—E 断面数值模型材料分区示意图

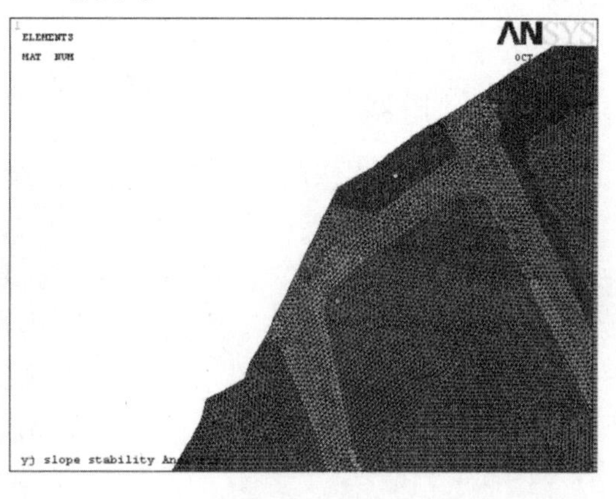

图 8-9　F—F 断面数值模型材料分区示意图

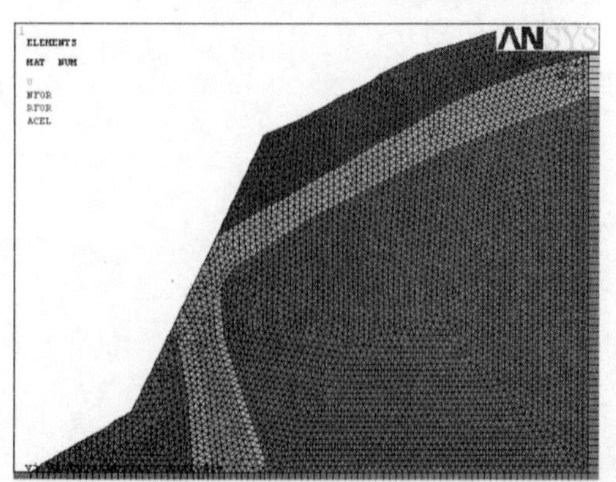

图 8-10　G—G 断面数值模型材料分区示意图

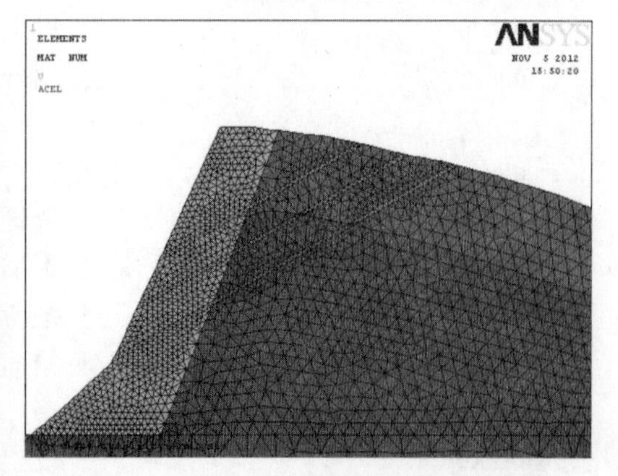

图 8-11　H—H 断面模型材料分区示意图

8.3.5　施加边界条件,进行求解设置

```
！边坡两侧施加 X 方向约束
nsel,s,loc,x,566.27                 ！选择 X =566.27 线上所有节点
nsel,a,loc,x,1294.5                 ！选择 X =1294.5 线上所有节点
d,all,ux                            ！对所选择节点约束 X 方向位移
allsel

！边坡底部施加约束
nsel,s,loc,y,-969.46                ！选择 Y = -969.46 线上所有节点
d,all,uy
d,all,ux                            ！对所选择节点约束 X、Y 方向位移

！施加重力加速度
acel,,9.8

/solu
！求解设置
antype,static                       ！设定为静力求解
nsubst,100                          ！设定最大子步数为 100
pred,on                             ！打开时间步长预测器
nropt,full                          ！设定牛顿-拉普森选项
nlgeom,on                           ！打开大位移效果
lnsrch,on                           ！打开线性搜索
outres,all,all                      ！输出所有项
cnvtol,f,,0.005,2,0.5               ！力收敛准则设定
cnvtol,u,,0.05,2,1                  ！位移收敛准则设定
```

8.3.6　求解

```
！边坡在强度折减系数 F =1 时求解
allsel
solve                               ！进行求解
save,F1,db                          ！把 F =1 时求解结果保存

！边坡在强度折减系数 F =1.3 时求解
finish
/FILNAM,F1.3
/solu
```

```
allsel
asel,s,area,,6,13,7
esla,s                          ! 选择面积 A6、A13
MPCHG,8,all                     ! 把所选择单元材料号改为 8
allsel

asel,s,area,,7,14,7
esla,s                          ! 选择面积 A7、A14
MPCHG,7,all                     ! 把所选择单元材料号改为 7
allsel

asel,s,area,,5
esla,s                          ! 选择面积 A5
MPCHG,6,all                     ! 把所选择单元材料号改为 6
allsel

asel,s,area,,9,11,2
esla,s                          ! 选择面积 A9、A11
MPCHG,9,all                     ! 把所选择单元材料号改为 9
allsel

asel,s,area,,1,3,2
esla,s                          ! 选择面积 A1、A3
MPCHG,9,all                     ! 把所选择单元材料号改为 9
allsel

asel,s,area,,4,8,4
esla,s                          ! 选择面积 A4、A8
MPCHG,9,all                     ! 把所选择单元材料号改为 9

allsel
solve                           ! 进行求解
save,F1.3,db                    ! 把 F=1.3 时求解结果保存

! 边坡在强度折减系数 F=1.4 时求解
finish
/FILNAM,F1.4
/solu
```

```
allsel

asel,s,area,,6,13,7
esla,s                          ! 选择面积 A6、A13
MPCHG,12,all                    ! 把所选择单元材料号改为 12
allsel

asel,s,area,,7,14,7
esla,s                          ! 选择面积 A7、A14
MPCHG,11,all                    ! 把所选择单元材料号改为 11
allsel

asel,s,area,,5
esla,s                          ! 选择面积 A5
MPCHG,10,all                    ! 把所选择单元材料号改为 10
allsel

asel,s,area,,9,11,2
esla,s                          ! 选择面积 A9、A11
MPCHG,13,all                    ! 把所选择单元材料号改为 13
allsel

asel,s,area,,1,3,2
esla,s                          ! 选择面积 A1、A3
MPCHG,13,all                    ! 把所选择单元材料号改为 13
allsel

asel,s,area,,4,8,4
esla,s                          ! 选择面积 A4、A8
MPCHG,13,all                    ! 把所选择单元材料号改为 13

allsel
solve                           ! 进行求解
save,F1.4,db                    ! 把 F=1.4 时求解结果保存

! 边坡在强度折减系数 F=1.45 时求解
finish
/FILNAM,F1.45
```

```
/solu
allsel

asel,s,area,,6,13,7
esla,s                          ! 选择面积 A6、A13
MPCHG,16,all                    ! 把所选择单元材料号改为 16
allsel

asel,s,area,,7,14,7
esla,s                          ! 选择面积 A7、A14
MPCHG,15,all                    ! 把所选择单元材料号改为 15
allsel

asel,s,area,,5
esla,s                          ! 选择面积 A5
MPCHG,14,all                    ! 把所选择单元材料号改为 14
allsel

asel,s,area,,9,11,2
esla,s                          ! 选择面积 A9、A11
MPCHG,17,all                    ! 把所选择单元材料号改为 17
allsel

asel,s,area,,1,3,2
esla,s                          ! 选择面积 A1、A3
MPCHG,17,all                    ! 把所选择单元材料号改为 17
allsel

asel,s,area,,4,8,4
esla,s                          ! 选择面积 A4、A8
MPCHG,17,all                    ! 把所选择单元材料号改为 17

allsel
solve                           ! 进行求解
save,F1.45,db                   ! 把 F=1.45 时求解结果保存

! 边坡在强度折减系数 F=1.5 时求解
finish
```

```
/FILNAM,F1.5
/solu
allsel

asel,s,area,,6,13,7
esla,s                           ! 选择面积 A6、A13
MPCHG,20,all                     ! 把所选择单元材料号改为 20
allsel

asel,s,area,,7,14,7
esla,s                           ! 选择面积 A7、A14
MPCHG,19,all                     ! 把所选择单元材料号改为 19
allsel

asel,s,area,,5
esla,s                           ! 选择面积 A5
MPCHG,18,all                     ! 把所选择单元材料号改为 18
allsel

asel,s,area,,9,11,2
esla,s                           ! 选择面积 A9、A11
MPCHG,21,all                     ! 把所选择单元材料号改为 21
allsel

asel,s,area,,1,3,2
esla,s                           ! 选择面积 A1、A3
MPCHG,21,all                     ! 把所选择单元材料号改为 21
allsel

asel,s,area,,4,8,4
esla,s                           ! 选择面积 A4、A8
MPCHG,21,all                     ! 把所选择单元材料号改为 21

allsel
solve                            ! 进行求解
save,F1.5,db                     ! 把 F=1.5 时求解结果保存
```

8.3.7 结果后处理和分析

```
/post1                              ! 进入后处理

! 边坡在强度折减系数 F = 1 时结果分析
Resume,'F1','db'                    ! 读入强度折减系数 F = 1 时结果
set,1,last                          ! 读入最后一个子步
pldisp,1
/image,save,shape1.jpg              ! 绘制边坡模型变形图
plnsol,u,x
/image,save,xdisp1.jpg              ! 绘制边坡模型水平方向位移云图
plnsol,eppl,eqv
/image,save,ep1.jpg                 ! 绘制边坡模型塑性应变云图

! 边坡在强度折减系数 F = 1.3 时结果分析
Resume,'F1.3','db'                  ! 读入强度折减系数 F = 1.3 时结果
set,1,last                          ! 读入最后一个子步
pldisp,1
/image,save,shape1.3.jpg            ! 绘制边坡模型变形图
plnsol,u,x
/image,save,xdisp1.3.jpg            ! 绘制边坡模型水平方向位移云图
plnsol,eppl,eqv
/image,save,ep1.3.jpg               ! 绘制边坡模型塑性应变云图

! 边坡在强度折减系数 F = 1.4 时结果分析
Resume,'F1.4','db'                  ! 读入强度折减系数 F = 1.4 时结果
set,1,last                          ! 读入最后一个子步
pldisp,1
/image,save,shape1.4.jpg            ! 绘制边坡模型变形图
plnsol,u,x
/image,save,xdisp1.4.jpg            ! 绘制边坡模型水平方向位移云图
plnsol,eppl,eqv
/image,save,ep1.4.jpg               ! 绘制边坡模型塑性应变云图

! 边坡在强度折减系数 F = 1.45 时结果分析
Resume,'F1.45','db'                 ! 读入强度折减系数 F = 1.45 时结果
set,1,last                          ! 读入最后一个子步
pldisp,1
```

```
/image,save,shape1.45.jpg          ! 绘制边坡模型变形图
plnsol,u,x
/image,save,xdisp1.45.jpg          ! 绘制边坡模型水平方向位移云图
plnsol,eppl,eqv
/image,save,ep1.45.jpg             ! 绘制边坡模型塑性应变云图

! 边坡在强度折减系数 F=1.5 时结果分析
Resume,'F1.5','db'                 ! 读入强度折减系数 F=1.5 时结果
set,1,last                         ! 读入最后一个子步
pldisp,1
/image,save,shape1.5.jpg           ! 绘制边坡模型变形图
plnsol,u,x
/image,save,xdisp1.5.jpg           ! 绘制边坡模型水平方向位移云图
plnsol,eppl,eqv
/image,save,ep1.5.jpg              ! 绘制边坡模型塑性应变云图
```

篇幅所限，仅以 E—E 断面为例分析计算结果。

8.3.7.1　强度折减系数 F=1 时结果分析

F=1 时，边坡 X 方向位移云图，如图 8-12 所示。此时，边坡沿滑动方向（向左）水平最大位移为 19.29 mm。

图 8-13 是 F=1 时边坡模型塑性应变云图，此时边坡模型有塑性应变，其值为 6.399×10^{-3}，在图示位置存在塑性区。

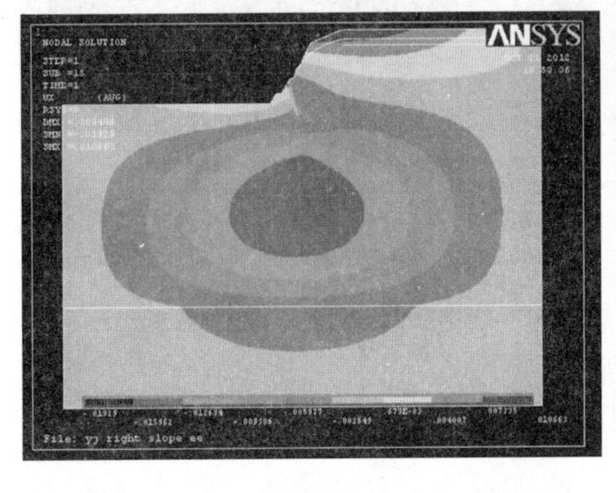

图 8-12　F=1 时边坡 X 方向位移云图

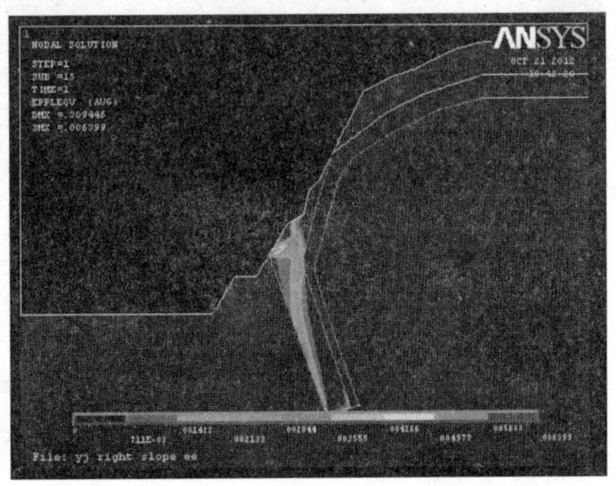

图 8-13　F=1 时边坡模型塑性应变云图

8.3.7.2　强度折减系数 F=1.2 时结果分析

F=1.2 时，边坡 X 方向位移云图，如图 8-14 所示。此时，边坡沿滑动方向（向左）水平最大位移为 25.864 mm。

图 8-15 是 F=1.2 时边坡模型塑性应变云图，此时边坡模型有塑性应变，其值为

10.759×10^{-3},在图示位置存在塑性区。

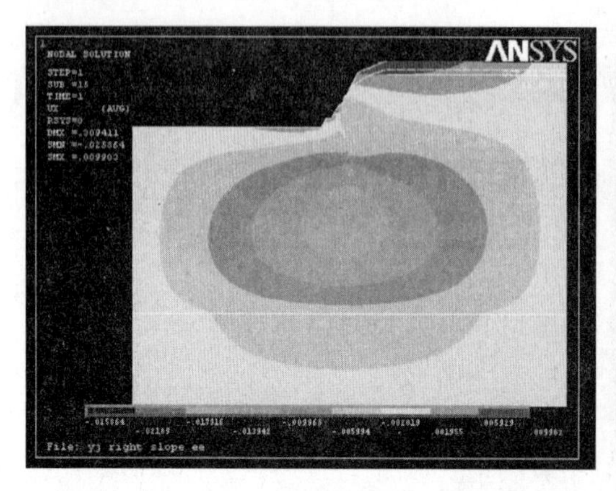

图 8-14 F = 1.2 时边坡 X 方向位移云图

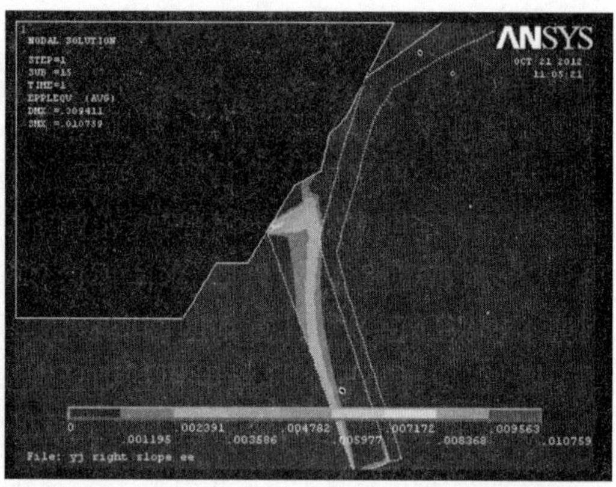

图 8-15 F = 1.2 时边坡模型塑性应变云图

8.3.7.3 强度折减系数 F = 1.4 时结果分析

F = 1.4 时,边坡 X 方向位移云图,如图 8-16 所示。此时,边坡沿滑动方向(向左)水平最大位移为 37.088 mm。

图 8-17 是 F = 1.4 时边坡模型塑性应变云图,此时边坡模型有塑性应变,其值为 16.991×10^{-3},可以看到塑性区向上明显扩展,塑性区扩大。

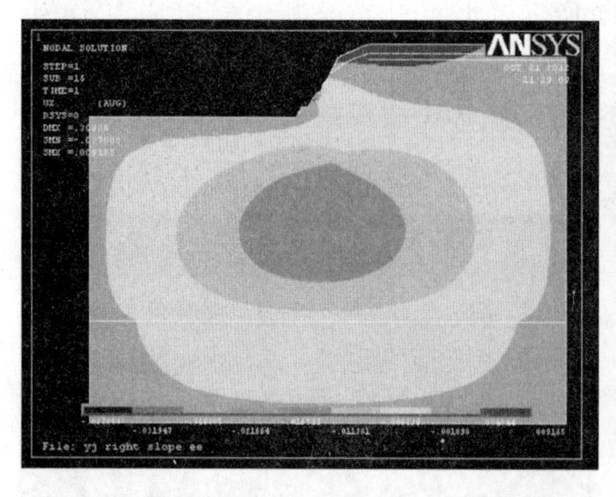

图 8-16 F = 1.4 时边坡 X 方向位移云图

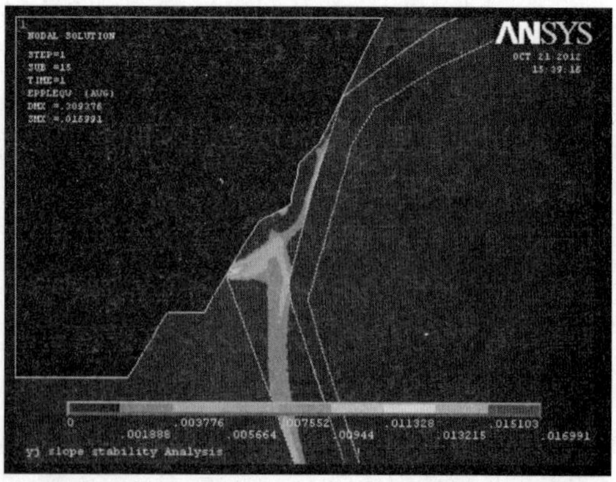

图 8-17 F = 1.4 时边坡模型塑性应变云图

8.3.7.4 强度折减系数 F = 1.42 时结果分析

F = 1.42 时,边坡 X 方向位移云图,如图 8-18 所示。此时,边坡沿滑动方向(向左)水平最大位移为 41.151 mm。

图 8-19 是 F = 1.42 时边坡模型塑性应变云图,此时边坡模型有塑性应变,其值为 18.342×10^{-3},可以看到塑性区发展。

8.3.7.5 强度折减系数 F = 1.43 时结果分析

F = 1.43 时,边坡 X 方向位移云图,如图 8-20 所示。此时,边坡沿滑动方向(向左)水平最大位移为 41.579 mm。

图 8-21 是 F = 1.43 时边坡模型塑性应变云图，此时边坡模型有塑性应变，其值为 18.523×10^{-3}，可以看到塑性区发展。

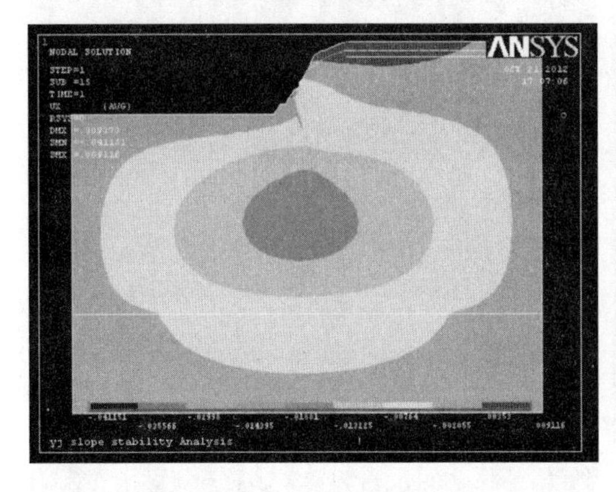

图 8-18　F = 1.42 时边坡 X 方向位移云图

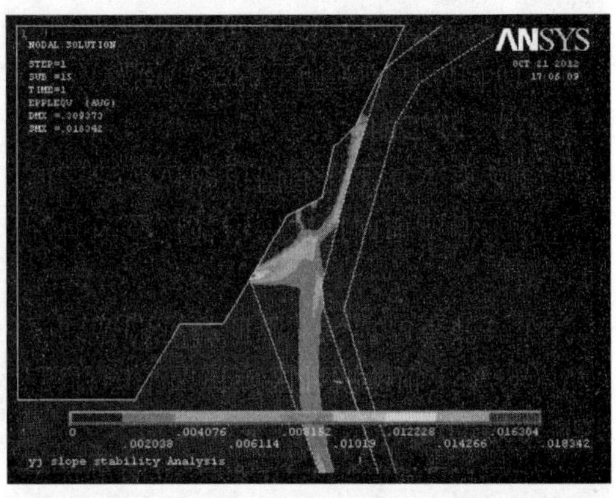

图 8-19　F = 1.42 时边坡模型塑性应变云图

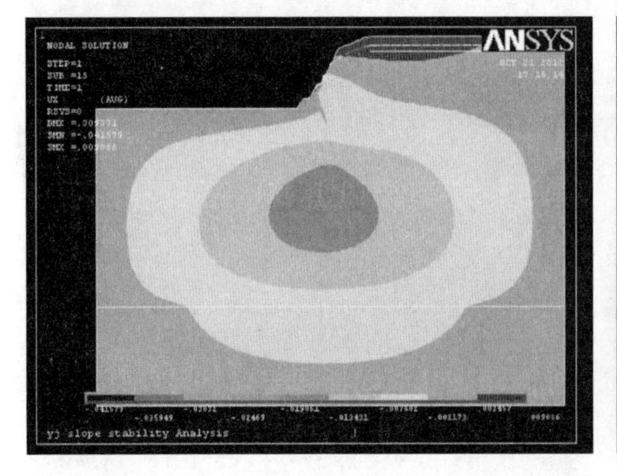

图 8-20　F = 1.43 时边坡 X 方向位移云图

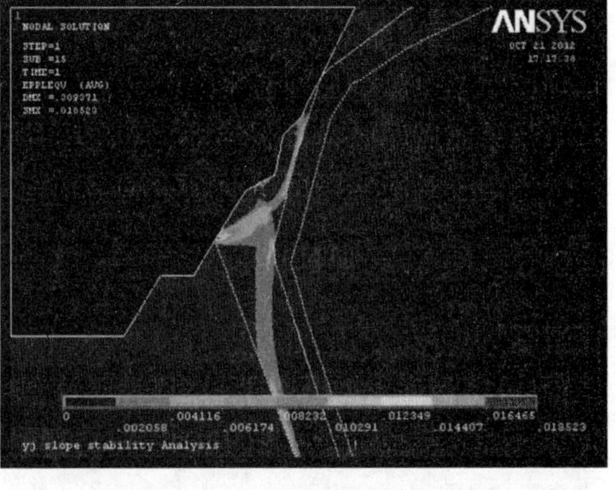

图 8-21　F = 1.43 时边坡模型塑性应变云图

8.3.7.6　强度折减系数 F = 1.44 时结果分析

F = 1.44 时，边坡 X 方向位移云图如图 8-22 所示。此时，边坡沿滑动方向（向左）水平最大位移为 41.504 mm。

图 8-23 是 F = 1.44 时边坡模型塑性应变云图，此时边坡模型有塑性应变，其值为 19.193×10^{-3}，可以看到塑性区接近贯通。

8.3.7.7　强度折减系数 F = 1.45 时结果分析

F = 1.45 时，解不收敛。计算迭代残差曲线如图 8-24 所示。

F = 1.45 时，边坡 X 方向位移云图如图 8-25 所示。此时，边坡沿滑动方向（向左）水平最大位移为 78.402 mm。图 8-26 是 F = 1.45 时边坡模型塑性应变云图，此时边坡模型有塑性应变，其值为 60.47×10^{-3}，可以看到塑性区已经贯通。图 8-27 是 F = 1.45 时放大 10 倍的边坡变形图，可以看到边坡滑动的趋势。水平位移、塑性应变较 F = 1.44 时急剧增大，塑性区贯通，边坡已经发生破坏。

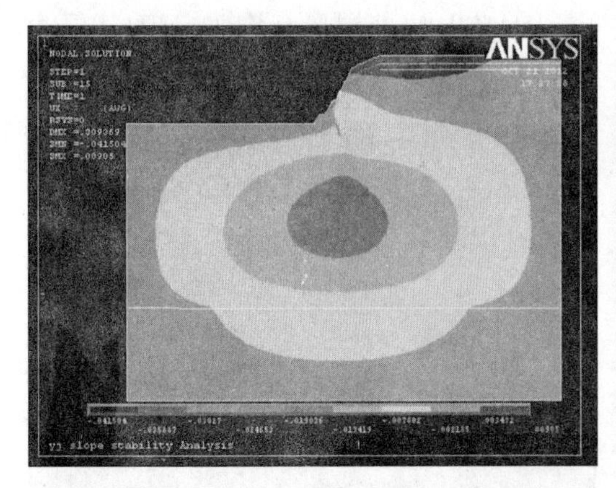

图 8-22　F = 1.44 时边坡 X 方向位移云图

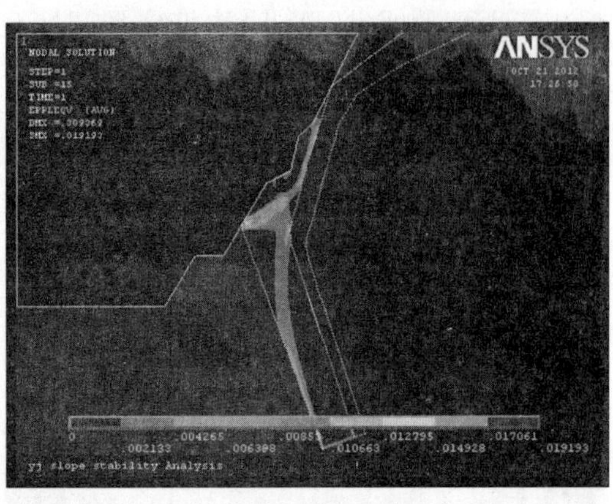

图 8-23　F = 1.44 时边坡模型塑性应变云图

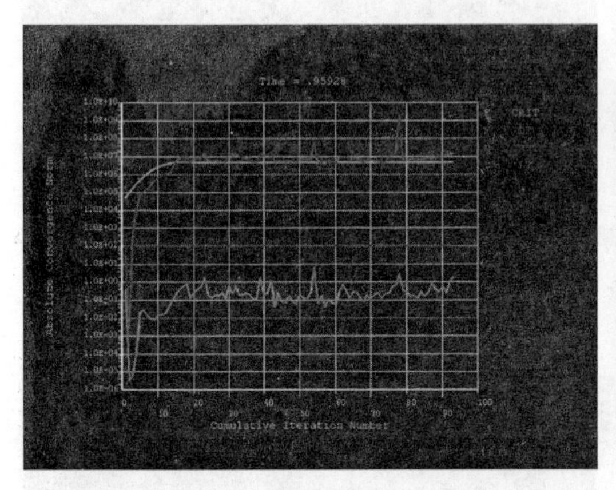

图 8-24　F = 1.45 时计算迭代残差曲线

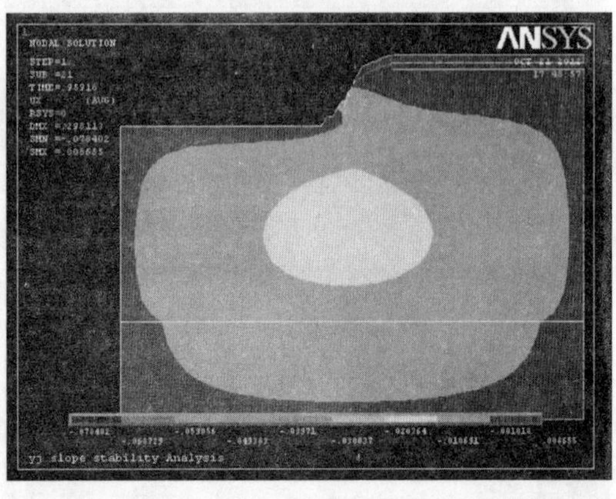

图 8-25　F = 1.45 时边坡 X 方向位移云图

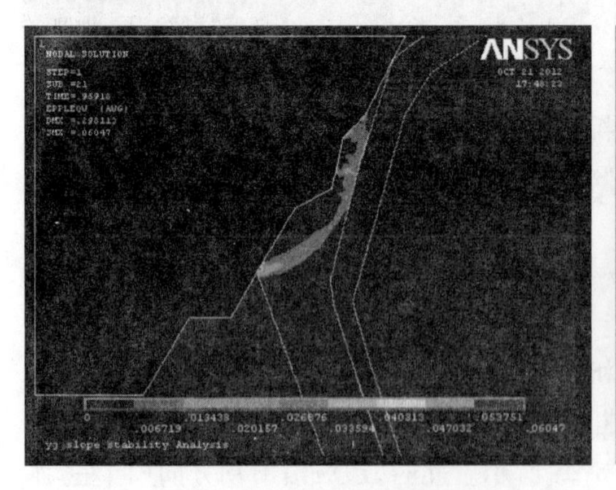

图 8-26　F = 1.45 时边坡模型塑性应变云图

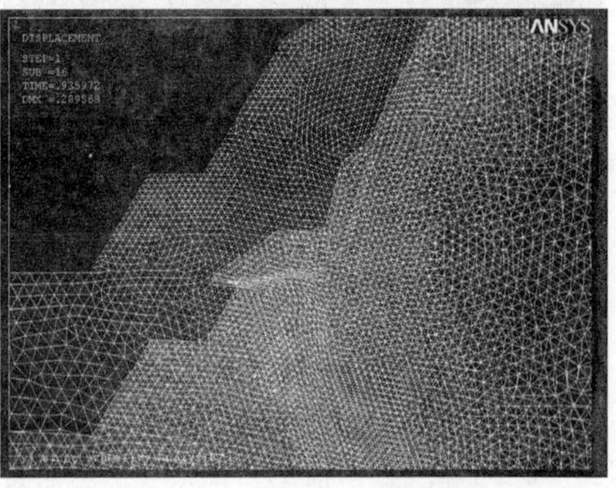

图 8-27　F = 1.45 时边坡变形图

第 9 章　碾压混凝土重力坝和进水口结构静力分析

9.1　概　述

重力坝是我国水利建设工程中的主要坝型，一般采用上游面近似垂直的三角形断面，主要依靠坝体重量，在坝体和地基接触面间产生抗剪强度或摩擦力，抵抗上游水推力来维持稳定。它具有以下几方面的优点：设计及施工简单、安全可靠性强、对地形和地质条件有较好的适应性、施工导流及泄水问题容易解决等。此外，碾压混凝土重力坝还兼具了机械化施工水平高、施工周期短、施工质量易于保证和对地基适用范围广等优点。

重力坝的应力变形分析是判断大坝是否安全的重要指标，准确找出结构内部各点应力大小、位移分布规律、应力集中部位意义重大。本书以某水电站的碾压混凝土重力坝为例，建立其引水发电坝段三维有限元实体模型，利用 ANSYS 对坝体和上部进水口结构进行了应力变形分析。主要内容为：

(1)详细分析了进水口流道、拦污栅支撑框架结构、门槽、胸墙、顶部牛腿、空腔结构、楼梯间等结构竣工期及蓄水期受力状态，研究结构的应力和变形特性，为合理配筋提供依据。

(2)模拟计算竣工期和蓄水期坝体变形状况及最大最小主应力分布，对承载力和坝踵、坝趾应力状态进行分析评价。

9.2　关键技术问题

9.2.1　计算方法和基本假定

引水发电坝段结构静力计算采用的是有限单元法。有限单元法是弹性理论中的一种数值解法。将结构划分为若干结点联系的有限个单元，利用边界条件和连续条件，根据弹性理论列出单元的应力、应变、位移关系式和全部结点平衡方程组。依靠电子计算机计算出坝体和坝基内各点的应力和变形。

采用 ANSYS 完成引水发电坝段的静力分析。ANSYS 是国际著名的有限元通用软件，包含多种条件下的有限元分析程序而且带有强大的前处理和后处理功能，已成为水利、土建行业 CAE 仿真分析软件的主流，可以对结构在各种外荷载条件下的受力、变形、稳定性及各种动力特性做出全面分析。ANSYS 用来模拟水库大坝建筑物的力学行为具有强大的优势，可以对结构的稳定性和应力状态进行分析计算。在计算中可以考虑水压力、淤沙压力、重力场作用，还可以模拟混凝土裂缝的形成和发展过程。

计算的基本假定:坝体和坝基连续,即坝体与坝基之间紧密联系在一起;坝体和坝基的材料是均匀的;基岩模型采用线弹性本构模型。坝体混凝土采用 SOLID65 单元,坝基岩石采用 SOLID45 单元。SOLID65 单元是专为混凝土等抗压能力远大于抗拉能力的非均匀材料开发的单元,它可以模拟混凝土中的加强钢筋以及材料的拉裂和压溃现象。它是在三维 8 结点等参元 SOLID45 的基础上,增加了针对混凝土的性能参数和组合式钢筋模型,可以根据不同混凝土材料属性,分别设置不同的张开剪切传递系数、抗拉强度和抗压强度。

9.2.2 应力控制标准

采用了有限元法进行混凝土重力坝坝体应力分析已经得到了比较广泛的应用, 但还没有指定明确的应力控制标准。《混凝土重力坝设计规范》(SL 319—2005)中规定重力坝坝体应力应符合下列要求。

9.2.2.1 运用期

(1)坝体上游面的垂直应力不出现拉应力(计扬压力)。

(2)坝体最大主压应力,应不大于混凝土的允许压应力值。

(3)在地震情况下,坝体上游面的应力控制标准应符合《水工建筑物抗震设计规范》(SL 203)的要求。

(4)关于坝体局部区域拉应力的规定:

①宽缝重力坝离上游面较远的局部区域,可允许出现拉应力,但不超过混凝土的允许拉应力。

②当溢流坝堰顶部位出现拉应力时,应配置钢筋。

③廊道及其他孔洞周边的拉应力区域,宜配置钢筋;有论证时,可少配或不配钢筋。

9.2.2.2 施工期

(1)坝体任何截面上的主压应力应不大于混凝土的允许压应力。

(2)在坝体的下游面,可允许有不大于 0.2 MPa 的主拉应力。

有限元法计算的坝基应力,其上游面拉应力区宽度宜小于坝底宽度的 7%,或小于坝踵至帷幕中心线的距离。

用有限元法计算坝体应力时,常发现以下现象:坝踵附近应力集中,且存在较大拉应力区。当用线性有限元计算时,拉应力区超过了帷幕线位置;但用非线性有限元分析时,坝踵附近拉应力区缩小,至帷幕线上游甚至消失。这是因为坝基面是混凝土和基岩的接触面,不能承受主拉应力,拉应力超过接触面的抗拉强度后,接触面被拉开,真正起作用的是垂直于坝基面的垂直拉应力。用有限元计算重力坝坝体应力时,强度控制标准可采用坝基面上游部位的垂直拉应力区控制。控制标准可以采用,在基本组合的持久状况下,不计扬压力时,拉应力区相对宽度(拉应力区宽度/坝底面宽度)小于或等于 5%,计扬压力时小于或等于 7%。

9.2.3 荷载

竣工期静力分析主要考虑荷载为坝体自重。蓄水期静力分析主要考虑基本荷载组合下的正常洪水位、校核洪水位情况，计算在坝体自重、大坝上游面静水压力、大坝下游面静水压力、扬压力、淤沙压力等荷载作用下，结构的位移、应力和应变。各种荷载均按规范的荷载计算公式计算。在ANSYS求解程序中施加荷载，选择相关荷载作用范围内的节点为有效节点，使用ANSYS中的梯度荷载命令SFGRAD和SF，指定梯度斜率和初始压力。对同一个节点分别施加两种荷载梯度时，使用SFCUM命令设置荷载是叠加的。

9.2.3.1　水压力

作用在坝面和进水口结构上的静水压力根据所在位置与上游水位的高程差按静水力学原理计算。

9.2.3.2　扬压力

挡水建筑物的扬压力是在上下游净水头作用下形成的渗流场产生的，是静水压力派生出来的荷载。扬压力是一个铅直向上的力，它减小了重力坝作用在地基上的有效压力，从而降低了坝底的抗滑力。扬压力包括上浮力以及渗透压力。上浮力是由坝体下游水深产生的，渗透压力是由上下游水头产生的，在水头的作用下，水流通过裂隙、软弱破碎带而产生的向上的静水压力。浮托力强度为水的容重与截面所承受的下游水头的乘积；渗透压力强度则各点不同，截面的上游断点处最大，等于水的重度与上下游的水位差的乘积，下游端点处为零。

9.2.3.3　淤沙压力

淤沙压力是淤积泥沙作用于水工建筑物表面的压力。水流入库后，流速减小，挟沙能力降低，所挟带的泥沙将由粗到细逐渐下沉。淤积在坝、闸前的泥沙形成作用于坝、闸面上的淤沙压力。计算坝面的淤沙压力，先要确定坝前的淤沙高程。它与水流挟沙量、泥沙颗粒级配、水流特性、水库地形、淤泥计算年限以及工程布置、泄洪排沙等多种因素有关。坝前淤沙逐年增高，逐年固结，淤沙容重和内摩擦角既随时间而变化，又因层而异。淤沙的内摩擦角与淤沙粒径、淤沙的级配和颗粒形状有关。淤沙内摩擦角宜通过实际确定，一般粒径越大，孔隙率越小，内摩擦角越大。设计中，一般不考虑淤沙的黏结力。

9.2.4　计算工况和荷载施加

本次分别计算了竣工期和蓄水期的正常蓄水位、校核洪水位三种工况下坝体的变形及应力情况，各工况荷载组成见表9-1。

表9-1　各工况荷载组成

编号	工况	上游水位(m)	作用荷载			
			自重	水压力	扬压力	淤沙压力
L1	竣工期	0.00	√			
L2	正常蓄水位	210.00	√	√	√	√
L3	校核洪水位	213.56	√	√	√	√

9.3　工程实例

某水电站是以发电为主的多年调节大型水利水电工程,水电站建成后不仅水电站自身具有显著的发电效益,同时可对下游水电站和其他水电站起到调蓄作用,有效提高下游水电站的保证电量,提高下游水电站旱季发电量,从而提高下游水电站供电的稳定性和连续性。

水电站正常蓄水位210 m,拦河坝为碾压混凝土重力坝,最大坝高116.5 m,工程规模为大(1)型。永久性建筑物级别:主要建筑物为1级,次要建筑物为3级,临时性建筑物为3级。

引水发电坝段主要包括混凝土重力坝和进水口结构。正常蓄水位为210.00 m,校核洪水位213.56 m。重力坝上游坝坡为1∶0.2(高程125.0 m以上直立),下游坝坡1∶0.72,引水发电坝段立面图、剖面图如图9-1、图9-2所示。

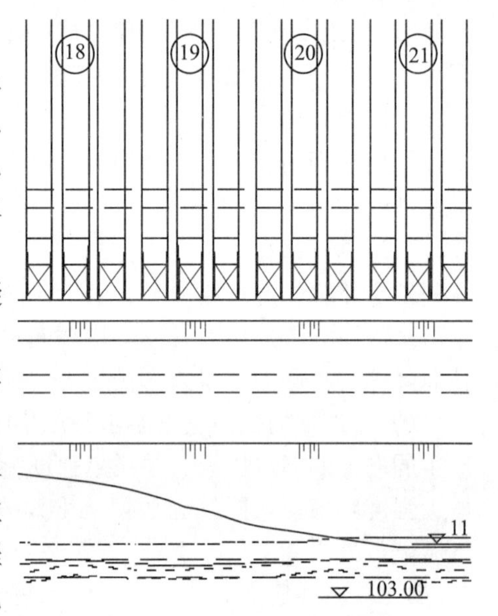

图9-1　引水发电坝段立面图

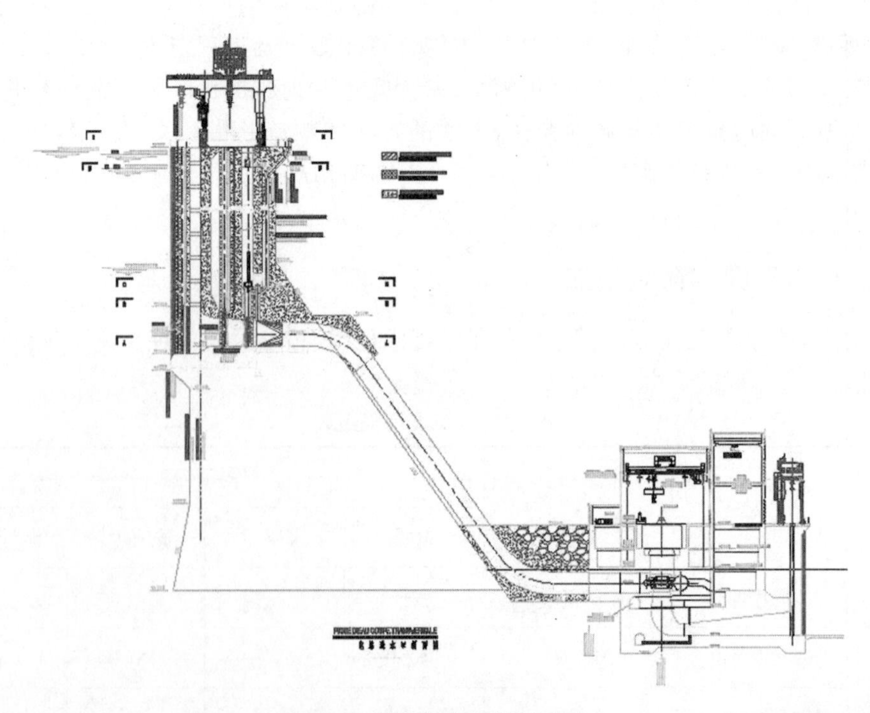

图9-2　引水发电坝段剖面图

9.3.1　模型构建和网格划分

由于结构体型复杂,采用专业软件进行建模和网格划分。

由于结构对称,选取4个进水口中的一个坝段建立三维有限元计算模型。本次建模基本未对结构体型做简化,完全按照设计方案1∶1建模,这保证了本次结构计算的准确性。

计算模型沿河流方向长387 m,沿坝轴线宽23 m、高212.5 m。实体模型单元网格见图9-3~图9-6。实体单元共191 286个,节点173 639个。其中进水口和坝体结构划分单元131 958个,基岩划分单元59 328个。

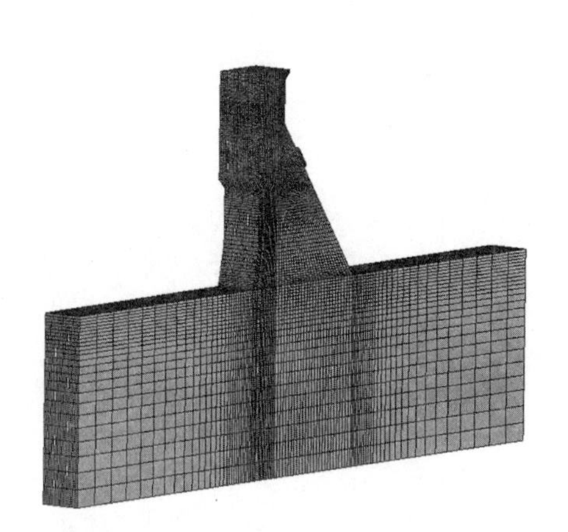

图9-3　在AUTOCAD中定义岩土层区域

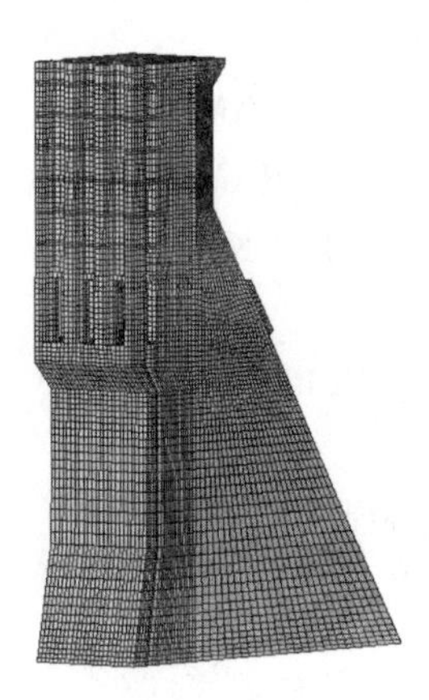

图9-4　上部结构网格

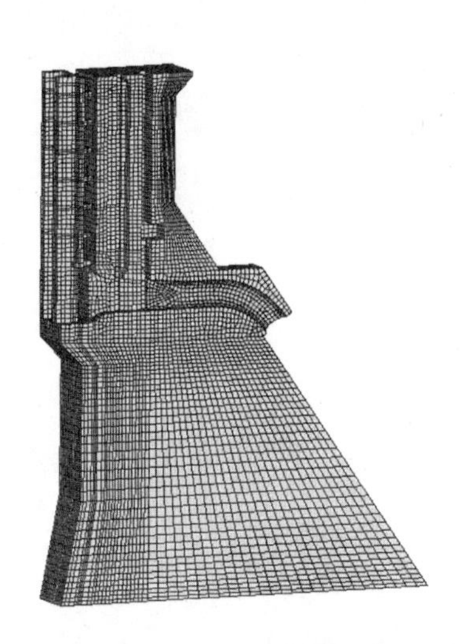

图9-5　上部结构剖面

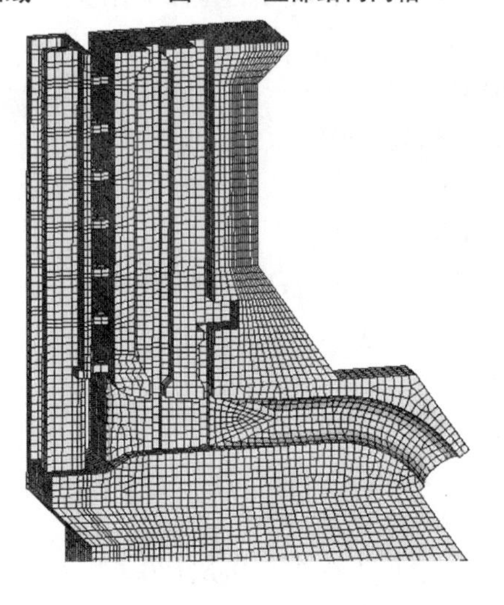

图9-6　进水口剖面

根据圣维南原理,若大坝的基础越大,则基础边界约束条件的变化情况对坝体中应力和位移的影响越小,坝基上下游方向及深度的计算范围都取为1.5倍坝高。

综合考虑计算精度和计算机成本,进水口结构和坝体网格剖分较密,基岩网格剖分根据距离坝体远近由疏到密。在坝踵、坝址等重点关注部位进行了网格加密。

9.3.2　定义单元类型

坝体混凝土采用 SOLID65 单元，坝基岩石采用 SOLID45 单元。SOLID65 单元是专为混凝土等抗压能力远大于抗拉能力的非均匀材料开发的单元，它可以模拟混凝土中的加强钢筋以及材料的拉裂和压溃现象。它是在三维 8 结点等参元 SOLID45 的基础上，增加了针对混凝土的性能参数和组合式钢筋模型，可以根据不同混凝土材料属性，分别设置不同的张开剪切传递系数、抗拉强度和抗压强度。定义坝体混凝土单元的命令流如下：

```
ET,3,SOLID65
allsel
cmsel,u,PYRAMID,elem
cmsel,u,PYRAMID2,elem
cmsel,u,ROCK,elem
eplot
EMODIF,all,TYPE,3,
allsel
/PNUM,TYPE,1
/REPLOT
```

9.3.3　定义材料参数

坝体采用 C20 混凝土，基岩采用微风化辉绿岩的参数。定义材料参数的命令流如下：

```
/PREP7
mp,ex,1,2.55e10
mp,prxy,1,0.2
TB,CONC,1,1,9,
TBDATA,,0.4,0.9,1.54e6,13.4e6
mp,dens,1,2400                    ! C20 混凝土

mp,ex,2,1.5e10
mp,prxy,2,0.2
TB,CONC,2,1,9,
TBDATA,,0.4,0.9,5.0e6,180e6
mp,dens,2,2930                    ! 微风化辉绿岩
```

9.3.4　边界条件与荷载施加

在 ANSYS 求解程序中施加边界条件，坝基底面所有自由度都约束；坝基上下游两个侧面，将水平方向的位移约束；沿坝轴向的两个侧面的坝轴线方向约束。典型命令流

如下：

```
allsel
nsel,s,loc,z,3.0                      ! 选择 Z=3.0 线上所有节点
nplot
d,all,all                             ! 对所选择节点约束 XYZ 三个方向自
                                        由度

allsel
eplot
nsel,s,loc,x,150                      ! 选择 X=150 线上所有节点
nsel,a,loc,x,-237.04                  ! 选择 X=-237.04 线上所有节点
nplot
d,all,ux                              ! 对所选择节点约束 X 方向位移
eplot

allsel
eplot
nsel,s,loc,y,11.45,11.55              ! 选择 Y=11.5 线上所有节点
nsel,a,loc,y,-11.55,-11.45            ! 选择 Y=-11.5 线上所有节点
nplot
d,all,uy                              ! 对所选择节点约束 Y 方向位移
```

在 ANSYS 求解程序中施加荷载，选择相关荷载作用范围内的节点为有效节点，使用 ANSYS 中的梯度荷载命令 SFGRAD 和 SF，指定梯度斜率和初始压力。对同一个节点分别施加两种荷载梯度时，使用 SFCUM 命令设置荷载是叠加的。为便于工程变更后快速准确地更新命令流，首先对上游水位和荷载放大系数等重要指标进行参数化，命令流如下：

```
/solu
sfcum,pres,add
! 特征水位
H_up=210.00                           ! 上游水位高程
H_level=103.00                        ! 上游基础上表面高程
H_down=113.50                         ! 上游水位高程

UH_DEAD=1.0*1.0                       ! 恒载放大系数 UH_DEAD=1.3*1.4
UH_LIVE=1.0*1.0                       ! 活载放大系数 UH_LIVE=1.3*1.7
```

渗透压力、浮拖力和水压力施加的典型命令流如下：

```
! 闸底板渗透力
H_yangyaup = (H_up - H_down)                    ! 闸底板前趾处渗透压力水头
H_yangyamid = 1/3 * H_yangyaup                  ! 帷幕折减处渗透压力水头
H_yangyadown = 0                                ! 闸底板后趾处渗透压力水头

! X = -12.3 下游 坝底渗透力

SFGRAD,PRES,0,X,-87.04,(H_yangyamid - H_yangyadown) * 10000/74.74 * UH_LIVE

allsel
cmsel,u,rock,elem                               ! 隔离开下部岩基(在共享面节点上施加
                                                  面荷载时,必须先隔离开一边单元来确
                                                  定方向,不然会失效)
eplot

nsel,s,loc,z,103.0
nsel,r,loc,x,-87.04,-12.3
nplot
SF,all,PRES,0
/PSF,PRES,NORHEM,2,0,1
/REPLOT

! X = -12.3 下游 浮托力
SFGRAD,PRES,0,Z,113.5,-10000 * UH_LIVE
SF,ALL,PRES,0
/PSF,PRES,NORHEM,2,0,1
/REPLOT

! X = -12.3 上游 坝底渗透力
allsel
cmsel,u,rock,elem
eplot

nsel,s,loc,z,103.0
nsel,r,loc,x,-12.3,0.1
nplot

SFGRAD,PRES,0,X,-12.3,(H_yangyaup - H_yangyamid) * 10000/12.3 * UH_LIVE
```

```
SF,ALL,PRES,10000 * H_yangyamid * UH_LIVE
/PSF,PRES,NORHEM,2,0,1
/PBC,all,0
/REPLOT

! X = -12.3 下游 浮托力
SFGRAD,PRES,0,Z,113.5, -10000 * UH_LIVE
SF,ALL,PRES,0
/PSF,PRES,NORHEM,2,0,1
/REPLOT

……
……
……
allsel
nsel,s,loc,z,103.0
nsel,r,loc,x, -0.01,150 +0.1
nplot
cm,node11,node                        !!!!!! 上游基岩面节点组合
cmsel,a,node4
cmsel,a,node5
cmsel,a,node6
cmsel,a,node7
cmsel,a,node8
cmsel,a,node9
cmsel,a,node10
cmsel,a,node11
nplot
cm,nodeA,node                         ! 把上游需要施加水压力的所有节点组合
                                        命名为 nodeA

SFGRAD,PRES,0,Z,H_up +0.04, -10000 * UH_LIVE
SF,nodeA,PRES,0                       !!!!!! 上游节点组合 nodeA 施加水荷载
/PSF,PRES,NORHEM,2,0,1
/REPLOT

! 拦污栅墩底板水压力
allsel
```

```
nsel,s,loc,z,162.989 -0.2,163.00 +0.2
nsel,r,loc,x, -4.4 -0.2,0.7
nsel,r,loc,y, -9.8 -0.2, -4.6 +0.2
cm,temp10,node
nplot

allsel
nsel,s,loc,z,162.989 -0.2,163.00 +0.2
nsel,r,loc,x, -4.4 -0.2,0.7
nsel,r,loc,y, -2.613 -0.2,2.613 +0.2
cm,temp11,node
nplot

allsel
nsel,s,loc,z,162.989 -0.2,163.00 +0.2
nsel,r,loc,x, -4.4 -0.2,0.7
nsel,r,loc,y,4.613 -0.2,9.813 +0.2
cm,temp12,node
nplot

allsel
cmsel,s,temp10,node
cmsel,a,temp11,node
cmsel,a,temp12,node
nplot

cm,nodeE,node                              ！拦污栅墩底板节点组合

SFGRAD,PRES,0,Z,H_up +0.04, -10000 * UH_LIVE
SF,nodeE,PRES,0                            ！对拦污栅墩底板节点组合施加水荷载
/PSF,PRES,NORHEM,2,0,1
/REPLOT

！上游基岩施加泥沙压力
sfgrad
sfcum,pres,add
allsel
nsel,s,loc,z,103.0
```

```
nsel,r,loc,x, -0.01,150 +0.1
nplot
cm,node11,node                              ! 上游基岩面节点组合

SF,all,PRES,8000 * (114.05 - 103.00) * UH_LIVE   ! 对上游基岩面节点施加泥沙压力
/PSF,PRES,NORHEM,2,0,1
/REPLOT
```

9.3.5 求解

```
! 加自重
/solu
allsel
eplot
alls
acel,,,9.8 * UH_DEAD
allsel
solve
finish
save
```

9.3.6 结果后处理和分析

9.3.6.1 结果后处理

```
! 显示开裂位置
/POST1
allsel
eplot
/DEVICE,VECTOR,1
PLCRACK,0,0

! 显示模型整体应力
allsel
eplot
PLNSOL, S,1, 0,1.0                ! 显示第一主应力
PLNSOL, S,3, 0,1.0                ! 显示第三主应力
PLNSOL, EPTO,1,0,1                ! 显示第一主应变
```

```
！显示岩基应力
allsel
cmsel,s,ROCK,elem
eplot
PLNSOL, S,1, 0,1.0                    ！显示第一主应力
PLNSOL, S,3, 0,1.0                    ！显示第三主应力

!!!!!!!!!! 显示坝体应力
allsel
cmsel,s,DAM,elem
eplot
PLNSOL, S,1, 0,1.0                    ！显示第一主应力
PLNSOL, S,3, 0,1.0                    ！显示第三主应力

！显示支撑梁应力
allsel
cmsel,s,Zhichengliang,elem
eplot
PLNSOL, S,1, 0,1.0                    ！显示第一主应力
PLNSOL, S,3, 0,1.0                    ！显示第三主应力

！显示防污栅墩应力
allsel
cmsel,s,Zhadun,elem
eplot
PLNSOL, S,1, 0,1.0                    ！显示第一主应力
PLNSOL, S,3, 0,1.0                    ！显示第三主应力

!!!!!!!!!! 显示拦污栅胸墙应力
allsel
cmsel,s,LWSxiongqiang,elem
eplot
PLNSOL, S,1, 0,1.0                    ！显示第一主应力
PLNSOL, S,3, 0,1.0                    ！显示第三主应力

！显示上部结构剖面,但不显示坝体、闸墩、支撑梁、拦污栅胸墙和岩基部分的应力
allsel
cmsel,s,HALF,elem
```

```
cmsel,u,DAM,elem
cmsel,u,Zhadun,elem
cmsel,u,Zhichengliang,elem
cmsel,u,LWSxiongqiang,elem
cmsel,u,ROCK,elem
eplot
PLNSOL, S,1, 0,1.0                   ! 显示第一主应力
PLNSOL, S,3, 0,1.0                   ! 显示第三主应力
```

计算结果中,沿河流方向(顺河向)位移向上游为正、向下游为负,沿坝轴线(横河向)位移向右岸为正、向左岸为负,竖向位移向上为正、向下为负,拉应力为正、压应力为负。为了便于分析结果,将竣工期、正常蓄水位、校核洪水位工况分别称为工况 1、工况 2、工况 3。篇幅所限,仅列出正常蓄水位工况相关计算结果图片。

9.3.6.2　结果分析

1. 引水发电坝段变形

竣工期和蓄水期引水发电坝段的水平位移、竖向位移极值汇总于表 9-2。蓄水期结构的变形和位移云图见图 9-7 ~ 图 9-10。

表 9-2　变形极值汇总

项目	竣工期	正常蓄水位	校核洪水位
顺河向位移最大值(cm)	1.135	0	0
顺河向位移最小值(cm)	-0.067 8	-1.141	-1.540
横河向位移最大值(cm)	0.005 17	0.006 18	0.007 38
横河向位移最小值(cm)	-0.005 17	-0.006 16	-0.007 37
竖向位移最大值(cm)	0	0	0
竖向位移最小值(cm)	-1.897	-1.434	-1.474

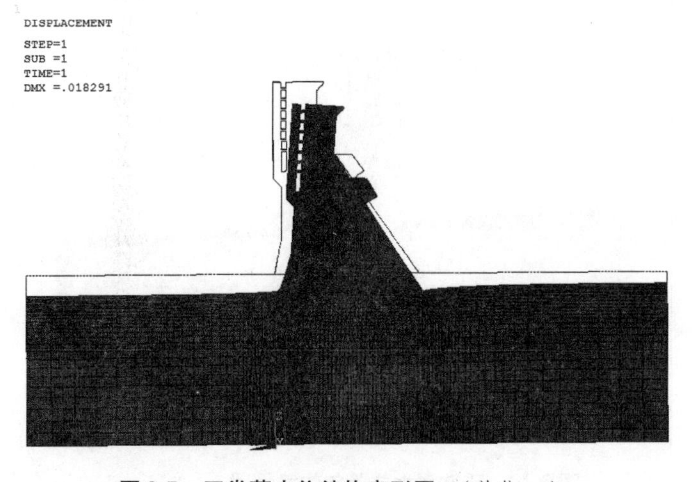

图 9-7　正常蓄水位结构变形图　(单位:m)

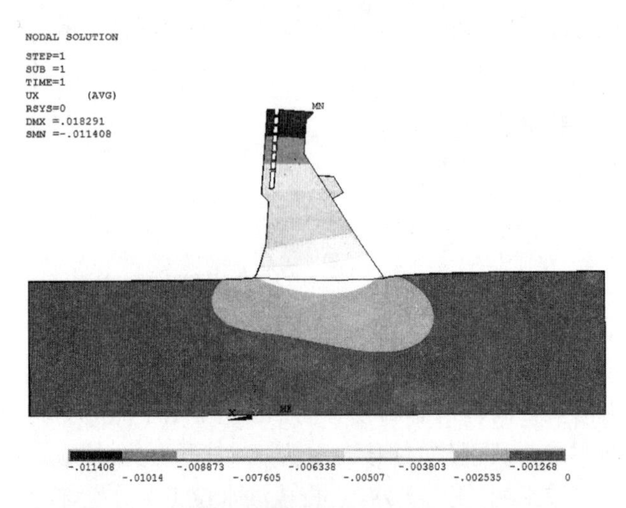

图 9-8　正常蓄水位顺河向位移云图　（单位:m）

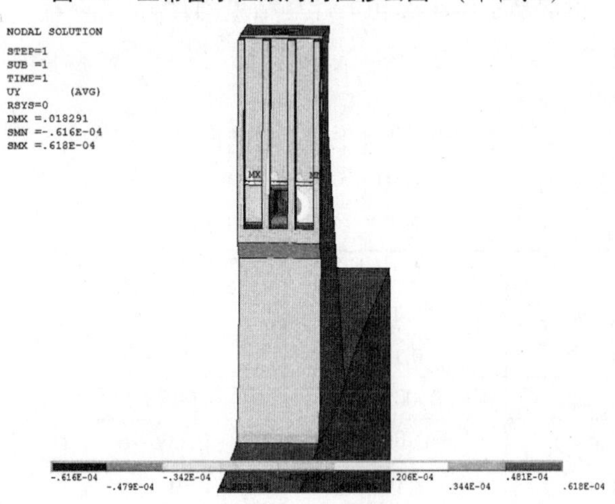

图 9-9　正常蓄水位横河向位移云图　（单位:m）

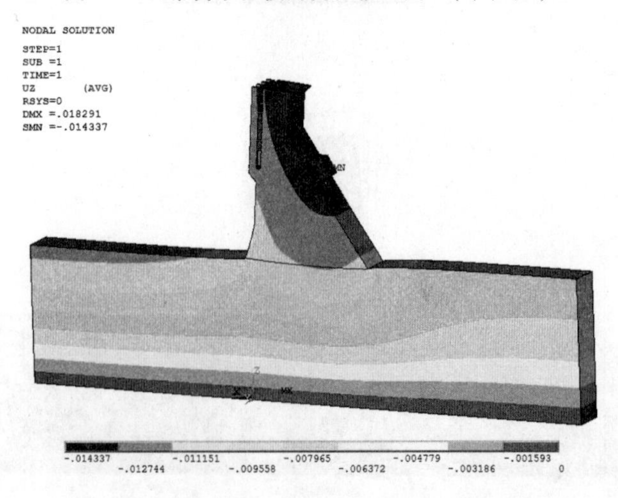

图 9-10　正常蓄水位竖向位移云图　（单位:m）

位移分析结果显示坝体位移分布连续，其中工况1模型最大位移为0.022 m，工况2模型最大位移为0.018 m，工况3模型最大位移为0.021 m。三种工况下，模型的最大位移均较小，不会影响坝体的正常运行。

竣工期在自重荷载作用下，整个坝体往库盆方向（上游）发生位移，位移自下而上逐渐增大。进水口顶部位移最大，最大值为1.135 cm。正常蓄水时，受上游水压力作用，整个坝体往下游方向发生位移，位移自下而上逐渐增大。进水口顶部位移最大，最大值为1.141 cm。工况3，水位升高至校核洪水位，随着上游水压力变大，坝体向下游的位移进一步增加，最大值为1.540 cm。

三种工况下，在横河向对称荷载作用下，下部坝体位移基本为0，上部进水口结构横河向位移均为10^{-3} cm量级。竣工期，以沿坝轴线中间断面为轴成对称分布，断面左岸进水口位移为正、断面右岸进水口位移为负。工况2和工况3横河向位移分布规律相同，基本以沿坝轴线中间断面为轴成对称分布，在流道内水压力作用下，断面左岸进水口位移为负，断面右岸进水口位移为正。

竣工期最大沉降位移出现进水口顶部，最大值为1.897 cm。工况2在水荷载的作用下，最大沉降位移出现在下游坝面镇墩底面（高程约为163 m），最大沉降量为1.434 cm。工况3分布规律与工况2相同，最大沉降量增至1.474 cm。

2. 进水口结构应力

竣工期和蓄水期进水口的最大主应力及最小主应力极值汇总于表9-3，最大主应力及最小主应力分布云图见图9-11、图9-12。

表9-3　进水口结构应力极值汇总

项目	竣工期	正常蓄水位	校核洪水位
最大主应力大值（MPa）	1.12	0.92	1.02
最大主应力小值（MPa）	-0.27	-0.66	-0.60
最小主应力大值（MPa）	0.13	0.17	0.05
最小主应力小值（MPa）	-2.75	-2.07	-2.56

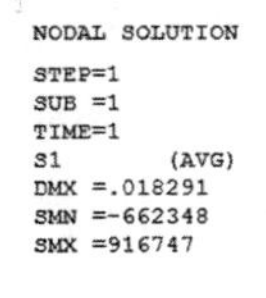

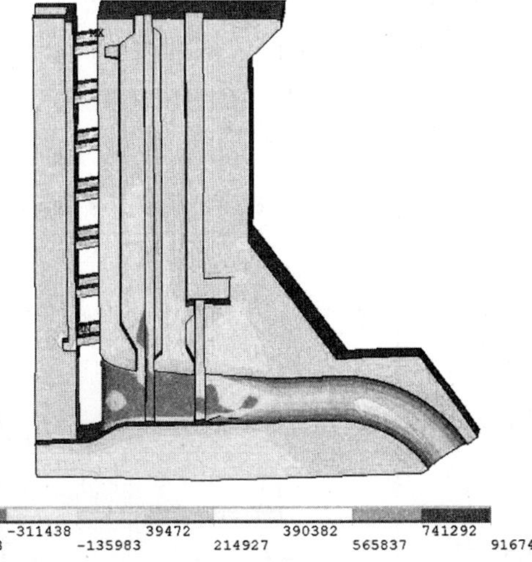

图9-11　正常蓄水位最大主应力云图　（单位：MPa）

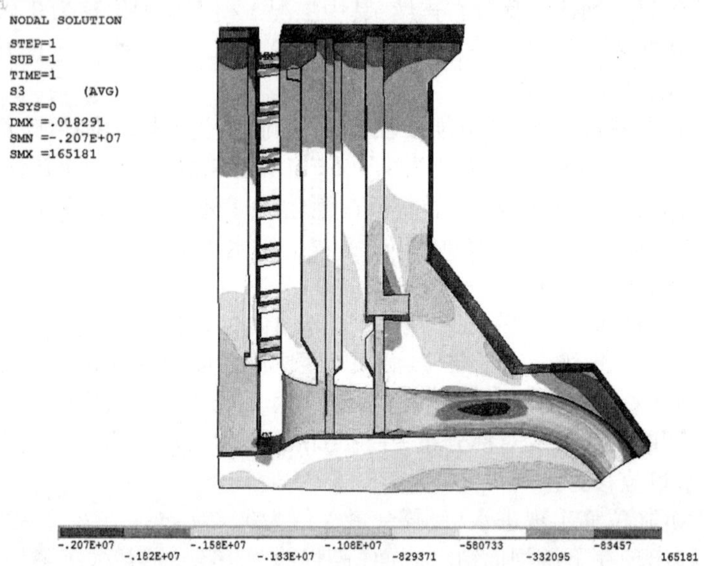

图 9-12　正常蓄水位最小主应力云图　（单位:MPa）

3. 进水口结构整体应力分布

从最大最小主应力计算结果来看,竣工期结构应力最大的部位在支撑梁正下方的进水口闸室底板。最大主应力极值为拉应力 1.12 MPa,最小主应力极值为压应力 -2.75 MPa。工况 2 和工况 3 结构应力较大的部位在支撑梁和圆形流道。计算所得工况 2 及工况 3 最大主应力极值分别为拉应力 0.92 MPa 和 1.02 MPa,而最小主应力极值分别为压应力 -2.07 MPa 和 -2.56 MPa。

4. 拦污栅墩应力分布

三种工况应力分布规律基本相同,拦污栅墩应力极值汇总见表 9-4,最大及最小主应力分布云图见图 9-13、图 9-14。结构应力最大的部位在拦污栅墩中间的三根横梁和拦污栅墩底部。最大主应力极值为拉应力 0.64 MPa(工况 3),出现在三根横梁两端。最小主应力极值为压应力 -2.50 MPa(工况 1),出现在拦污栅墩底部。

表 9-4　拦污栅墩应力极值汇总　（单位:MPa）

项目	竣工期	正常蓄水位	校核洪水位
最大主应力大值	0.48	0.53	0.64
最大主应力小值	-0.25	-0.38	-0.45
最小主应力大值	0.06	-0.01	-0.01
最小主应力小值	-2.50	-1.66	-1.99

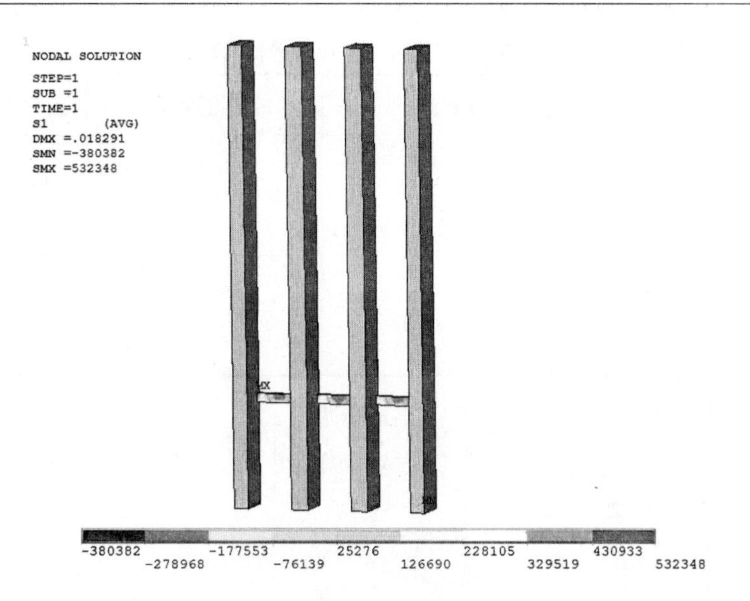

图9-13　正常蓄水位最大主应力云图　（单位：MPa）

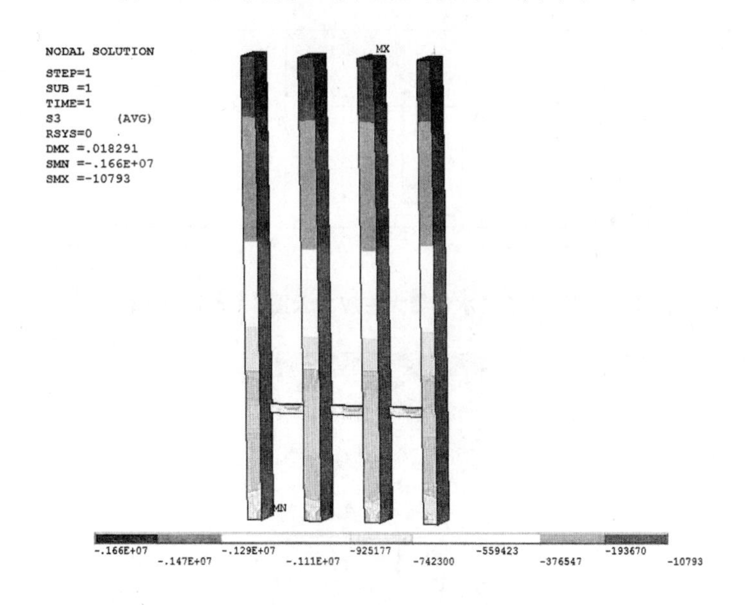

图9-14　正常蓄水位最小主应力云图　（单位：MPa）

5. 拦污栅胸墙应力分布

三种工况应力分布规律基本相同。拦污栅胸墙应力极值汇总见表9-5，工况2下最大及最小主应力云图见图9-15、图9-16。结构应力较大的部位出现在拦污栅胸墙与横梁相接处、胸墙与支撑梁相接处和胸墙底部。最大主应力极值为拉应力1.01 MPa（工况3），出现在拦污栅胸墙与横梁相接处。最小主应力极值为压应力－3.53 MPa（工况1），出现在拦污栅胸墙底部。

表 9-5　拦污栅胸墙应力极值汇总　　（单位：MPa）

项目	竣工期	正常蓄水位	校核洪水位
最大主应力大值	0.51	0.85	1.01
最大主应力小值	-0.13	-0.62	-0.63
最小主应力大值	-0.001	0.11	0.09
最小主应力小值	-3.53	-2.87	-3.41

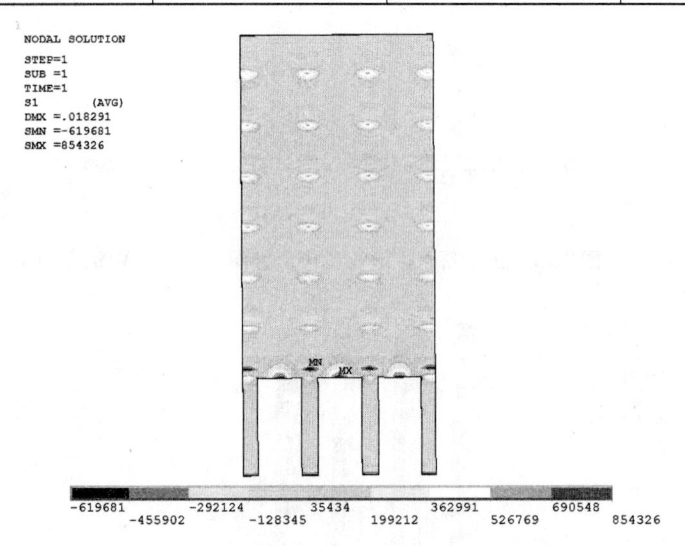

图 9-15　正常蓄水位最大主应力云图　（单位：MPa）

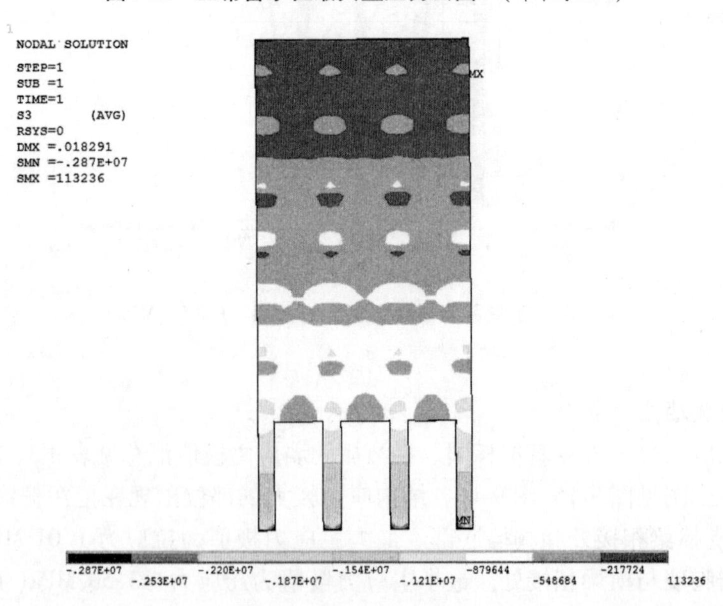

图 9-16　正常蓄水位最小主应力云图　（单位：MPa）

6. 支撑梁应力分布

三种工况下支撑梁应力极值汇总见表9-6,正常蓄水位工况下最大及最小主应力云图见图9-17、图9-18。工况1和工况3结构应力较大的部位多出现在底部两排支撑梁。工况2七排支撑梁应力分布规律基本相同。最大主应力极值为拉应力1.83 MPa(工况2),出现在第四排支撑梁。最小主应力极值为压应力-2.99 MPa(工况3),出现在底部倒数第二排支撑梁。

表9-6　支撑梁应力极值汇总　　(单位:MPa)

项目	竣工期	正常蓄水位	校核洪水位(单位:MPa)
最大主应力大值	1.01	1.83	1.45
最大主应力小值	-0.23	-0.71	-0.82
最小主应力大值	0.11	0.17	-0.02
最小主应力小值	-0.83	-2.20	-2.99

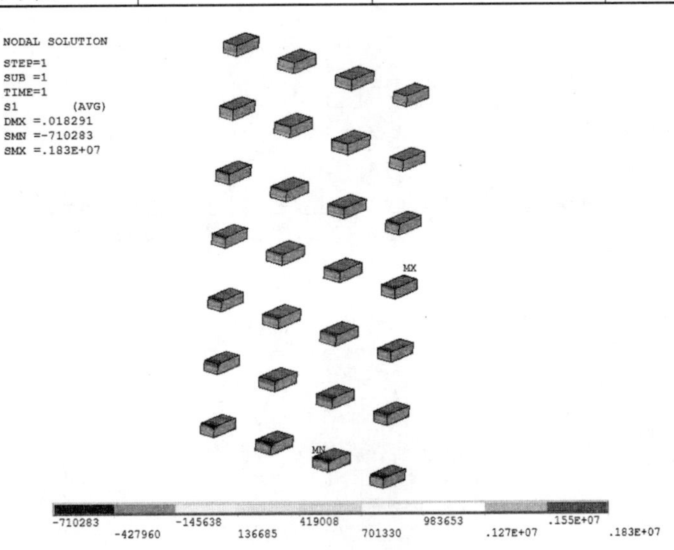

图9-17　正常蓄水位最大主应力云图　(单位:MPa)

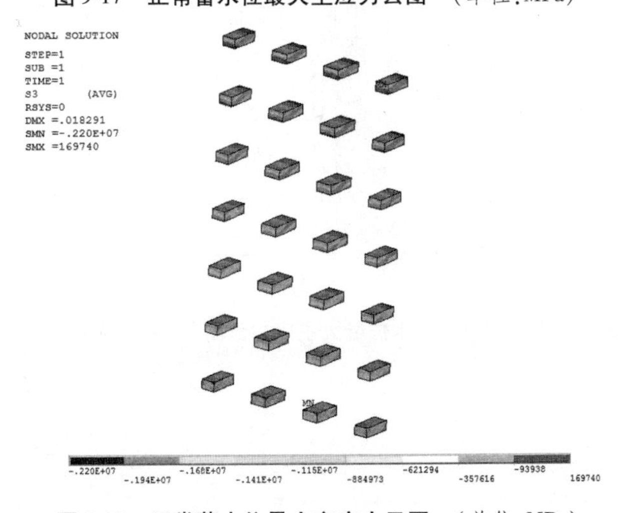

图9-18　正常蓄水位最小主应力云图　(单位:MPa)

7. 上游胸墙应力分布

三种工况下上游胸墙应力均较小，正常蓄水位工况下最大及最小主应力云图见图 9-19、图 9-20。

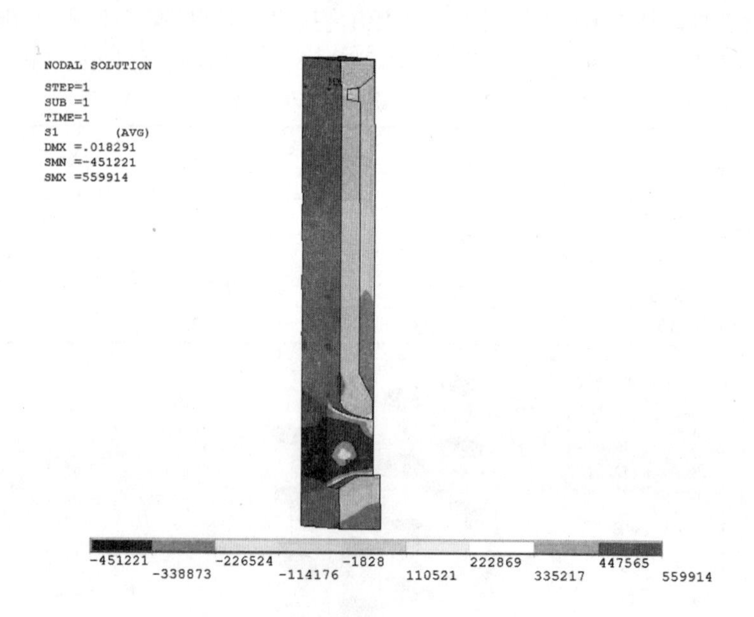

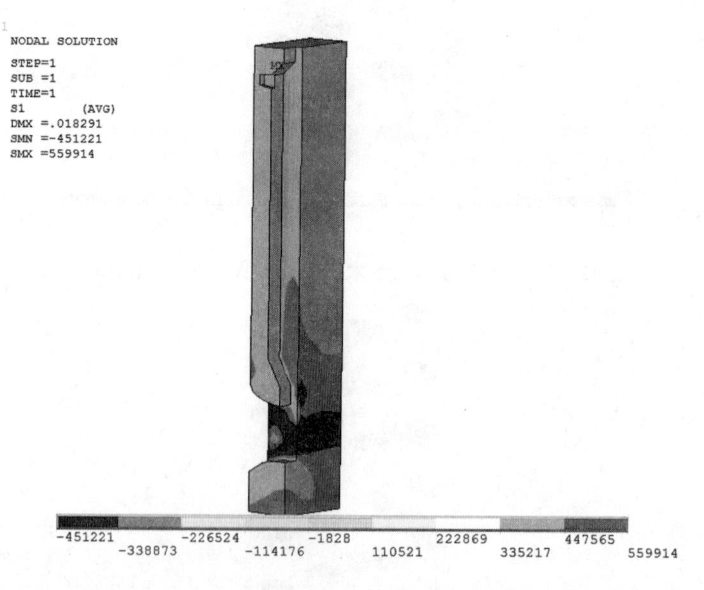

图 9-19　正常蓄水位最大主应力云图　（单位：MPa）

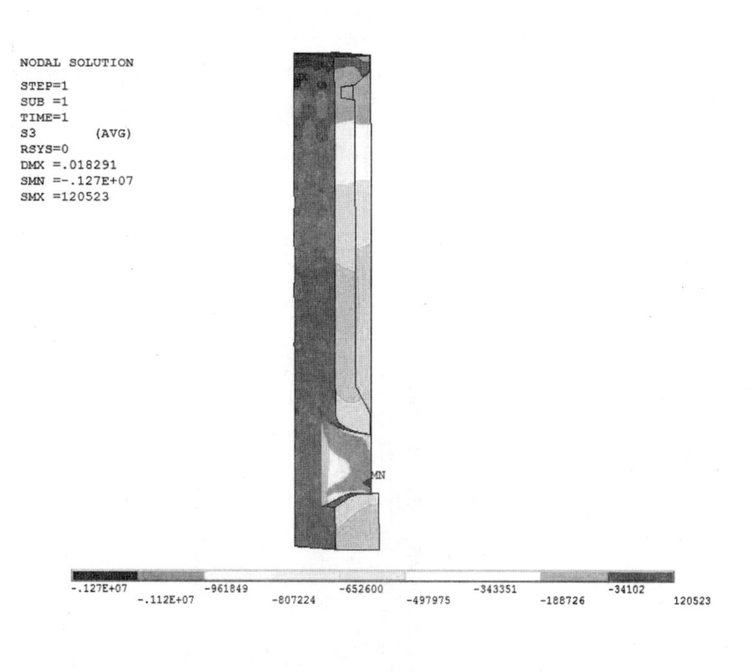

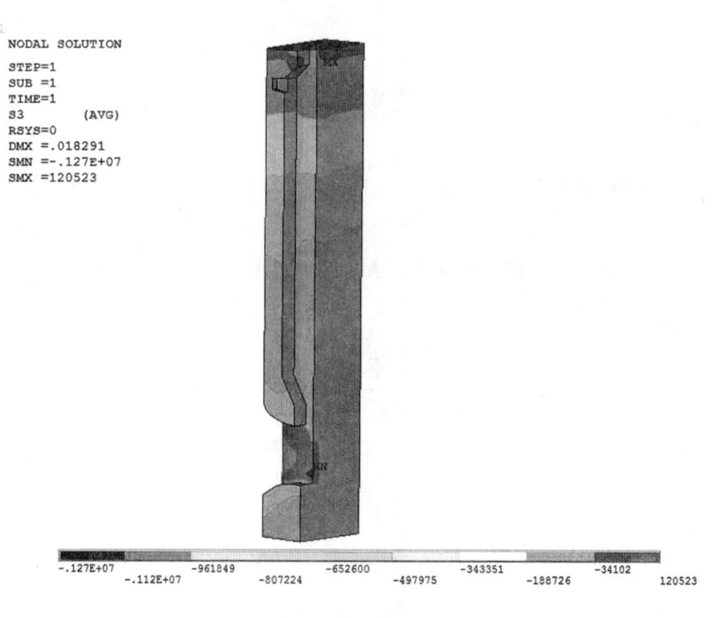

图9-20 正常蓄水位最小主应力云图 （单位:MPa）

8. 检修闸门槽应力分布

三种工况应力分布规律基本相同,检修闸门槽应力极值汇总见表9-7,正常蓄水位最大及最小主应力云图见图9-21、图9-22。结构应力较大的部位出现在检修闸门槽底部。最大主应力极值为拉应力0.26 MPa(工况3),最小主应力极值为压应力-2.39 MPa(工况1),出现在门槽底部。

表 9-7　检修闸门槽应力极值汇总　　(单位:MPa)

项目	竣工期	正常蓄水位	校核洪水位
最大主应力大值	0.23	0.21	0.26
最大主应力小值	-0.20	-0.44	-0.46
最小主应力大值	-0.01	-0.01	-0.01
最小主应力小值	-2.39	-1.27	-0.96

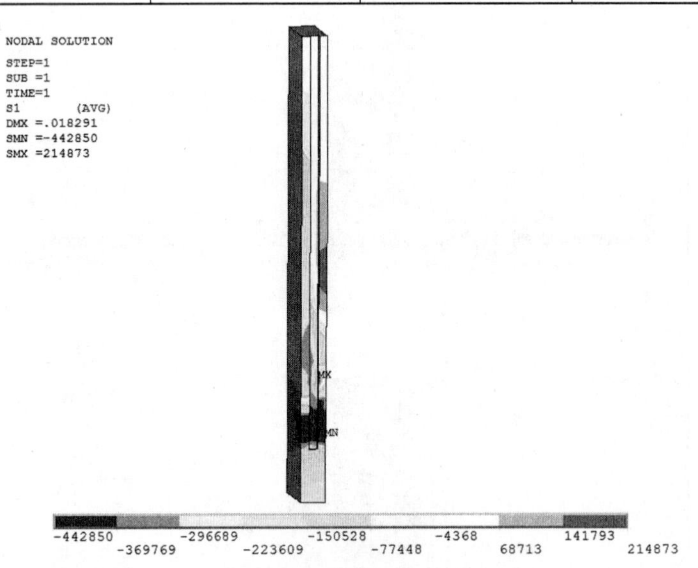

图 9-21　正常蓄水位最大主应力云图　(单位:MPa)

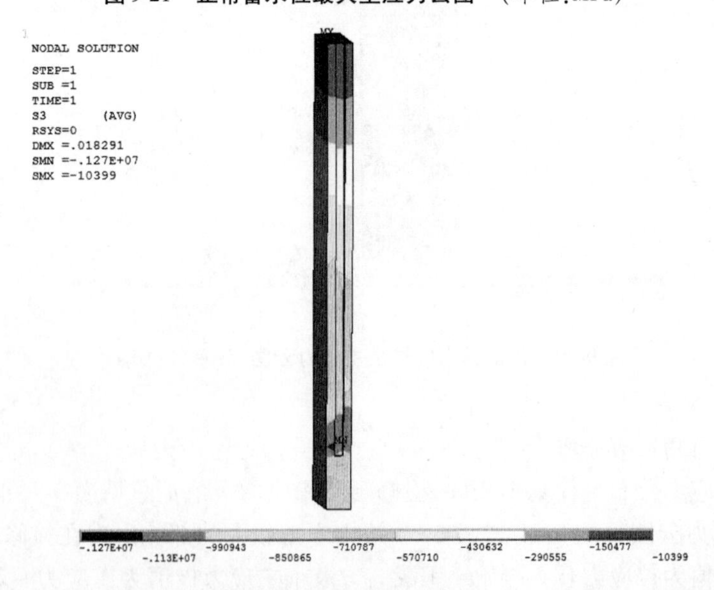

图 9-22　正常蓄水位最小主应力云图　(单位:MPa)

9. 下游胸墙应力分布

三种工况下游胸墙应力均较小。正常蓄水位工况下最大及最小主应力云图见图 9-23、图 9-24。

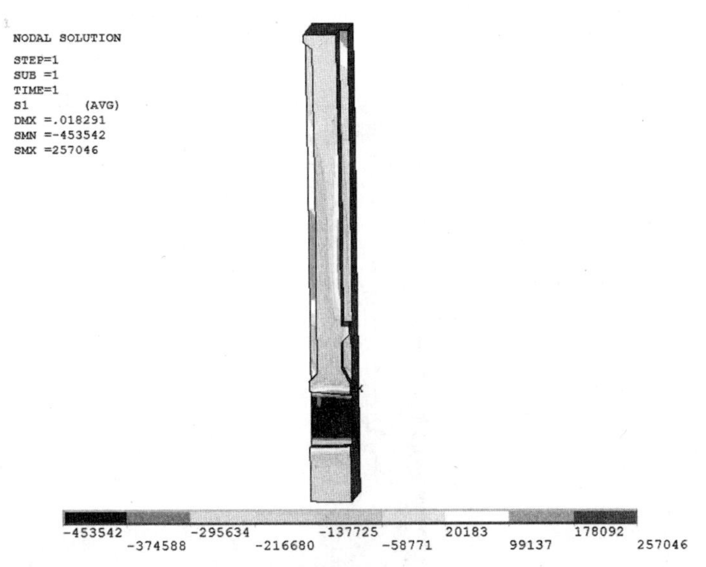

图 9-23　正常蓄水位最大主应力云图　(单位:MPa)

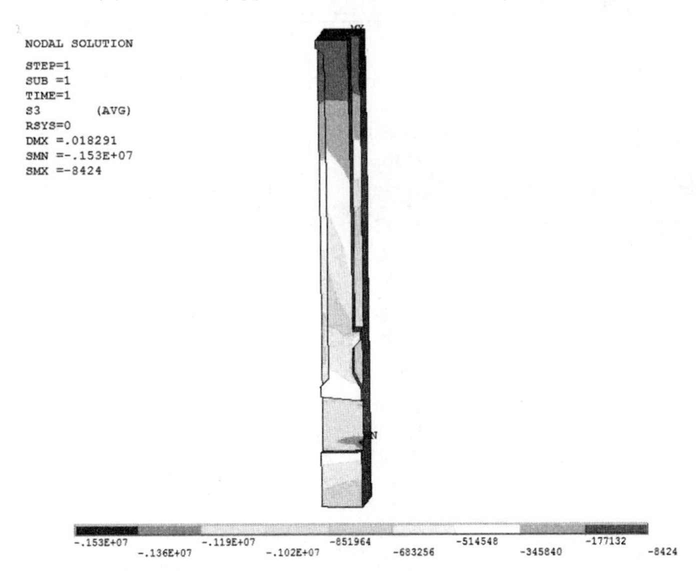

图 9-24　正常蓄水位最小主应力云图　(单位:MPa)

10. 事故闸门槽和楼梯间应力分布

三种工况应力分布规律基本相同,拉应力较大的部位出现在事故闸门槽顶部和楼梯间底部,压应力较大部位出现在事故闸门槽底部。最大主应力极值为拉应力 0.50 MPa(工况 1),出现在事故闸门槽顶部,最小主应力极值为压应力 -2.56 MPa(工况 3),出现在事故闸门槽底部。事故闸门槽和楼梯间应力极值汇总见表 9-8。正常蓄水位工况下最大及最小主应力云图见图 9-25、图 9-26。

表 9-8　事故闸门槽和楼梯间应力极值汇总　(单位:MPa)

项目	竣工期	正常蓄水位	校核洪水位
最大主应力大值	0.50	0.27	0.28
最大主应力小值	-0.21	-0.45	-0.43
最小主应力大值	0.02	0.03	0.03
最小主应力小值	-2.16	-2.04	-2.56

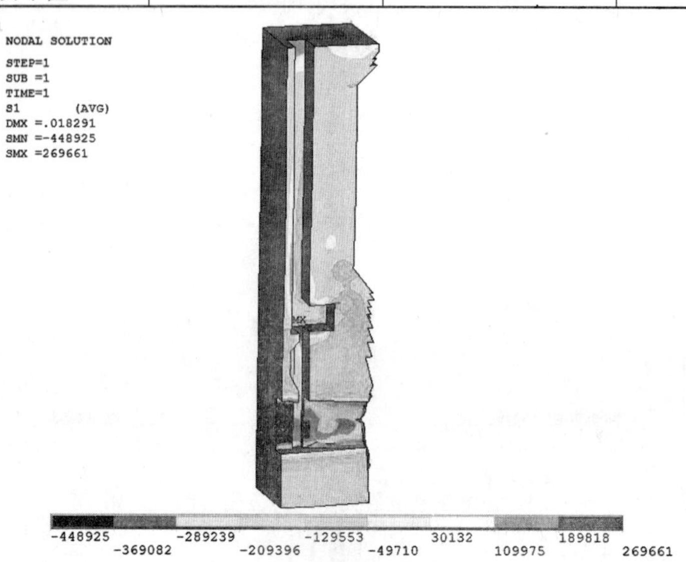

图 9-25　正常蓄水位最大主应力云图　(单位:MPa)

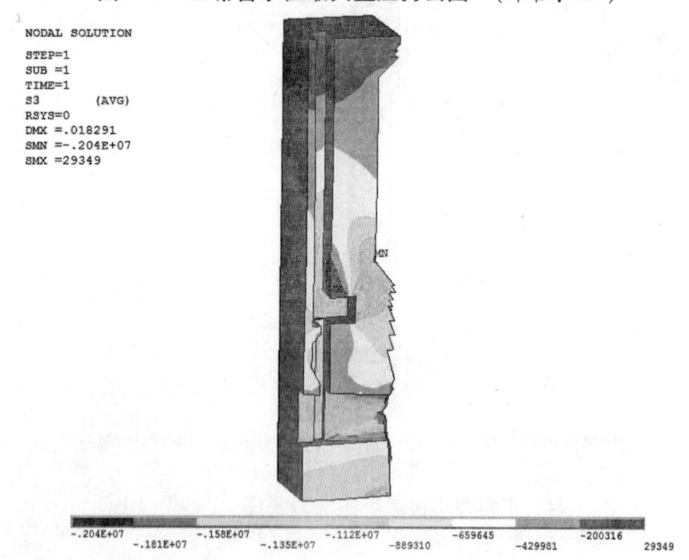

图 9-26　正常蓄水位最小主应力云图　(单位:MPa)

11. 进水口流道应力分布

竣工期结构应力最大的部位在支撑梁正下方的进水口闸室底板。最大主应力极值为拉应力 1.12 MPa,最小主应力极值为压应力 -2.59 MPa。工况 2 和工况 3 结构应力较大的部位在圆形流道。计算所得工况 2 及工况 3 最大主应力极值分别为拉应力 0.30 MPa

和0.38 MPa,而最小主应力极值分别为压应力 -1.95 MPa 和 -2.32 MPa。流道应力极值汇总见表9-9,正常蓄水位工况下最大及最小应力云图见图9-27、图9-28。

表9-9　流道应力极值汇总　　(单位:MPa)

项目	竣工期	正常蓄水位	校核洪水位
最大主应力大值	1.12	0.30	0.38
最大主应力小值	-0.27	-0.45	-0.47
最小主应力大值	0.13	0.01	0.01
最小主应力小值	-2.59	-1.95	-2.32

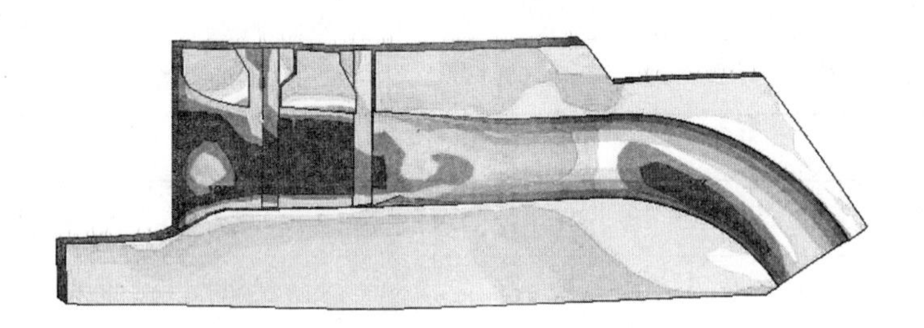

图9-27　正常蓄水位最大主应力云图　(单位:MPa)

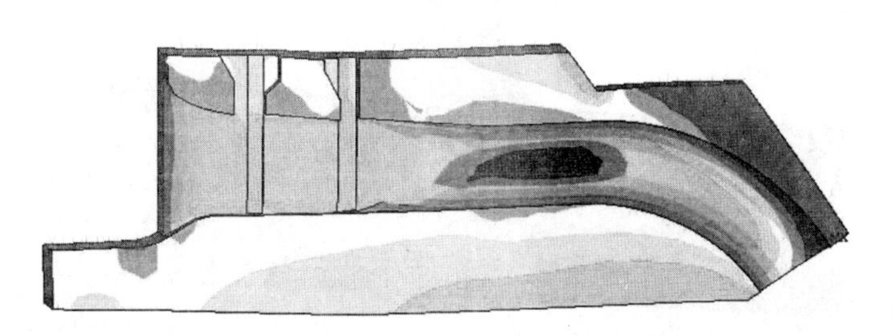

图9-28　正常蓄水位最小主应力云图　(单位:MPa)

12. 坝体和岩基应力

竣工期和蓄水期坝体和岩基的最大主应力及最小主应力极值分别汇总于表 9-10 和表 9-11，最大主应力及最小主应力分布云图见图 9-29、图 9-30。

表 9-10　坝体应力极值汇总　（单位：MPa）

项目	竣工期	正常蓄水位	校核洪水位
最大主应力大值	0.23	1.05	0.99
最大主应力小值	-2.80	-0.76	-0.84
最小主应力大值	-0.05	-0.61	-0.57
最小主应力小值	-11.10	-6.09	-6.48
垂直应力大值	0.009 4	1.00	0.63
垂直应力小值	-8.97	-3.03	-3.48

表 9-11　岩基应力极值汇总　（单位：MPa）

项目	竣工期	正常蓄水位	校核洪水位
最大主应力大值	0.30	4.29	4.22
最大主应力小值	-1.55	-1.12	-1.19
最小主应力大值	-0.02	1.13	1.07
最小主应力小值	-5.47	-4.24	-4.51

图 9-29　正常蓄水位最大主应力云图　（单位：MPa）

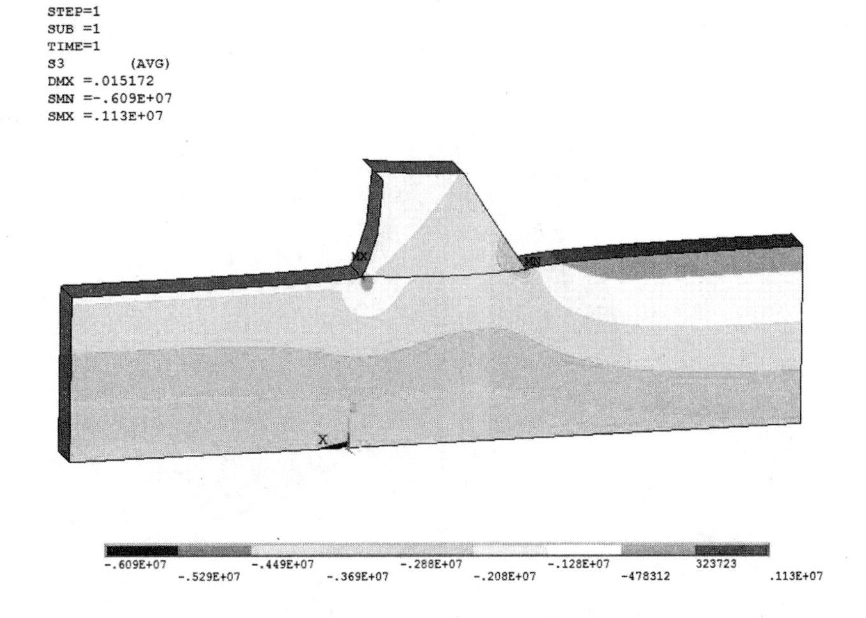

图9-30　正常蓄水位最小主应力云图　（单位:MPa）

从最大及最小主应力计算结果来看,竣工期坝踵受压、坝趾受拉。最大主应力极值为拉应力0.23 MPa,出现在坝趾。最小主应力极值为压应力-11.10 MPa,出现在坝踵。垂直应力极值为压应力-8.97 MPa,出现在坝踵。竣工期岩基应力极值均出现在坝踵下方,最大主应力极值为拉应力0.30 MPa,最小主应力极值为压应力-5.47 MPa。

工况2和工况3应力分布规律基本相同:蓄水期坝踵受拉、坝趾受压。最大主应力极值为拉应力1.05 MPa(工况2),出现在坝踵。最小主应力极值为压应力-6.48 MPa(工况3),出现在坝趾。垂直应力极值为拉应力1.00 MPa(工况2),出现在坝踵;压应力-3.48 MPa(工况3),出现在坝趾。坝体上游面的垂直应力没有出现拉应力。坝体最大主压应力,不大于混凝土的允许压应力值。岩基拉应力极值出现在坝踵下方,大小为4.29 MPa(工况2);压应力极值出现在坝趾下方,大小为4.51 MPa(工况3)。

《混凝土重力坝设计规范》(SL 319—2005)规定,用有限元计算时,“有限元法计算的坝基应力,其上游面拉应力区宽度,宜小于坝底宽度的7%,或小于坝踵至帷幕中心线的距离”。该规定是在统计已建成工程的观测成果的基础上得到的,是一个经验数据。本次计算坝底垂直拉应力分布约为1 m,满足规范要求。需要说明的是,由于有限元网格划分造成的应力集中的影响,计算出的坝踵和坝趾处的应力值应该较实际值偏大。

13. 坝体应力分布

正常蓄水位工况下,最大、最小及竖向应力云图见图9-31~图9-33。

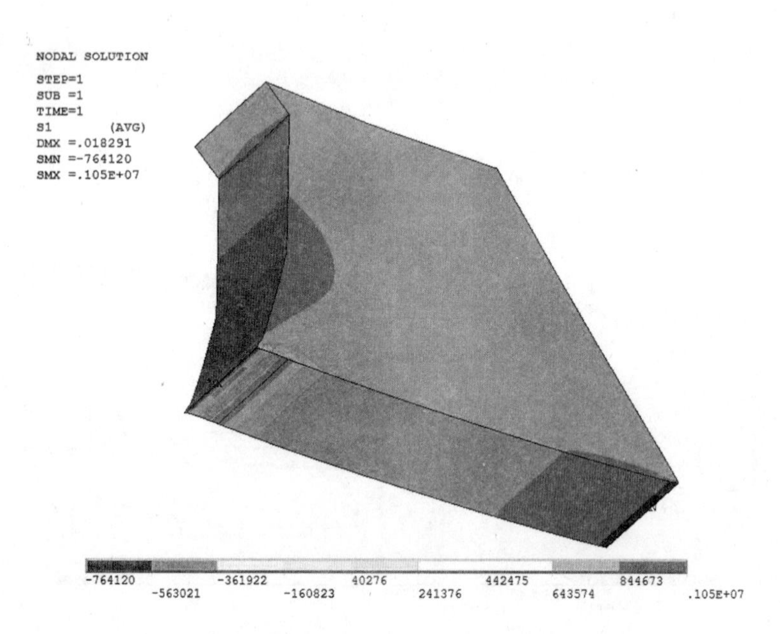

图9-31　正常蓄水位最大主应力云图　(单位:MPa)

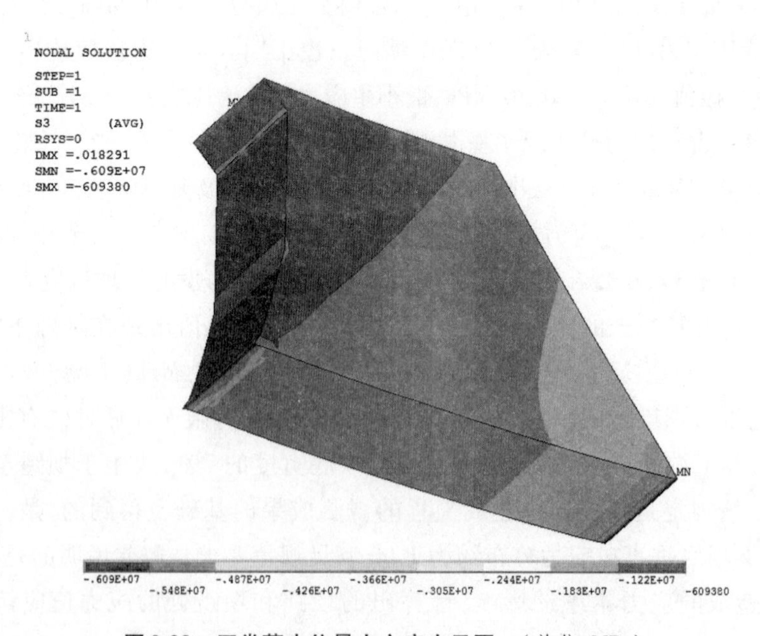

图9-32　正常蓄水位最小主应力云图　(单位:MPa)

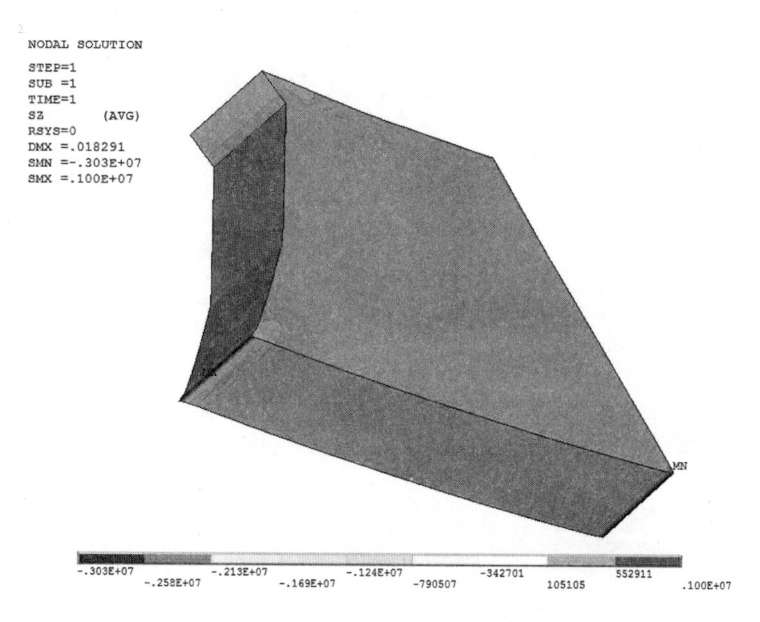

图9-33　正常蓄水位竖向应力云图　（单位:MPa）

14. 岩基应力分布

正常蓄水位工况下最大及最小主应力云图见图9-34、图9-35。

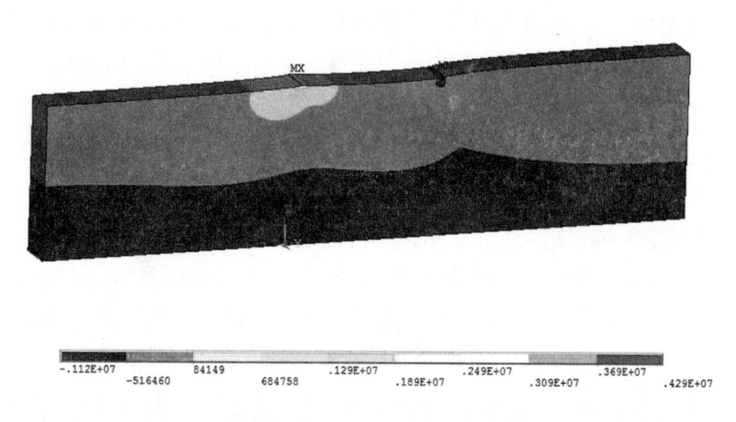

图9-34　正常蓄水位最大主应力云图　（单位:MPa）

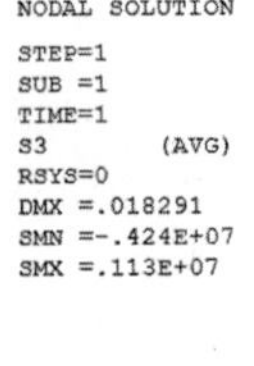

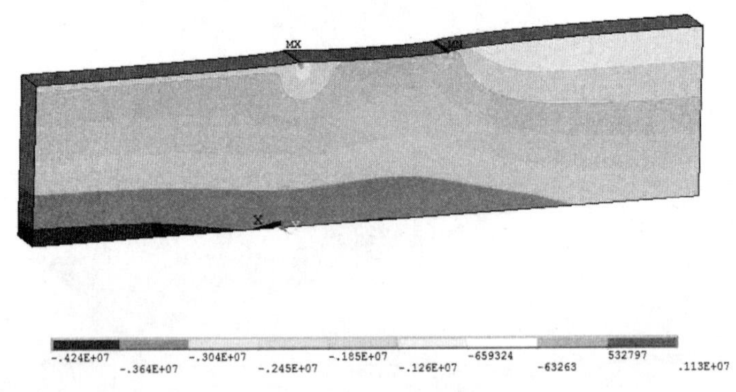

图 9-35　正常蓄水位最小主应力云图　（单位：MPa）

9.3.6.3　结论与建议

（1）竣工期在自重荷载作用下，整个坝体往上游方向发生位移，位移自下而上逐渐增大，最大位移为 0.022 m。蓄水时，受上游水压力作用，整个坝体往下游方向发生位移，位移自下而上逐渐增大。正常蓄水位时位移最大值为 0.018 m，校核洪水位时位移最大值为 0.021 m。三种工况下，坝体位移分布连续，最大位移均较小，变形满足要求。

（2）计算所得竣工期进水口结构应力最大的部位在支撑梁正下方的进水口闸室底板，最大主应力极值为拉应力 1.12 MPa，最小主应力极值为压应力 -2.75 MPa。工况 2 和工况 3 结构应力较大的部位在支撑梁和圆形流道，工况 2 及工况 3 最大主应力极值分别为拉应力 0.92 MPa 和 1.02 MPa，而最小主应力极值分别为压应力 -2.07 MPa 和 -2.56 MPa。拦污栅墩、拦污栅胸墙、闸室胸墙、门槽和楼梯间应力均较小。进水口结构拉压应力满足相关要求。

（3）竣工期坝踵受压、坝趾受拉。拉应力极值为 0.23 MPa，出现在坝趾。压应力极值为 -11.10 MPa，出现在坝踵。竣工期岩基应力极值均出现在坝踵下方，最大主应力极值为拉应力 0.30 MPa，最小主应力极值为压应力 -5.47 MPa。

（4）蓄水期坝踵受拉、坝趾受压。拉应力极值为 1.05 MPa，出现在坝踵；压应力极值为 -6.48 MPa，出现在坝趾。垂直应力极值为拉应力 1.00 MPa，出现在坝踵；压应力 -3.48 MPa，出现在坝趾。岩基拉应力极值出现在坝踵下方，大小为 4.29 MPa；压应力极值出现在坝趾下方，大小为 4.51 MPa。坝底垂直拉应力分布约为 1 m，满足《混凝土重力坝设计规范》（SL 319—2005）的要求。坝体最大压应力小于混凝土的允许压应力值，强度满足要求。坝踵处拉应力极值为 1.05 MPa，满足混凝土的抗拉强度要求。由于有限元网格划分造成的应力集中的影响，计算出的坝踵和坝趾处的应力值应该较实际值偏大。

基于以上计算分析结果，建议如下：

（1）对进水口结构中应力较大的部位加强配筋并且保证施工质量。

（2）坝踵处存在较大拉应力，采取措施进行加固。

第10章 水工地下结构初始地应力场模拟

地应力即岩体应力,引起地应力的原因很多,如构造运动、自重应力、温度应力、地震力等。工程中常将工程施工前就存在在岩体中的地应力,称之为初始应力或天然应力。目前,对于岩体中的初始地应力评估,尚缺少完整系统的理论支撑,目前数值仿真模拟大多是基于海姆假说进行的。水利工程中的各种隧洞如输水隧洞、引水隧洞、施工及交通洞,以及地下厂房、水池等构筑物的设计施工,均避不开对初始地应力问题的处理。下面以某水利工程地下大型蓄水池为例探讨地应力的处理方法。

10.1 工程概况

圆形水池几何尺寸为:内直径为46.5 m,高46.5 m,池侧壁厚0.6 m,池底厚1 m,腋角0.5 m,池壁与围岩之间用6 cm的保温砂浆填充。材料参数为:池壁C30钢筋混凝土,密度2 500 kg/m^3,弹性模量3.0×10^{10} Pa,泊松比0.167;保温砂浆密度550 kg/m^3,弹性模量7.0×10^{8} Pa,泊松比0.2;围岩密度2 250 kg/m^3,弹性模量5×10^{10} Pa,泊松比0.22。池内水深46.5 m。

分析方向:分析池壁的应力状态,对池壁进行强度验算。池壁紧贴围岩,和围岩间存在变形协调关系。目前,对池壁的分析方法有两种:载荷—结构模型与围岩—结构模型,本节采用围岩—结构模型。计算工况:①衬砌前地应力场模拟;②衬砌后蓄水前地应力场模拟;③蓄水后地应力场模拟。

10.2 关键技术问题

10.2.1 单元选取

初始地应力荷载在ANSYS中模拟时,和单元的类型密不可分,一般的,支持初应力荷载的2D结构实体单元有PLANE2、PLANE42、PLANE82、PLANE182和PLANE183;3D结构实体单元有SOLID45、SOLID92、SOLID95、SOLID185、SOLID186和SOLID187。

10.2.2 多荷载步

初应力荷载只能在求解层/SOLU中作为第一个荷载步施加,其他荷载步紧随其后。实现多荷载步的连续施加,用于模拟施工工序过程。

10.2.3　相关命令

关键命令见表 10-1。

表 10-1　关键命令

命令	功能	备注
ISWRITE	生成地应力文件	位于多荷载步之前,单独的
ISFILE	读入生成的地应力文件	第一荷载步
ISTRESS	施加初始常应力荷载	—

10.3　有限元建立

考虑到分析结构的力学特性为轴对称问题,可选取其 1/4 几何模型作为分析对象(如图 10-1 所示),以节省机时资源。求解步骤命令流如下;

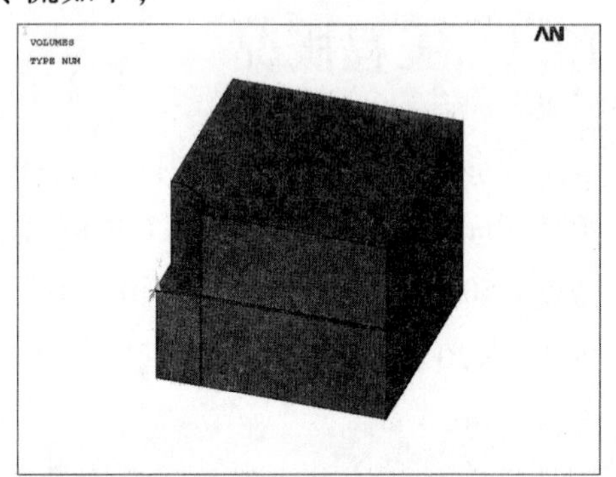

图 10-1　几何模型

```
FINISH
/CLEAR
/FILNAME,SHUICHI
/UNITS,SI
/PREP7

! 定义几何尺寸
LINER_TH =0.6           ! 池壁厚
LINER_H =46.5           ! 池高
LINER_R =46.5/2         ! 池半径
LINER_DEP =1.0          ! 池底板厚
MORTAR_TH =0.06         ! 保温板厚
DAOJIAO =0.5            ! 倒角尺寸
X_MIN =0                ! X 方向坐标
X_1 = LINER_R - DAOJIAO
X_2 = LINER_R
X_3 = LINER_R + LINER_TH
X_4 = X_3 + MORTAR_TH
X_MAX = 120
Y_MIN = -50             ! Y 方向坐标
Y_0 = -MORTAR_TH
Y_1 =0
Y_2 = LINER_DEP
Y_3 = Y_2 + DAOJIAO
Y_MAX = Y_2 + LINER_H
```

```
！几何定义结束
ET,1,63
ET,2,45

！定义 C25 混凝土力学参数
MP,DENS,1,2500
MP,EX,1,3.0E10
MP,PRXY,1,0.167

！定义保温砂浆力学参数
MP,DENS,2,550
MP,EX,2,7.0E8
MP,PRXY,2,0.20

！定义围岩力学参数
MP,DENS,3,2250
MP,EX,3,1.5E10
MP,PRXY,3,0.22

！X 轴下的剖面
RECTNG,X_MIN,X_1,Y_MIN,Y_0
RECTNG,X_1,X_2,Y_MIN,Y_0
RECTNG,X_2,X_3,Y_MIN,Y_0
RECTNG,X_3,X_4,Y_MIN,Y_0
RECTNG,X_MIN,X_1,Y_0,Y_1
RECTNG,X_1,X_2,Y_0,Y_1
RECTNG,X_2,X_3,Y_0,Y_1
RECTNG,X_3,X_4,Y_0,Y_1

！X 轴上的剖面
RECTNG,X_MIN,X_1,Y_1,Y_2
RECTNG,X_1,X_2,Y_1,Y_2
RECTNG,X_2,X_3,Y_1,Y_2
RECTNG,X_3,X_4,Y_1,Y_2
RECTNG,X_2,X_3,Y_2,Y_3
RECTNG,X_3,X_4,Y_2,Y_3
RECTNG,X_2,X_3,Y_3,Y_MAX
```

```
RECTNG,X_3,X_4,Y_3,Y_MAX
NUMMRG,ALL
NUMCMP,ALL
/PNUM,AREA,1
/REP,FAST
A,KP(X_1,Y_2,0),KP(X_2,Y_2,0),KP(X_2,Y_3,0)
ALLS
CM,AREA_INI,AREA
VROTAT,AREA_INI,,,,,,KP(X_MIN,Y_2,0),KP(X_MIN,Y_MIN,0),-90
CM,V_IN,VOLU
K,,0,0,-120
K,,120,0,-120
K,,120,0,0
A,KP(0,0,-120),KP(120,0,-120),KP(120,0,0),KP(X_4,0,0),KP(0,0,-X_4)
VEXT,74,,,0,Y_0,0
VEXT,75,,,0,Y_MIN-Y_0,0
VEXT,74,,,0,Y_2,0
cmsel,u,v_in
cm,v_out1,volu
VEXT,87,,,0,Y_3-Y_2,0
VEXT,93,,,0,Y_MAX-Y_3,0
cmsel,u,v_out1
cm,v_out2,volu
alls
NUMMRG,ALL
NUMCMP,ALL

! 划分网格
!   基面剖分
ASEL,S,LOC,Y,0
CM,AREA_ZERO,AREA
ALLSEL,BELOW,AREA
APLOT
! LINE DIVISION OF AREA OF Y=0
LSEL,S,,,15,64,49
LESIZE,ALL,,,20,5
LSEL,S,,,65,68,3
LSEL,A,,,71,74,3
```

```
LESIZE,ALL,,,20
LSEL,S,,,18,67,49
LESIZE,ALL,,,2
LSEL,S,,,20,70,50
LESIZE,ALL,,,4
LSEL,S,,,22,73,51
LESIZE,ALL,,,1
LSEL,S,,,104,105
LESIZE,ALL,,,10
LSEL,S,,,106
LESIZE,ALL,,,30,0.05
LSEL,S,,,107
LESIZE,ALL,,,30,20
TYPE,1
MAT,1
MSHKEY,1
MSHAPE,0,2D
ASEL,S,,,35,44,3
AMESH,ALL
MSHKEY,1
MSHAPE,0,2D
ALLS
AMAP,74,38,49,51,15
ALLS
! ELEMENT DIVISION OF HEIGHT DIRECTION
LSEL,S,LOC,Y,Y_3 +0.1,Y_MAX -0.1
LESIZE,ALL,,,20,,1
LSEL,S,LOC,Y,Y_2 +0.1,Y_3 -0.1
LESIZE,ALL,,,2,,1
LSEL,S,LOC,Y,Y_1 +0.1,Y_2 -0.1
LESIZE,ALL,,,5,,1
LSEL,S,LOC,Y,Y_0 +0.01,Y_1 -0.01
LESIZE,ALL,,,1,,1
LSEL,S,LOC,Y,Y_MIN +0.1,Y_0 -0.1
LESIZE,ALL,,,25,,1
ALLS
VPLOT
```

```
! 剖分体 V_IN
CMSEL,S,V_IN
VSEL,R,LOC,Y,Y_0,Y_1
VPLOT
VSEL,S,,,5,8,1
MAT,2
REAL,1,TYPE,2
MSHKEY,1
MSHAPE,0,3D
EXTOPT,ACLEAR,1
VSWEEP,ALL
CMSEL,S,V_IN
VSEL,R,LOC,Y,Y_MIN,Y_0
VPLOT
MAT,3
REAL,1
TYPE,2
MSHKEY,1
MSHAPE,0,3D
EXTOPT,ACLEAR,1
VSWEEP,ALL                                   ! 池底板下方的体

!    池底板
CMSEL,S,V_IN
VSEL,R,LOC,Y,Y_1,Y_2
VSEL,R,,,9,11
VPLOT
MAT,1
REAL,1
TYPE,2
MSHKEY,1
MSHAPE,0,3D
EXTOPT,ACLEAR,1
VSWEEP,ALL

!    砂浆底板
VSEL,S,,,12
VPLOT
```

```
MAT,2
REAL,1
TYPE,2
MSHKEY,1
MSHAPE,0,3D
EXTOPT,ACLEAR,1
VSWEEP,ALL

! 腋角附近
CMSEL,S,V_IN
VSEL,R,LOC,Y,Y_2,Y_3
VPLOT
VSEL,S,,,13
MAT,1
REAL,1
TYPE,2
MSHKEY,1
MSHAPE,0,3D
EXTOPT,ACLEAR,1
VSWEEP,ALL
VSEL,S,,,14
MAT,2
REAL,1
TYPE,2
MSHKEY,1
MSHAPE,0,3D
EXTOPT,ACLEAR,1
VSWEEP,ALL
VSEL,S,,,17
LSEL,S,,,42
LESIZE,ALL,,,2,,1
TYPE,1
MAT,1
MSHKEY,1
MSHAPE,0,2D
ASEL,S,,,17
AMESH,ALL
VSEL,S,,,17
```

```
MAT,1
REAL,1
TYPE,2
MSHKEY,1
MSHAPE,0,3D
EXTOPT,ACLEAR,1
VSWEEP,ALL
ALLS
CMSEL,S,V_IN
VSEL,R,LOC,Y,Y_3,Y_MAX
VPLOT
VSEL,S,,,15
MAT,1
REAL,1
TYPE,2
MSHKEY,1
MSHAPE,0,3D
EXTOPT,ACLEAR,1
VSWEEP,ALL
VSEL,S,,,16
MAT,2
REAL,1
TYPE,2
MSHKEY,1
MSHAPE,0,3D
EXTOPT,ACLEAR,1
VSWEEP,ALL
!!!!!!!!! 剖分 V_OUT1
ALLS
CMSEL,S,V_OUT1
VPLOT
VSEL,S,,,18,20,2
MAT,3
REAL,1
TYPE,2
MSHKEY,1
MSHAPE,0,3D
EXTOPT,ACLEAR,1
```

```
VSWEEP,ALL
VSEL,S,,,19
MAT,3
REAL,1
TYPE,2
MSHKEY,1
MSHAPE,0,3D
EXTOPT,ACLEAR,1
VSWEEP,ALL
ALLS
CMSEL,S,V_OUT2
VPLOT
MAT,3
REAL,1
TYPE,2
MSHKEY,1
MSHAPE,0,3D
EXTOPT,ACLEAR,1
VSEL,S,,,21
VSWEEP,ALL
VSEL,S,,,22
VSWEEP,ALL
ALLS
EPLOT
ALLS
NUMMRG,ALL
NUMCMP,ALL
```

至此,建立的有限元模型如图 10-2 和图 10-3 所示。

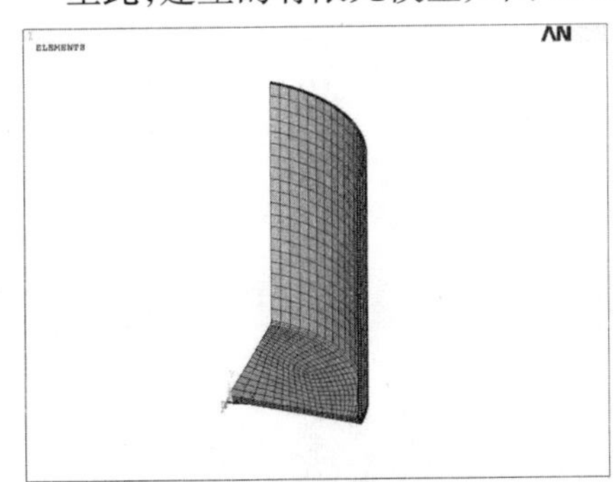

图 10-2　水池结构有限元模型

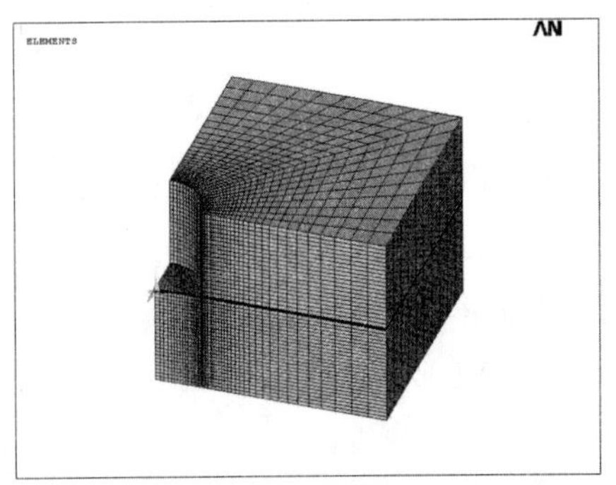

图 10-3　整体结构有限元模型

10.4　初始地应力生成、施加及检验

```
！生成初应力荷载文件
/solu
allsel
NROPT,FULL
NSEL,S,LOC,X,X_MIN
D,ALL,UX,0
NSEL,S,LOC,X,X_MAX
D,ALL,UX,0
NSEL,S,LOC,Y,Y_MIN
D,ALL,UY,0
NSEL,S,LOC,Z,0
D,ALL,UZ,0
NSEL,S,LOC,Z,-120
D,ALL,UZ,0
ESEL,S,MAT,,1,2
EKILL,ALL
ACEL,,9.81
ALLS
ISWRITE,ON
Solve

！开始多荷载步求解
！Load Step1 初始地应力场形成
finish
/solu
ISFILE,READ,SHUICHI,IST,,2
ISFILE,LIST
ALLSEL
SOLVE
```

初始地应力场的一般特征为初始位移为0,而初始应力不为0,从图10-4可以看出:此结果是符合初始应力场的一般特征的。以围岩埋深最深处节点23572为例进行校验:

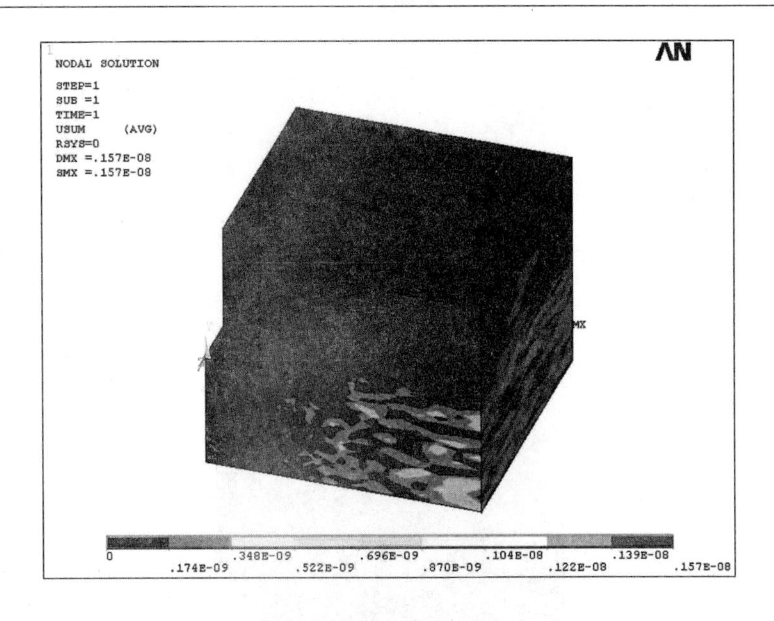

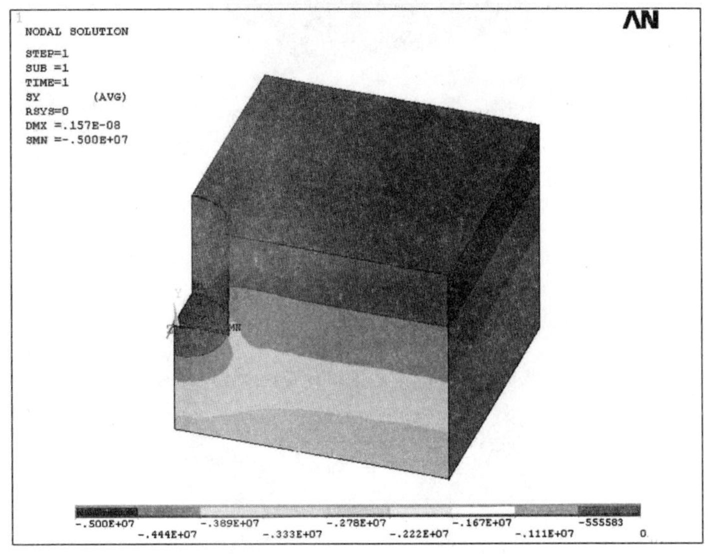

图 10-4　荷载步 1 初始地应力场

围岩结构竖向应力理论公式为

$$P = \rho g h$$

这里：$P = 2\ 250 \times 9.81 \times 97.5 = 0.215 \times 10^7 (\text{Pa})$；

*GET,NODE_SY,NODE,23572,S,Y

NODE_SY = $-2125277.29 = 0.212 \times 10^7$ Pa

以上分析表明：初始地应力场结果满足要求。

模型应力变结果如图 10-5 所示。

! Load Step2 激活衬砌

```
alls
ESEL,S,MAT,,1,2
EALIVE,ALL
ALLS
SOLVE
```

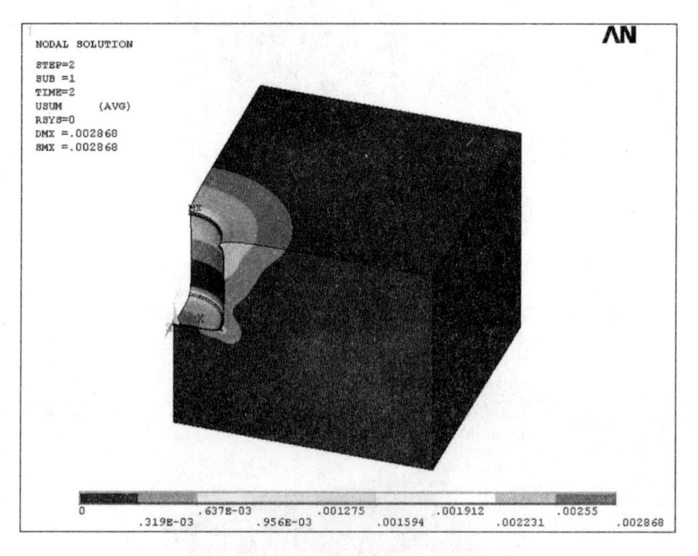

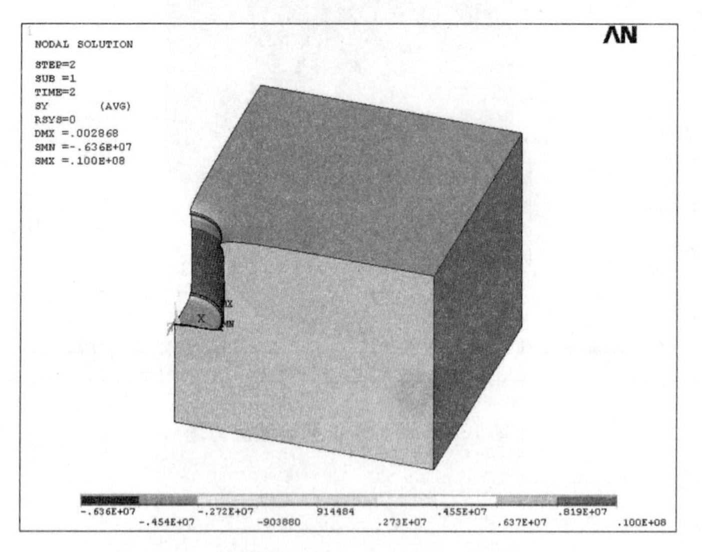

图 10-5　荷载步 2 激活衬砌应力场重分布

模型应力应变结果如图 10-6 所示

```
! Load Step3 施加水压力
ALLS
ASEL,S,,,47,72,25
ASEL,A,,,67
```

```
NSLA,S,1
SFGRD,PRES,0,y,y_MAX,-9810
SF,ALL,PRES,0
SFGRAD
ALLS
SOLVE
FINISH
SAVE
```

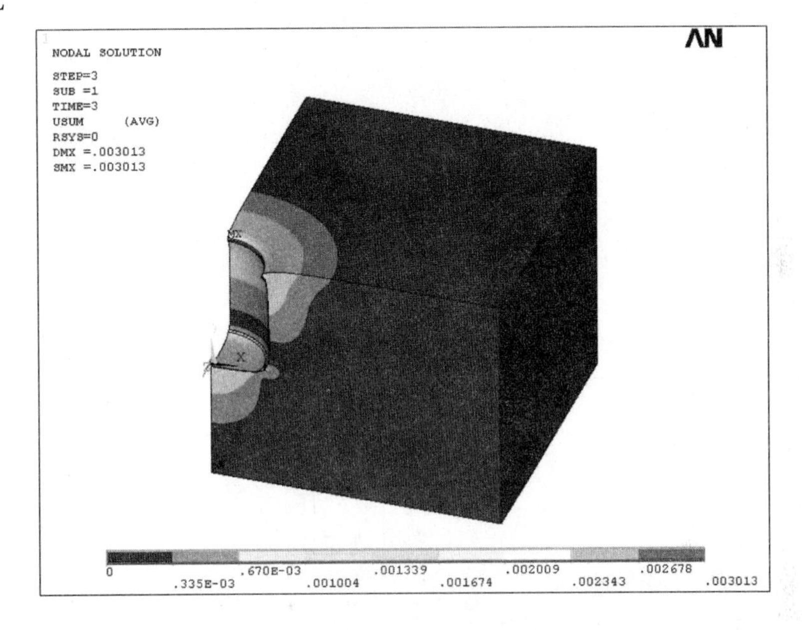

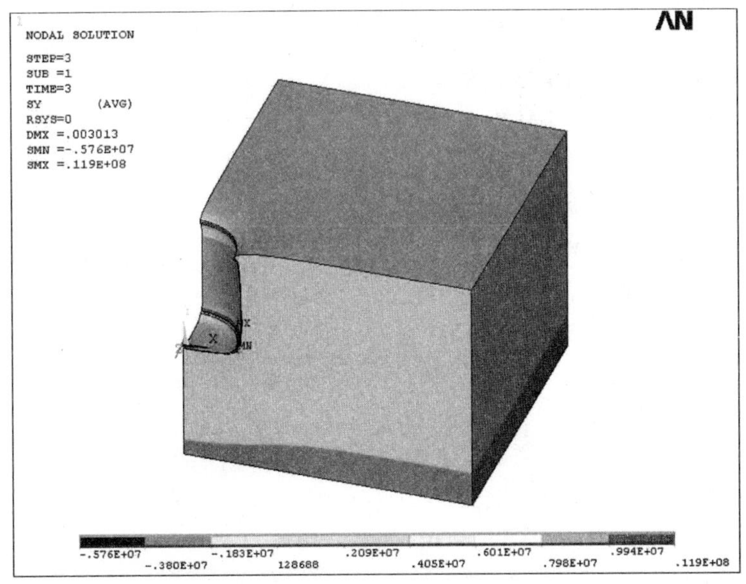

图 10-6　荷载步 3 蓄水后应力场重分布

10.5　后处理

水工混凝土结构构件一般采用极限状态法进行强度验算。本书以 36 m 水深处截面为例,介绍此方法的使用。命令流如下:

```
FINISH
/POST1
WPROTA,, -90
CSWPLA,11,1
RSYS,11
ESEL,S,MAT,,1
EPLOT
NSLE,S
NSEL,R,LOC,Z, -10,11.1
ESLN,S,1
EPLOT
PATH,PATH1,2
PPATH,1,17151
PPATH,2,16543
PDEF,SIGMAY,S,Y                          ! 环向应力
PDEF,SIGMAZ,S,Z                          ! 竖向应力
PAGET,MYYY,TABLE
*DIM,NMF,,2,2
! 积分轴力
PCALC,INTG,NFOR,SIGMAY,S,1
*GET,NFOR1,PATH,,LAST,NFOR
! 积分弯矩
PCALC,MULT,MDL,SIGMAY,S
PCALC,INTG,MFOR,MDL,S,1
*GET,MFOR1,PATH,,LAST,MFOR
M_TRUE = MFOR1 - NFOR1 * 0.6/2
NMF(1,1) = NFOR1
NMF(1,2) = M_TRUE
! 积分轴力
PCALC,INTG,NFOR,SIGMAZ,S,1
*GET,NFOR1,PATH,,LAST,NFOR
! 积分弯矩
PCALC,MULT,MDL,SIGMAZ,S
```

```
PCALC,INTG,MFOR,MDL,S,1
*GET,MFOR1,PATH,,LAST,MFOR
M_TRUE = MFOR1 - NFOR1 *0.6/2
NMF(2,1) = NFOR1
NMF(2,2) = M_TRUE
! 结果输出控制
/out,lcy1,prn
/COM,- - - - - - - - - - - - - - - - - - - - - - - - - - - - - - /COM
/COM,     X 坐标     Y 坐标     Z 坐标     横坐标     σθ(PA)      σz(PA)
*VWRITE,MYYY(1,1),MYYY(1,2),MYYY(1,3),MYYY(1,4),MYYY(1,5),
MYYY(1,6)
(1X,4F10.3,2F16.3)
/COM
! PRPATH,XG,YG,ZG,SIGMAZ
/COM,  N_环向(KN/M)  M_环(KN.M/M)  N_竖向(KN/M)  M_竖向(KN.M/M)
*VWRITE,NMF(1,1)/1000,NMF(1,2)/1000,NMF(2,1)/1000,NMF(2,2)/1000
(1X,F12.3,1X,F12.3,6X,F12.3,6X,F12.3)
/COM
/COM,- - - - - - - - - - - - - - - - - - - - - - - - - - - - - -
/OUT
```

10.6 高级应用

对于复杂的地应力问题，一般先由地质勘察专业对其进行评估，由试验探洞的实测资料进行回归分析得出整个工程范围的地应力场。下面以某实际工程中的评估结果为例进一步介绍初始地应力场的模拟方法。

10.6.1 地质评估

经对试验探洞的成果回归分析，得出表 10-2 和表 10-3 的结论，由于本工程埋深较深，在模型建立时，模型上边界取至高程 610 m 处，下边界取至 500 m 处，X 轴为东西方向，Z 轴为南北方向。模型左右两边各取 100 m，模型外土层的影响用分布荷载代替，其中上边界所受均布荷载为上覆盖岩体的自重压力，侧向边界所受压力根据围岩深度及侧压系数计算。计算结果如图 10-7、图 10-8 所示。

表 10-2　地下工程隧洞岩石力学参数选取建议值

围岩类别	弹性模量 (GPa)	泊松比	密度 (kg/m^3)	黏结力 (MPa)	内摩擦角 (°)	南北向侧压系数	东西向侧压系数
Ⅱ类	20	0.20	2 750	1.65	53.47	1.75	2.61

表 10-3　地应力计算成果表(按回归公式)

深度(m)	高程(m)	最大水平主应力 σ_H(MPa)	最小水平主应力 σ_h(MPa)	竖直应力 σ_V(MPa)	σ_H/σ_V	σ_h/σ_V
150	620	13.74	8.08	4.05	3.40	2.00
160	610	14.03	8.42	4.32	3.25	1.95
170	600	14.32	8.76	4.59	3.12	1.91
180	590	14.61	9.10	4.86	3.01	1.87
190	580	14.9	9.44	5.13	2.91	1.84
200	570	15.19	9.78	5.40	2.82	1.81
210	560	15.48	10.12	5.67	2.73	1.79
220	550	15.77	10.46	5.94	2.66	1.76
230	540	16.06	10.80	6.20	2.59	1.74
240	530	16.35	11.14	6.47	2.53	1.72
250	520	16.64	11.48	6.74	2.47	1.70
260	510	18.09	13.18	7.01	2.58	1.88
270	500	19.54	14.88	7.28	2.68	2.04
280	490	20.99	16.58	7.55	2.78	2.19

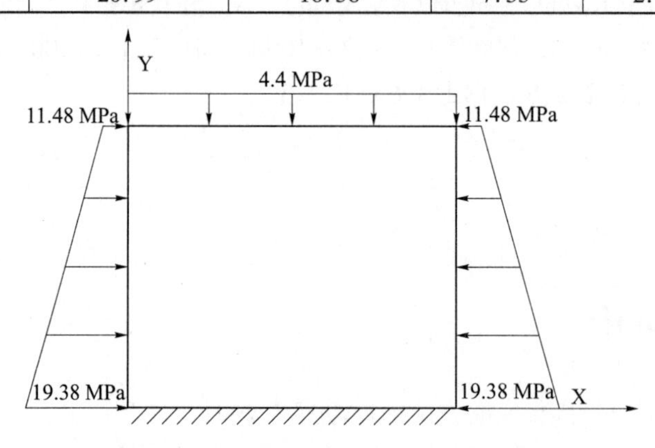

图 10-7　模型东西向边界受力及约束条件

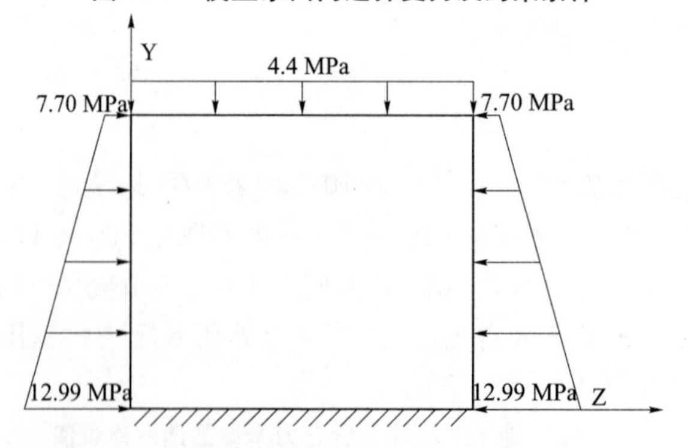

图 10-8　模型南北向边界受力及约束条件

10.6.2　仿真分析

依据前面介绍的方法,容易给出下面的命令流。形成的初始地应力场如图 10-9 所示。

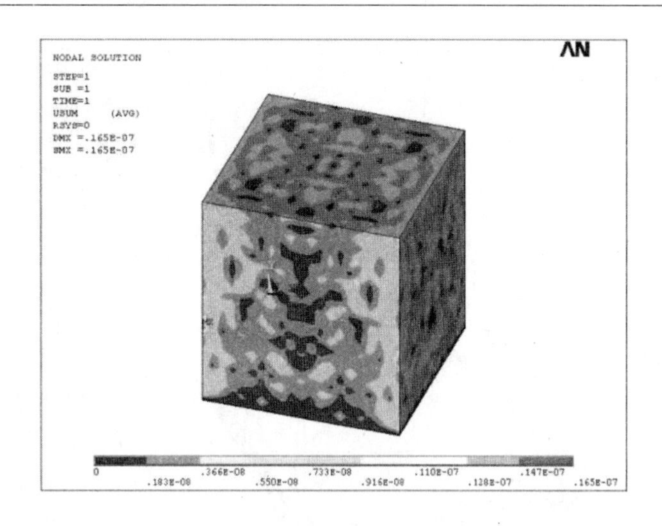

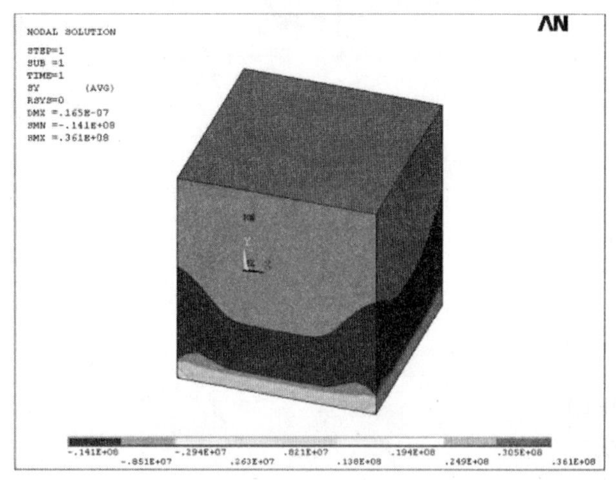

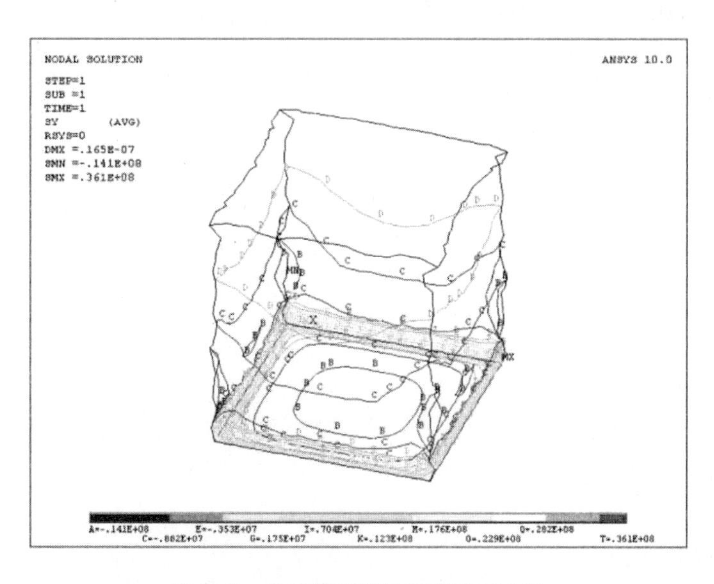

图 10-9　三维模型初始围岩地应力场

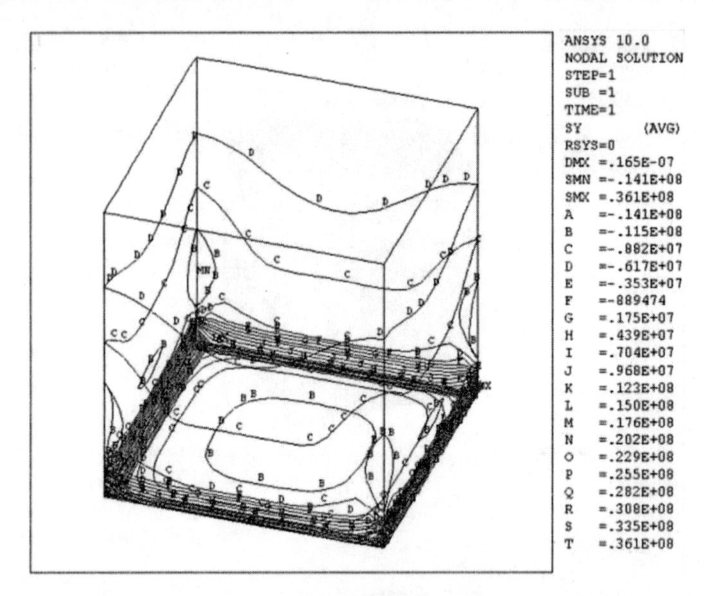

续图 10-9

```
FINISH
/CLEAR
/FILNAME,TIGAO
/PREP7
ET,1,45
MP,DENS,1,2750
MP,EX,1,2.0E10
MP,PRXY,1,0.2
BLOCK,0,100,0,110,0,100
MSHAPE,0,3D
MSHKEY,1
ESIZE,5
VMESH,1
FINISH
/SOLU
NSEL,S,LOC,Y,0
D,ALL,all,0
! 边界处地应力
NSEL,S,LOC,Y,110
SF,ALL,PRES,4.4E6

NSEL,S,LOC,X,0
SFGRD,PRES,0,y,110, -2750*10*2.61
```

```
SF,ALL,PRES,11.48E6
SFGRAD
NSEL,S,LOC,X,100
SFGRD,PRES,0,y,110, -2750 * 10 * 2.61
SF,ALL,PRES,11.48E6
SFGRAD
NSEL,S,LOC,Z,0
SFGRD,PRES,0,y,110, -2750 * 10 * 1.75
SF,ALL,PRES,11.48E6
SFGRAD
NSEL,S,LOC,Z,100
SFGRD,PRES,0,y,110, -2750 * 10 * 1.75
SF,ALL,PRES,11.48E6
SFGRAD
ALLS
ACEL,,10              ! 自重
ALLS
ISWRITE,ON
Solve
! 开始多荷载步求解
! Load Step1 初始地应力场形成
finish
/solu
ISFILE,READ,TIGAO,IST,,2
ISFILE,LIST
ALLSEL
SOLVE
FINISH
/SOLU
PLNSOL,U,SUM
/UI,COPY,SAVE,JPEG,,,REVERSE,PORTRAIT
PLNSOL,S,Y
/UI,COPY,SAVE,JPEG,,,REVERSE,PORTRAIT
SAVE
```

第 11 章　反应谱法在水工建筑物抗震分析中的应用

11.1　反应谱的概念

反应谱是在 1932 年由 M. A. BIOT 引入的，它作为一种实用工具用来描述地面运动及其对结构的效应。现在，作为地震工程中一个核心概念，反应谱提供了一种方便的手段来概括所有可能的线性单自由度体系对地面运动的某个特定分量的峰值反应。作为纽带，它提供了一种实用方法，将结构动力学知识应用于结构的设计。

某个反应量的峰值作为体系的固有振动周期 T_n，或像圆频率 ω_n 那样的相关参数的函数图形，称为该反应量的反应谱。

11.2　反应谱的建立

对于给定的地面运动分量 $\ddot{u}_g(t)$，可以按如下步骤建立反应谱：

(1)数值定义地面的加速度 $\ddot{u}_g(t)$，通常将地面运动按时间间隔 0.02 s 进行定义。

(2)选择单自由度体系的固有振动周期 T_n 和阻尼比 ζ。

(3)用时间步进法(TIME - STEPPING METHODS)计算单自由度体系在地面运动作用下的位移反应。

(4)确定 $u(t)$ 的峰值 u。

(5)谱的纵坐标为 $D = u_0, V = (2\pi/T_n)D, A = (2\pi/T_n)^2 D$。

(6)对于工程中感兴趣的所有可能体系的范围，重复第(2)步到第(5)步。

(7)将第(2)步到第(6)步得到的结果用图形表示，产生相关反应量的反应谱，如图 11-1 所示。

11.3　谱分析涉及的几个术语

(1)模态参与系数(PFACT)：代表每阶模态在特定方向上对结构反应的贡献。

(2)模态系数(MCOEF)：特征矢量的乘子，用于计算每阶模态真实位移大小。

(3)模态合并：模态合并前的反应谱分析过程仅仅提供了每阶模态最大反应，如峰值位移、单元应力及内力，在得到结构总体反应时，由于各阶模态最大反应不可能同时发生，此时需要进行模态合并来求解总体结构反应。

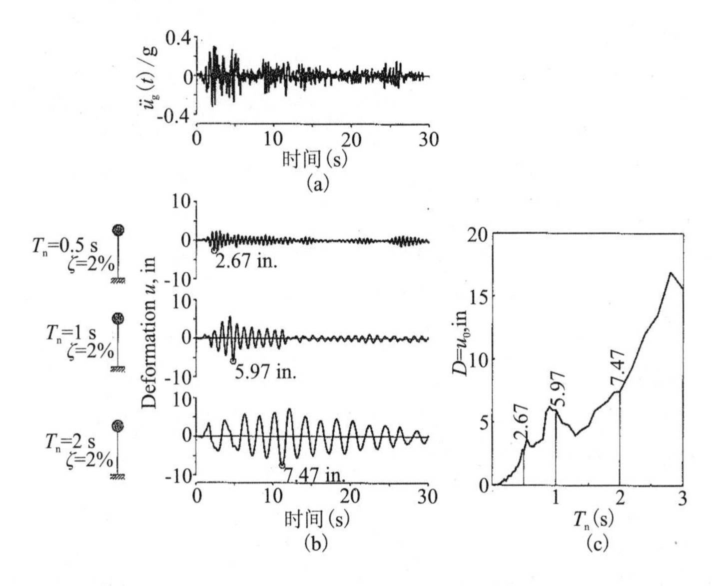

图 11-1　反应谱建立过程示意图

11.4　数据仿真基本步骤

单点响应谱分析有如下 6 个基本步骤：

(1)建立模型。

(2)求得模态解(ANTYPE,MODAL)。

(3)求得谱解(ANTYPE,SPECTR)。

(4)扩展模态(ANTYPE,MODAL)。

(5)合并模态(ANTYPE,SPECTR)。

(6)后处理。

11.5　动水-结构相互作用

水工建筑物在地震分析中,经常需要进行流固耦合仿真模拟。下面以 Westergaard 附加质量法为例,介绍其在 ANSYS 中的模拟方法。

Westergaard 附加质量模型,如图 11-2 所示。

$$m_z = \frac{7}{8}\rho\sqrt{H(H-z)}A_z$$

式中　z——计算点到闸底板上表面的距离；

H——断面位置总水深；

A_z——计算点控制面积。

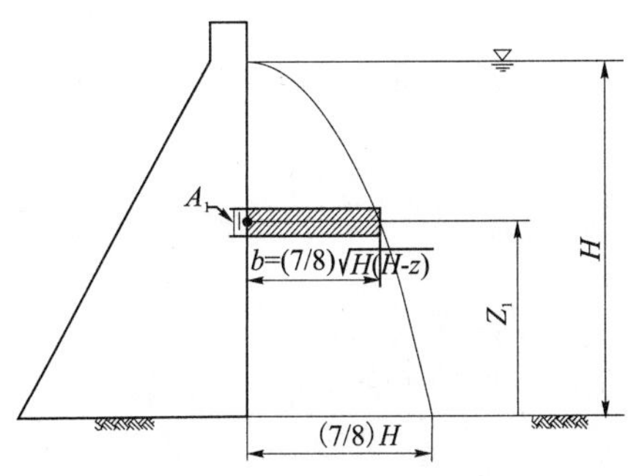

图 11-2　Westergaard 模型

```
! 附加质量自动识别施加过程
FINISH
/PREP7
```

```
ET,4,MASS21,,,2                              ! 质量单元
! 选择动水作用范围
! 构建作用范围节点的组
CM,GROUP_NODE1,NODE
CMSEL,S,GROUP_NODE1
! 对上述范围内的节点进行遍历操作
! * * * * * * * * * * * * * * * * * * * * * * * * * * * * * * * * * * * *
*GET,NMIN1,NODE,0,NUM,MIN
*DO,I,1,NDINQR(0,13)
   YY = NY(NMIN1)                            ! 提取节点 Y 向坐标
     COUNT_N = 0
   AREA_SUM = 0
    *DO,J,1,8
       E_NUM1 = ENEXTN(NMIN1,J)              ! 该节点四周单元编号
        *IF,E_NUM1,NE,0,THEN
           COUNT_N = COUNT_N + 1             ! 对该节点周围单元个数统计
           ! 对该节点周围单元面积进行统计
           AREA_SUM = AREA_SUM + ARFACE(E_NUM1)
      *ENDIF
  *ENDDO
! 对质量单元实常数进行赋值
R,I,7/8.0*1000*SQRT(15.5*(15.5-YY))*AREA_SUM/COUNT_N
  ! 生成质量单元
  TYPE,4
  REAL,I
  E,NMIN1
  NMIN1 = NDNEXT(NMIN1)
*ENDDO
! * * * * * * * * * * * * * * * * * * * * * * * * *
* * * * * * * * * * * * * * * * *
```

附加质量效果如图 11-3 所示。

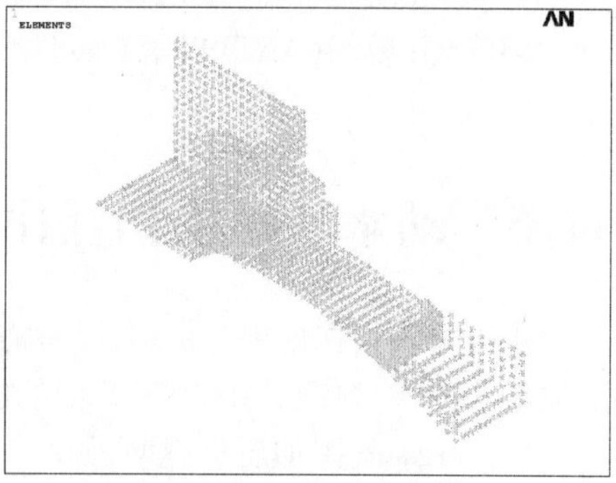

图 11-3　附加质量效果图

11.6　反应谱处理

根据现场地震风险评价报告,可以找到各种工况下相应的反应谱曲线。对应于 MDE 工况下加速度反应谱,如图 11-4、图 11-5 所示。

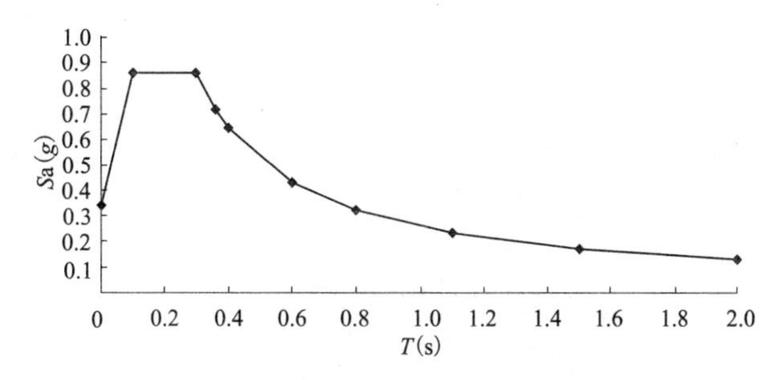

图11-4　水平向反应谱

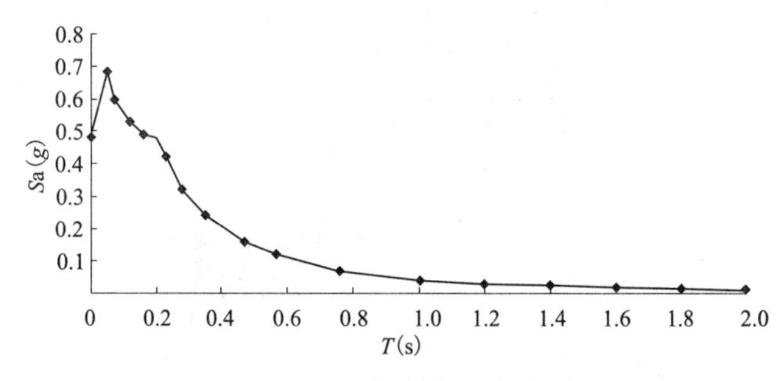

图11-5　竖直向反应谱

在ANSYS中,需要对图11-4、图11-5中反应谱数值化,图中实心点是选择的特征控制点,对应的命令流如下:

```
!**************水平向反应谱:X与Z向*************
FREQ,0.5,0.67,0.91,1.25,1.67,2.50,2.78,3.33,10,1e5
SV,0.05,1.26,1.68,2.29,3.15,4.21,6.31,7.01,8.41,8.41,3.33
!************竖向反应谱:y向*******************
FREQ,0.5,0.56,0.63,0.71,0.83,1.0,1.32,1.75,2.13
FREQ,2.86,3.57,4.35,5.0,6.25,8.33,14.29,20.0,1E5
SV,0.05,0.1,0.15,0.19,0.24,0.29,0.39,0.68,1.17,1.56
SV,0.05,2.35,3.13,4.11,4.69,4.79,5.18,5.87,6.65,4.69
!************************************
```

11.7　工程实例

11.7.1　水闸模型构建

水工建筑物模型大多比较复杂,但ANSYS自身的建模功能已非常强大,只要使用者多加思考,ANSYS完全能够满足需要。建模要点:①整体坐标系的位置选取,一般的,根据水利工程的习惯,选在上游某个结构角点或中间点均可,这点为随后的后处理带来诸多便利;②地基尺寸选取的规则为$R_f>1.0H(E_c/E_f=1.0)$。水闸整体模型见图11-6。

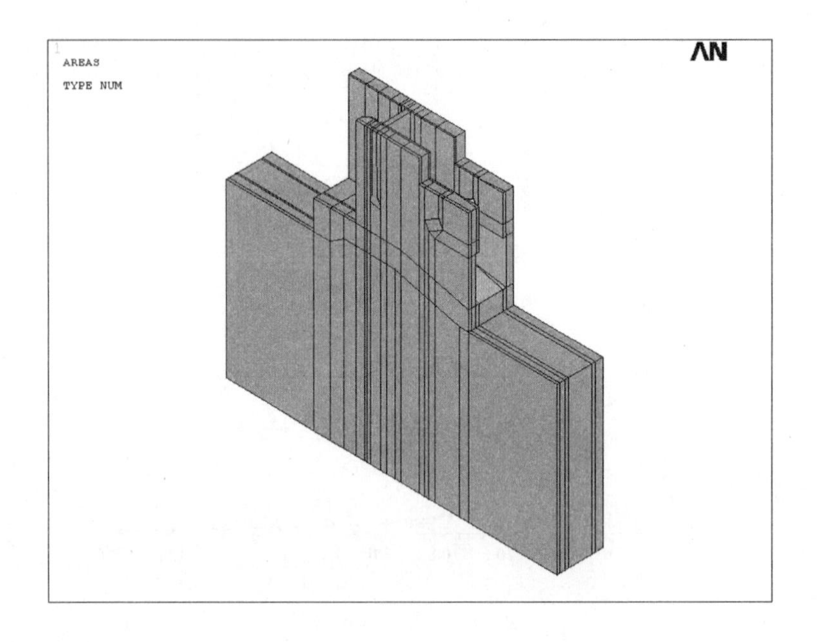

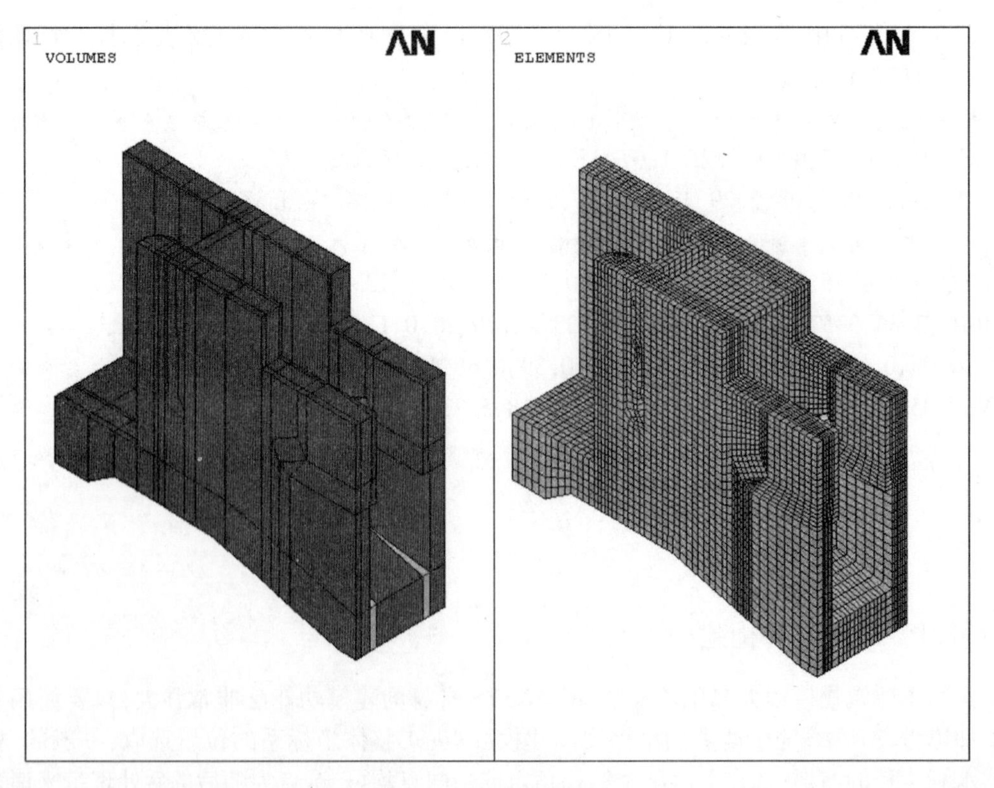

图 11-6　水闸整体模型

反应谱施加位置:采用无质量地基模型,加速度反应谱从地基底部输入,如图 11-7 所示。

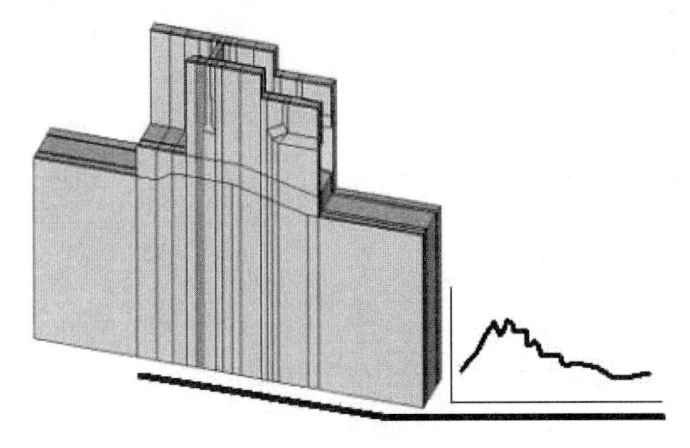

图 11-7　反应谱输入位置

11.7.2　模态分析

11.7.2.1　主模态求解

模态分析用于确定结构的振动特性,即固有频率和振型,它们是动力分析的重要参数。模态提取方法采用分块兰索斯法。提取模态阶数原则:累计有效质量达到总质量的 90% 以上。本次计算提取模态阶数为 100 阶。

X 方向的主振型为第 5 阶、Y 方向的主振型为第 8 阶、Z 方向的主振型为第 1 阶,如表 11-1 ~ 表 11-3、图 11-8 ~ 图 11-10 所示。

表 11-1　X 向参与系数计算表

MODE	FREQUENCY	PERIOD	PARTIC. FACTOR	RATIO	EFFECTIVE MASS	CUMULATIVE MASS FRACTION
1	3.325 43	0.300 71	-115.7	0.020 436	13 385.9	2.83E-04
2	4.719 97	0.211 87	189.88	0.033 539	36 055.1	1.04E-03
3	5.282 57	0.189 3	32.527	0.005 745	1 057.98	1.07E-03
4	6.875 07	0.145 45	1 677.4	0.296 277	2.81E+06	6.05E-02
5	7.382 36	0.135 46	5 661.5	1	3.21E+07	0.737 953
6	10.865 7	9.20E-02	291.61	0.051 508	85 036.6	0.739 75
7	12.157 4	8.23E-02	888.22	0.156 887	788 929	0.756 424
8	12.769 3	7.83E-02	-404.34	0.071 419	163 487	0.759 88
⋮	⋮	⋮	⋮	⋮	⋮	⋮
96	73.107 3	1.37E-02	-34.323	0.006 062	1 178.04	0.999 824
97	73.826 6	1.35E-02	0.409 26	0.000 072	0.167 495	0.999 824
98	74.15	1.35E-02	-9.669 3	0.001 708	93.494 5	0.999 826
99	75.362 2	1.33E-02	-71.253	0.012 585	5 076.95	0.999 933
100	75.658 2	1.32E-02	-56.371	0.009 957	3 177.68	1
RATIO EFF MASS TO TOTAL MASS: 0.473154E+08/0.47384E+08=100%						

表 11-2 Y 向参与系数计算表

MODE	FREQUENCY	PERIOD	PARTIC. FACTOR	RATIO	EFFECTIVE MASS	CUMULATIVE MASS FRACTION
1	3.325 43	0.300 71	-27.14	0.004 779	736.606	1.56E-05
2	4.719 97	0.211 87	5.052 4	0.000 89	25.526 6	1.61E-05
3	5.282 57	0.189 3	-31.792	0.005 598	1 010.72	3.74E-05
4	6.875 07	0.145 45	76.919	0.013 544	5 916.5	1.62E-04
5	7.382 36	0.135 46	379.1	0.066 752	143 719	3.20E-03
6	10.865 7	9.20E-02	-665.13	0.117 115	442 394	1.25E-02
7	12.157 4	8.23E-02	-3 383.3	0.595 728	1.14E+07	0.254 267
8	12.769 3	7.83E-02	5 679.3	1	3.23E+07	0.935 396
9	14.256 9	7.01E-02	-34.479	0.006 071	1 188.81	0.935 421
⋮	⋮	⋮	⋮	⋮	⋮	⋮
97	73.826 6	1.35E-02	-4.537 5	0.000 799	20.589	0.999 981
98	74.15	1.35E-02	-18.774	0.003 306	352.448	0.999 989
99	75.362 2	1.33E-02	-22.856	0.004 024	522.384	1
100	75.658 2	1.32E-02	2.761	0.000 486	7.623 32	1
RATIO EFF MASS TO TOTAL MASS：0.473537E+08/0.47384E+08=100%						

表 11-3 Z 向参与系数计算表

MODE	FREQUENCY	PERIOD	PARTIC. FACTOR	RATIO	EFFECTIVE MASS	CUMULATIVE MASS FRACTION
1	3.325 43	0.300 71	4 713.4	1	2.22E+07	0.493 483
2	4.719 97	0.211 87	544.72	0.115 568	296 719	0.500 074
3	5.282 57	0.189 3	-186.71	0.039 613	34 861.3	0.500 848
4	6.875 07	0.145 45	-216.94	0.046 026	47 063.6	0.501 894
5	7.382 36	0.135 46	305.15	0.064 74	93 113.8	0.503 962
6	10.865 7	9.20E-02	-1 371.8	0.291 045	1.88E+06	0.545 763
7	12.157 4	8.23E-02	-1 454.6	0.308 616	2.12E+06	0.592 765
⋮	⋮	⋮	⋮	⋮	⋮	⋮
98	74.15	1.35E-02	-297.2	0.063 054	88 328.5	0.998 307
99	75.362 2	1.33E-02	85.274	0.018 092	7 271.72	0.998 469
100	75.658 2	1.32E-02	-262.55	0.055 703	68 932.2	1
RATIO EFF MASS TO TOTAL MASS：0.450194E+08/0.47384E+08=95%						

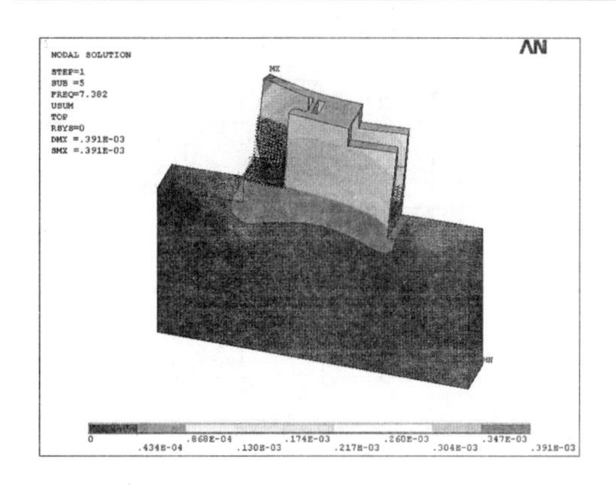

图 11-8　X 向主振型

图 11-9　Y 向主振型

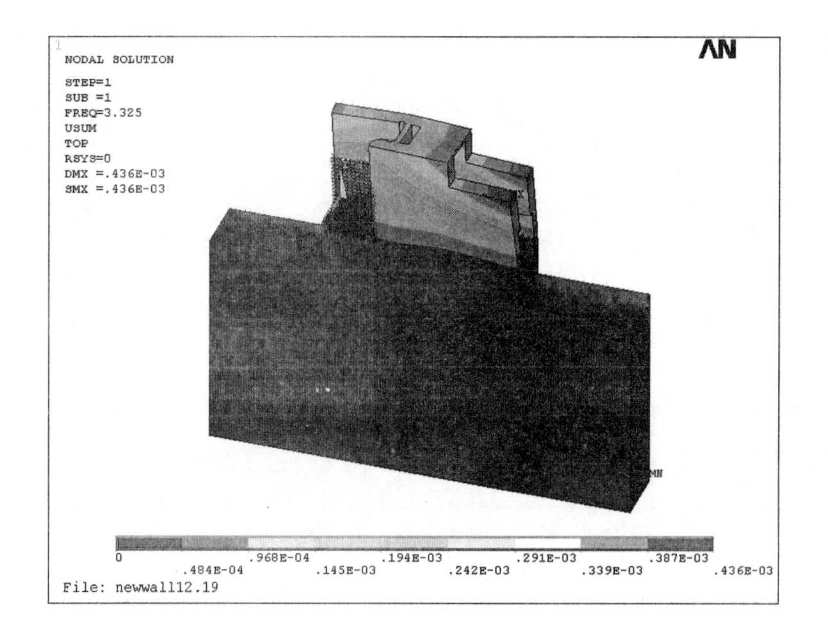

图 11-10　Z 向主振型

11.7.2.2　主振型提取

三个方向主振型的位移矢量:各阶主振型分别代表各自方向激励下结构的振动响应,提取 X、Y 及 Z 三个方向的主振型,作为拟静力的方向,见表 11-4 ~ 表 11-6。

表 11-4　第 5 阶模态节点自由度结果表(X 向)

NODE	OUTPUT FROM ANSYS			OUTPUT FOR ANALYSIS		
	UX	UY	UZ	UX	UY	UZ
1	7.52E-05	-3.29E-05	-3.96E-06	1	-1	-1
2	6.96E-05	-3.23E-05	-2.60E-06	1	-1	-1

续表 11-4

NODE	OUTPUT FROM ANSYS			OUTPUT FOR ANALYSIS		
	UX	UY	UZ	UX	UY	UZ
3	6.51E-05	-3.18E-05	-1.81E-06	1	-1	-1
4	6.08E-05	-3.13E-05	-1.22E-06	1	-1	-1
5	5.67E-05	-3.08E-05	-7.79E-07	1	-1	-1
6	5.27E-05	-3.04E-05	-4.04E-07	1	-1	-1
7	4.89E-05	-3.00E-05	-4.99E-08	1	-1	-1
8	7.02E-05	-3.33E-05	4.90E-07	1	-1	1
9	6.61E-05	-3.24E-05	1.89E-07	1	-1	1
10	6.21E-05	-3.16E-05	-2.85E-08	1	-1	-1
⋮	⋮	⋮	⋮	⋮	⋮	⋮

表 11-5　第 8 阶模态节点自由度结果表(Y 向)

NODE	OUTPUT FROM ANSYS			OUTPUT FOR ANALYSIS		
	UX	UY	UZ	UX	UY	UZ
1	-8.26E-06	9.68E-05	3.35E-06	-1	1	1
2	-8.28E-06	9.48E-05	1.25E-06	-1	1	1
3	-8.68E-06	9.33E-05	3.36E-07	-1	1	1
4	-9.07E-06	-9.19E-05	2.09E-07	-1	-1	1
5	-9.46E-06	-9.06E-05	5.14E-07	-1	-1	1
6	-9.86E-06	-8.93E-05	7.10E-07	-1	-1	1
7	-1.03E-05	-8.81E-05	9.09E-07	-1	-1	1
8	-8.25E-06	-9.39E-05	4.78E-06	-1	-1	1
9	-8.70E-06	-9.29E-05	3.19E-06	-1	-1	1
10	-9.15E-06	-9.19E-05	2.04E-06	-1	-1	1
⋮	⋮	⋮	⋮	⋮	⋮	⋮

表 11-6　第 1 阶模态节点自由度结果表(Z 向)

NODE	OUTPUT FROM ANSYS			OUTPUT FOR ANALYSIS		
	UX	UY	UZ	UX	UY	UZ
1	-1.38E-06	1.37E-06	1.40E-05	-1	1	1
2	-1.07E-06	3.09E-06	1.10E-05	-1	1	1
3	-9.01E-07	3.82E-06	8.46E-06	-1	1	1
4	-7.64E-07	4.21E-06	6.31E-06	-1	1	1
5	-6.67E-07	4.34E-06	4.45E-06	-1	1	1
6	-5.91E-07	4.34E-06	2.83E-06	-1	1	1
7	-5.29E-07	4.28E-06	1.47E-06	-1	1	1
8	-4.57E-07	-2.15E-06	1.09E-05	-1	-1	1
9	-2.93E-07	-2.99E-06	8.43E-06	-1	-1	1
10	-1.31E-07	-3.48E-06	6.29E-06	-1	-1	1
⋮	⋮	⋮	⋮	⋮	⋮	⋮

11.7.3 响应谱分析

输入各个方向的加速度反应谱,求得结构加速度反应。合并模态采用 CQC 法(完全二次方根法):取各阶振型地震作用效应的平方项和不同振型耦联项的总和的方根作为总地震作用效应的振型组合方法,结果见表 11-7。

表 11-7 X、Y、Z 三向节点加速度成果表

NODE	ACCEL CQC(X)(m/s^2)			ACCEL CQC(Y)(m/s^2)			ACCEL CQC(Z)(m/s^2)		
	AX	AY	AZ	AX	AY	AZ	AX	AY	AZ
1	5.115	2.932	0.565	1.078	4.347	0.355	0.647	0.874	3.089
2	4.959	2.83	0.371	1.08	4.274	0.254	0.637	0.813	2.701
3	4.813	2.757	0.257	1.086	4.217	0.198	0.638	0.789	2.331
4	4.659	2.692	0.176	1.088	4.163	0.156	0.638	0.774	1.944
5	4.498	2.632	0.117	1.087	4.11	0.12	0.637	0.76	1.546
6	4.33	2.574	0.076	1.083	4.056	0.09	0.634	0.751	1.154
7	4.157	2.517	0.058	1.075	4.002	0.069	0.627	0.748	0.81
8	4.917	2.758	0.256	1.024	4.345	0.304	1.14	0.822	2.719
9	4.773	2.692	0.187	1.03	4.289	0.227	1.121	0.836	2.348
10	4.621	2.631	0.145	1.034	4.233	0.168	1.097	0.845	1.956
11	4.462	2.575	0.116	1.035	4.178	0.121	1.068	0.845	1.551
12	4.296	2.52	0.093	1.032	4.122	0.082	1.038	0.844	1.152
13	4.125	2.466	0.082	1.025	4.066	0.057	1.009	0.847	0.801
14	5.069	2.851	0.397	1.022	4.418	0.442	1.158	0.799	3.103
15	4.768	4.054	0.873	1.141	4.004	0.561	0.715	1.041	3.519
⋮	⋮	⋮	⋮	⋮	⋮	⋮	⋮	⋮	⋮

11.7.4 拟静力求解

在这一步,我们得到了节点质量,主模态振动方向,CQC 合成后的加速度值,那么可以进一步求得节点在地震下的节点力,见表 11-8 ~ 表 11-10。

表 11-8　X 向激励下节点力峰值成果表

NODE	Nodal mass	OUTPUT FOR ANALYSIS (X - direction)			ACCEL CQC (X)(m/s^2)			F CQC(X)(N)		
	M(kg)	UX	UY	UZ	AX	AY	AZ	FX = M * UX * AX	FY = M * UY * AY	FZ = M * UZ * AZ
1	2 394.7	1	-1	-1	5.115	2.932	0.565	1 2248.89	-7 021.26	-1 353.01
2	1 539.4	1	-1	-1	4.959	2.83	0.371	7 633.88	-4 356.5	-571.12
3	1 542.5	1	-1	-1	4.813	2.757	0.257	7 424.05	-4 252.67	-396.42
4	1 541.7	1	-1	-1	4.659	2.692	0.176	7 182.78	-4 150.26	-271.34
5	1 526.6	1	-1	-1	4.498	2.632	0.117	6 866.65	-4 018.01	-178.61
6	1 512	1	-1	-1	4.33	2.574	0.076	6 546.96	-3 891.89	-114.91
7	755.54	1	-1	-1	4.157	2.517	0.058	3 140.78	-1 901.69	-43.82
8	1 520	1	-1	1	4.917	2.758	0.256	7 473.84	-4 192.16	389.12
9	1 515.8	1	-1	1	4.773	2.692	0.187	7 234.91	-4 080.53	283.45
10	1 512.5	1	-1	-1	4.621	2.631	0.145	6 989.26	-3 979.39	-219.31
11	1 509.3	1	-1	-1	4.462	2.575	0.116	6 734.5	-3 886.45	-175.08
12	1 507.1	1	-1	-1	4.296	2.52	0.093	6 474.5	-3 797.89	-140.16
13	754.01	1	-1	-1	4.125	2.466	0.082	3 110.29	-1 859.39	-61.83
14	2 389.7	1	-1	1	5.069	2.851	0.397	12 113.39	-6 813.03	948.71
15	6 747.1	1	-1	-1	4.768	4.054	0.873	32 170.17	-27 352.74	-5 890.22
16	3 090.3	1	-1	-1	5.076	3.098	0.628	15 686.36	-9 573.75	-1 940.71
17	3 708.6	1	-1	-1	5.034	3.243	0.695	18 669.09	-12 026.99	-2 577.48
18	4 373.6	1	-1	-1	4.994	3.374	0.764	21 841.76	-14 756.53	-3 341.43
19	5 085.4	1	-1	-1	4.955	3.496	0.83	25 198.16	-17 778.56	-4 220.88
20	5 846	1	-1	-1	4.916	3.613	0.888	28 738.94	-21 121.6	-5 191.25
⋮	⋮	⋮	⋮	⋮	⋮	⋮	⋮	⋮	⋮	⋮

表 11-9　Y 向激励下节点力峰值成果表

NODE	Nodal mass	OUTPUT FOR ANALYSIS (Y - direction)			ACCEL CQC (Y)(m/s²)			F CQC(Y)(N)		
	M(kg)	UX	UY	UZ	AX	AY	AZ	FX = M * UX * AX	FY = M * UY * AY	FZ = M * UZ * AZ
1	2 394.7	-1	1	1	1.078	4.347	0.355	-2581.49	10410.48	849.74
2	1 539.4	-1	1	1	1.08	4.274	0.254	-1 662.09	6 578.93	391.42
3	1 542.5	-1	1	1	1.086	4.217	0.198	-1 674.38	6 505.19	305.91
4	1 541.7	-1	-1	1	1.088	4.163	0.156	-1 677.68	-6 418.25	240.47
5	1 526.6	-1	-1	1	1.087	4.11	0.12	-1 660.02	-6 274.02	183.92
6	1 512	-1	-1	1	1.083	4.056	0.09	-1 637.34	-6 132.82	135.88
7	755.54	-1	-1	1	1.075	4.002	0.069	-812.36	-3 023.37	52.34
8	1 520	-1	-1	1	1.024	4.345	0.304	-1 556.48	-6 604.86	462.66
9	1 515.8	-1	-1	1	1.03	4.289	0.227	-1 561.88	-6 500.51	343.97
10	1 512.5	-1	-1	1	1.034	4.233	0.168	-1 564.08	-6 402.72	254.61
11	1 509.3	-1	-1	1	1.035	4.178	0.121	-1 561.67	-6 305.86	182.91
12	1 507.1	-1	-1	1	1.032	4.122	0.082	-1 554.72	-6 212.72	123.51
13	754.01	-1	1	1	1.025	4.066	0.057	-773.16	3 065.8	42.7
14	2 389.7	-1	-1	1	1.022	4.418	0.442	-2 443.23	-10 557	1 055.39
15	6 747.1	-1	1	1	1.141	4.004	0.561	-7 695.07	27 012.01	3 781.95
16	3 090.3	-1	1	1	1.082	4.298	0.381	-3 344.63	13 280.56	1 176.82
17	3 708.6	-1	1	1	1.086	4.239	0.409	-4 028.28	15 720.01	1 517.19
18	4 373.6	-1	1	1	1.092	4.179	0.441	-4 775.97	18 276.84	1 927.66
19	5 085.4	-1	1	1	1.1	4.12	0.475	-5 593.43	20 953.88	2 414.8
20	5 846	-1	1	1	1.11	4.067	0.509	-6 489.06	23 772.76	2 977.89
⋮	⋮	⋮	⋮	⋮	⋮	⋮	⋮	⋮	⋮	⋮

表 11-10　Z 向激励下节点力峰值成果表

NODE	Nodal mass	OUTPUT FOR ANALYSIS (Z - direction)			ACCEL CQC (Z)(m/s²)			F CQC(Z)(N)		
	M(kg)	UX	UY	UZ	AX	AY	AZ	FX = M * UX * AX	FY = M * UY * AY	FZ = M * UZ * AZ
1	2 394.7	-1	1	1	0.647	0.874	3.089	-1 549.99	2 093.35	7 396.03
2	1 539.4	-1	1	1	0.637	0.813	2.701	-981.04	1 251.15	4 158.23
3	1 542.5	-1	1	1	0.638	0.789	2.331	-983.91	1 217.29	3 594.8
4	1 541.7	-1	1	1	0.638	0.774	1.944	-984.33	1 193.01	2 996.45
5	1 526.6	-1	1	1	0.637	0.76	1.546	-973.19	1 160.89	2 359.67
6	1 512	-1	1	1	0.634	0.751	1.154	-958.28	1 135	1 744.09
7	755.54	-1	1	1	0.627	0.748	0.81	-473.92	565.07	611.87
8	1 520	-1	-1	1	1.14	0.822	2.719	-1 732.95	-1 248.97	4 132.12
9	1 515.8	-1	-1	1	1.121	0.836	2.348	-1 699.06	-1 267.48	3 558.34
10	1 512.5	-1	-1	1	1.097	0.845	1.956	-1 658.46	-1 277.99	2 958.45
11	1 509.3	1	-1	1	1.068	0.845	1.551	1 611.78	-1 275.6	2 341.38
12	1 507.1	1	-1	1	1.038	0.844	1.152	1 564.67	-1 272.05	1 735.88
13	754.01	1	-1	1	1.009	0.847	0.801	761.02	-638.83	603.64
14	2 389.7	-1	-1	1	1.158	0.799	3.103	-2 767.99	-1 909.08	7 415.48
15	6 747.1	-1	1	1	0.715	1.041	3.519	-4 823.16	7 023.73	23 745.07
16	3 090.3	-1	1	1	0.658	0.897	3.16	-2 034.13	2771.04	9 766.28
17	3 708.6	-1	1	1	0.668	0.919	3.221	-2 477.72	3 407.76	1 1945.77
18	4 373.6	-1	1	1	0.678	0.946	3.277	-2 967.09	4 138.87	14 330.98
19	5 085.4	-1	1	1	0.689	0.977	3.325	-3 502.01	4 967.98	16 910.48
20	5 846	-1	1	1	0.698	1.005	3.368	-4 078.93	5876.98	19 689.91
⋮	⋮	⋮	⋮	⋮	⋮	⋮	⋮	⋮	⋮	⋮

11.7.5　多维地震动组合

三向激励下静动力组合工见表 11-11。

表 11-11　三向激励下静动力组合工况

Case	Seimmic Loads			Static Loads
	Horizontal(H1)	Vertical(V)	Horizontal(H2)	
1	+	+	+	+
2	+	+	-	+
3	+	-	+	+
4	+	-	-	+
5	-	+	+	+
6	-	+	-	+
7	-	-	+	+
8	-	-	-	+

$$F_X = F_{X-D} + F_{X-L} \pm F_{X-CQC(X)} \pm 0.3F_{X-CQC(Y)} \pm 0.3F_{X-CQC(Z)}$$

$$F_Y = F_{Y-D} + F_{Y-L} \pm 0.3F_{Y-CQC(X)} \pm F_{Y-CQC(Y)} \pm 0.3F_{Y-CQC(Z)}$$

$$F_Z = F_{Z-D} + F_{Z-L} \pm 0.3F_{Z-CQC(X)} \pm 0.3F_{Z-CQC(Y)} \pm F_{Z-CQC(Z)}$$

第 12 章　地下构筑物支护结构分析应用

12.1　力学模型

隧洞支护结构计算模型主要有:载荷—结构模型与围岩—结构模型。前者是传统的结构力学模型,它将衬砌结构和围岩分开来考虑,支护结构是承载主体,围岩作为载荷的来源和支护的弹性支承;后者是将衬砌结构和围岩视为一体,作为共同承载的隧洞结构体系,由于在确定围岩初始应力场,以及表示材料非线性的各种参数确定方面比较复杂,限制了它的应用。目前,人们对载荷—结构模型计算方法进行了诸多探讨,尚存在如下问题:多数计算针对定制断面进行,通用性差;对于多曲线断面法向、水平或竖直向荷载施加困难。

ANSYS 是工程领域中应用最为广泛的商用软件,它通用性好,兼容性强,参数化设计方便。本书利用 ANSYS 平台,对复杂断面和荷载型式的支护结构计算方法进行了探讨。

12.2　弹性地基理论

1867 年前后,温克尔(E. Winkler)对地基提出如下假设:地基表面任一点的沉降与该点单位面积上所受的压力成正比,即

$$y = \frac{p}{k}$$

式中　y——地基的沉陷,m;

k——地基系数,kPa/m。

其物理意义为:使地基产生单位沉陷所需的压强;p 为单位面积上的压力强度。这个假设实际上是把地基模拟为刚性支座上一系列独立的弹簧。由于计算简便,基本能够反映地基变形情况,在实际工程中得到了广泛应用。在实际运用中对弹性地基梁还做了如下假设:①梁各点与地基紧密相贴;②不考虑梁与基础之间的摩擦力;③地基梁符合平面假定。

12.3　ANSYS 弹性地基程序设计

在 ANSYS 平台下,模拟弹性地基梁有两种方法:

(1)利用 BEAM54 单元,该单元是二维梁单元系列中的一个,引入地基系数后可以用来分析弹性地基梁;在进行支护结构分析时,BEAM54 单元采用符合 E. Winkler 假定的局

部弹性地基理论，BEAM54 单元在模拟弹性地基梁时，除需要定义常态实常数外，还需要定义弹性地基系数 EFS。需要注意的是，弹性地基系数单位是 N/m^2，不同于地质参数中基床系数单位 N/m^3。

(2)利用弹簧单元 COMBIN14 和 BEAM3 梁单元。支护结构与地基之间相互作用用 COMBIN14 来模拟，支护结构用 BEAM3 来模拟。

一般的，地下支护结构的地基梁可以是平放，也可以是竖放，地基介质可以是岩石、黏土等固体材料。地基梁在加载后，会出现脱空现象，这时需要对所有梁段进行筛选，再次设定弹性地基梁，按照预先设定收敛条件，进行多次迭代求解。一般的收敛条件可以各截面前后两次内力比值来控制，小于一个较小的数，迭代结束。

借助 APDL 参数化语言编程。APDL 是 ANSYS 的参数化设计语言，它提供一般程序语言的功能，利用它可以实现参数化建模、施加参数化荷载与求解以及参数化后处理结果显示，从而实现参数化有限元分析的全过程。程序流程如图 12-1 所示。

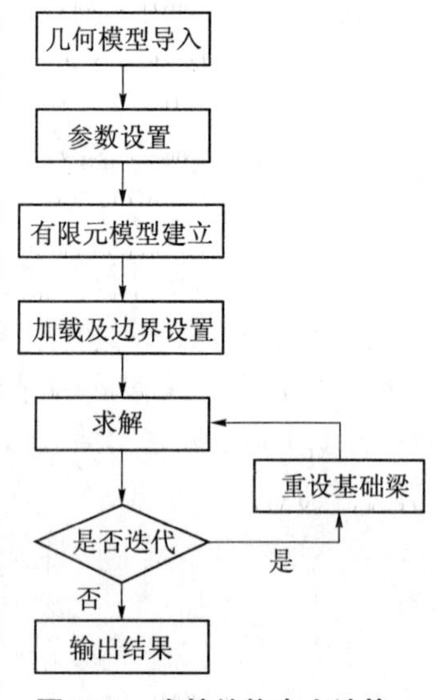

图 12-1　支护结构内力计算程序框图

12.4　理论解与数值解对比

为了验证方法的准确性，对普通基础梁的理论解与数值解做一对比验算。

梁的几何尺寸：长 20 m、宽 1 m，高 0.5 m；单位岩石抗力系数为 40 MPa/m，混凝土弹性模量 2.8 GPa，泊松比 0.3，跨中受集中力 $P = 10$ kN，力偶 $M = 15$ kN · m。

验算结果如表 12-1 所示。表 12-1 表示，理论解与数值解比值在 98% 以上，表明方法 1 与方法 2 均能模拟弹性地基梁问题。两种方法所求内力见图 12-2 ~ 图 12-7，表明两种方法计算结果一致，由于方法 2 是用弹簧来模拟地基与基础相互作用，所以要想达到方法 1 的精度，需要更高的网格密度。

表 12-1　普通弹性地基梁理论梁与数值解对比

位置	理论解	BEAM54	BEAM3 + COMBIN14
跨中最大挠度	0.06	0.065	0.065
跨中最大弯矩	13.13	13.3	13.3
跨中最大剪力	8.13	8.22	8.17

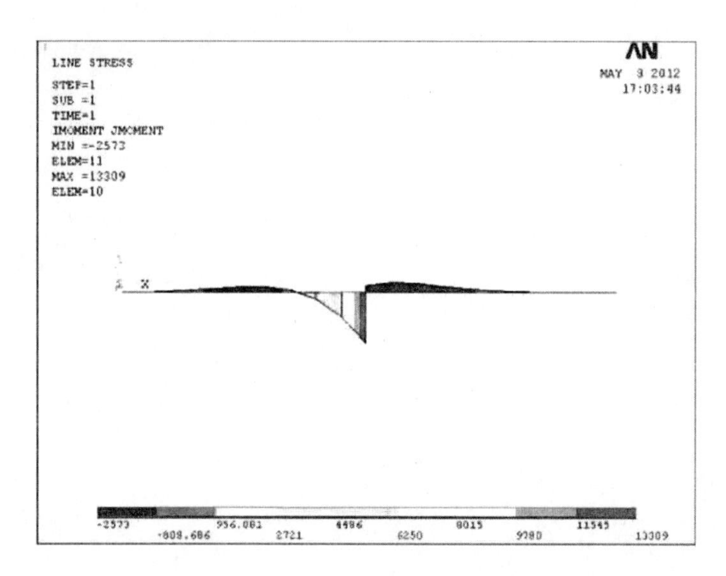

图 12-2　方法 1 地基梁弯矩

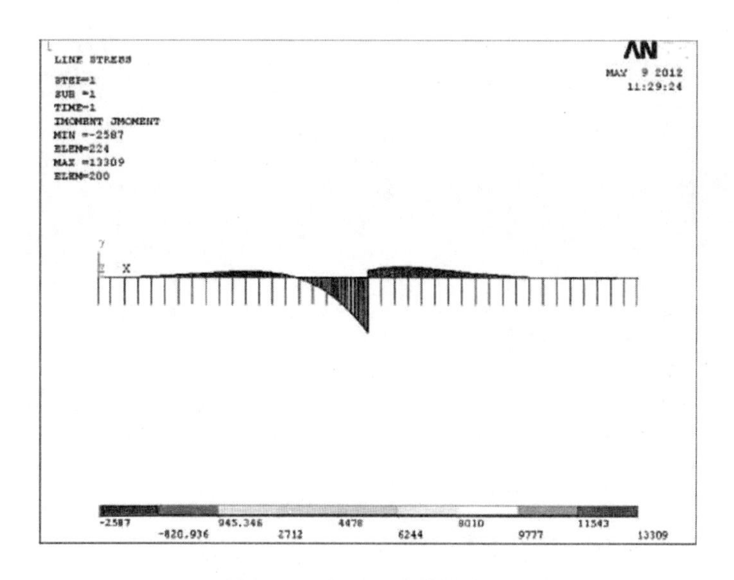

图 12-3　方法 2 地基梁弯矩

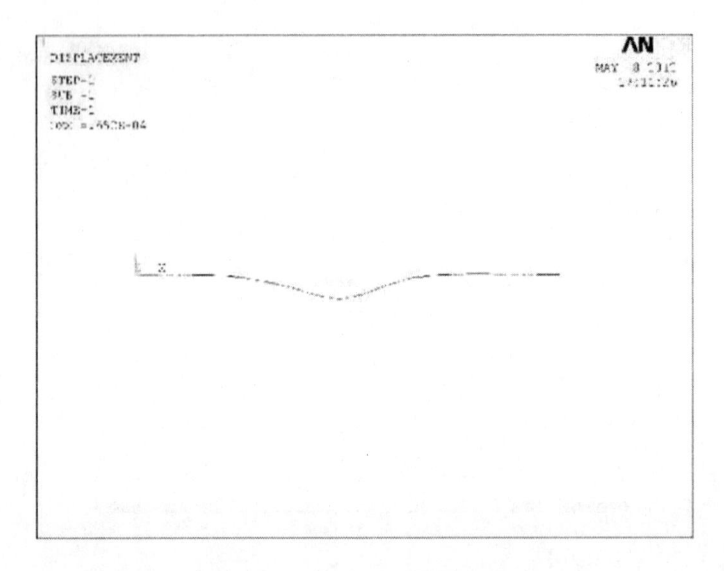

图 12-4　方法 1 地基梁变形

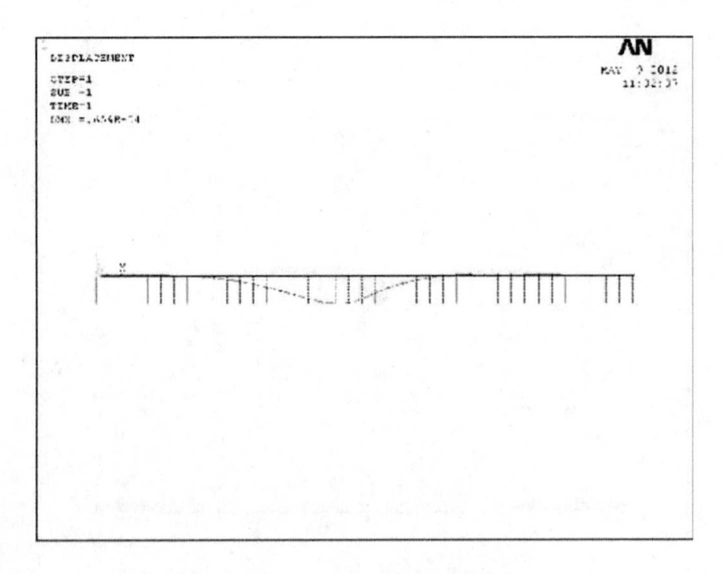

图 12-5　方法 2 地基梁变形

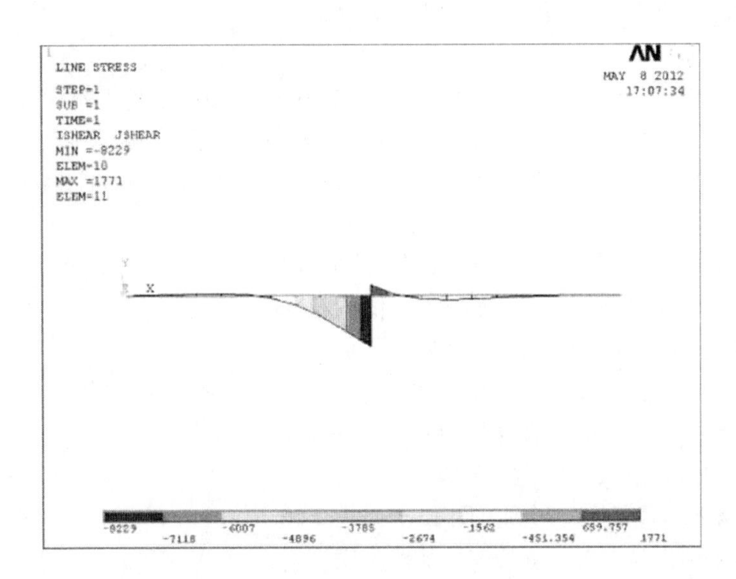

图 12-6　方法 1 地基梁剪力

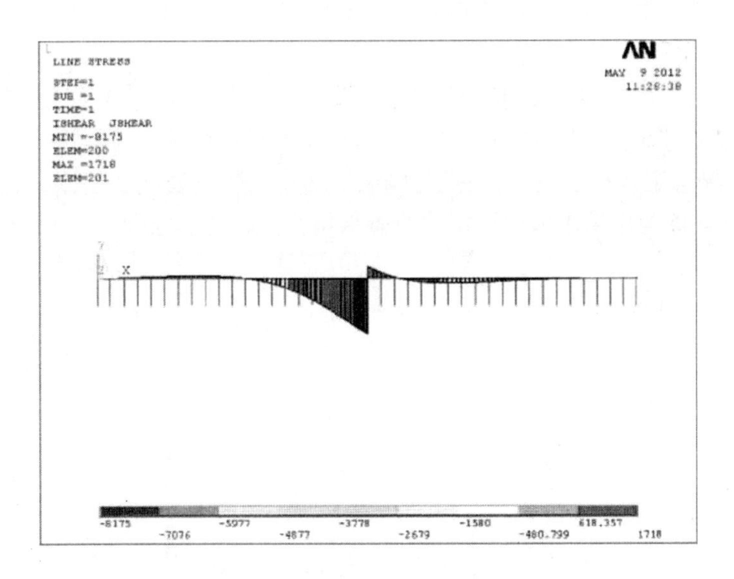

图 12-7　方法 2 地基梁剪力

12.5　马蹄形隧洞断面计算实例

某引水隧洞断面尺寸如图 12-8 所示,已知隧洞埋深 200 m,地下水深 50 m,混凝土为 C25,单位岩石抗力系数 1.2 GPa。该断面为马蹄形断面,顶拱、侧墙及底拱均为圆弧形,侧墙与底拱间用圆弧连接,对于这种复杂断面型式,由于目前常用的程序均为定制,这种断面无法求解,利用作者编制的程序可以解决这个问题。

分析:由于断面为多弧段组合而成,需要在前处理时借助局部柱坐标系来设置弹簧,后处理时借助局部坐标系判别是否迭代;对于复杂荷载的施加,可借用单元遍历自动施加,提高工作效率。采用本书两种方法计算运行期工况,荷载组合:衬砌自重、内外水压力、弹性抗力,成果见图 12-9 ~ 图 12-14。

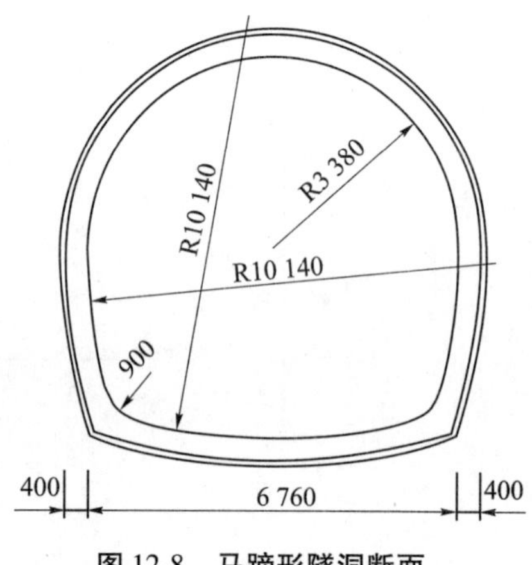

图 12-8　马蹄形隧洞断面

(1)两种方法迭代最终变形图见图 12-9 ~ 图 12-10,最终变形图显示顶拱与左右下侧墙三处弧段侵入围岩,其他位置均与围岩脱离,这种现象表明,在支护结构计算分析时,要特别注意区分基础梁与一般梁,否则结果是不正确的,根据诸多计算分析,这种不正确的结果是不保守的。

(2)图 12-11 ~ 图 12-14 表明,两种方法计算支护结构的内力结果无论数值或者方向都是一致的,再次验证了程序的可靠性。在其他工程可推广使用。

(3)该工况弯矩和轴力表明,底拱与侧墙下部小圆弧三处截面是控制截面,对传统的马蹄形断面在侧墙与底拱用弧段连接对改善结构受力是有益处的。

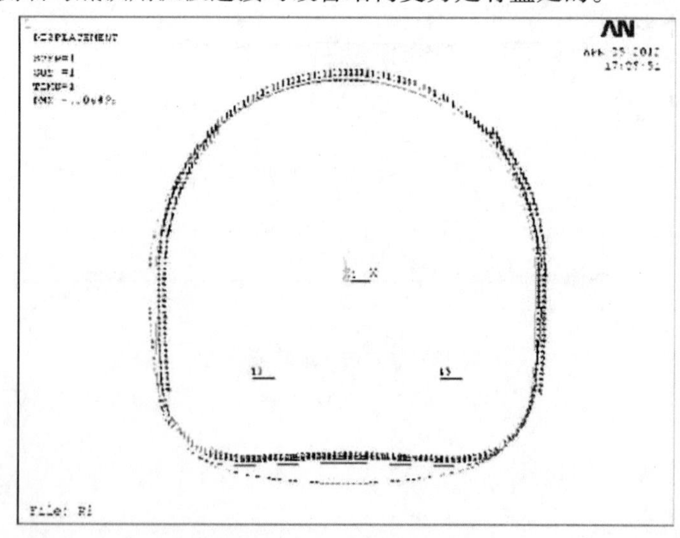

图 12-9　方法 1 隧洞变形

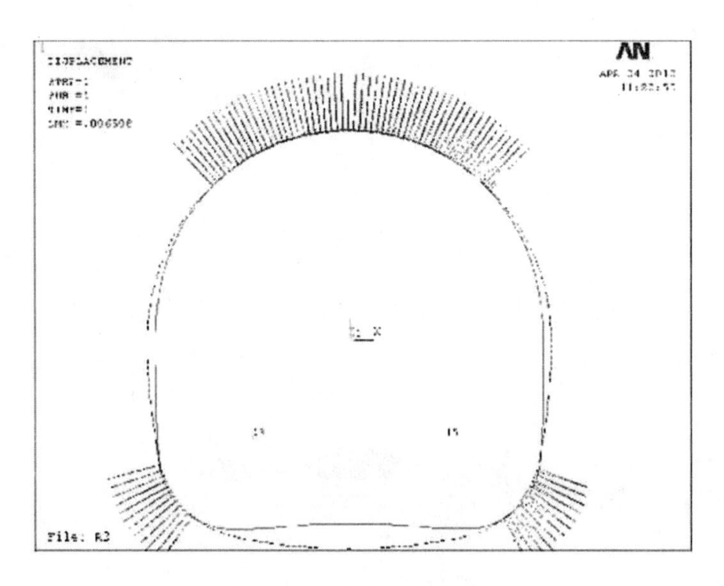

图 12-10　方法 2 隧洞变形

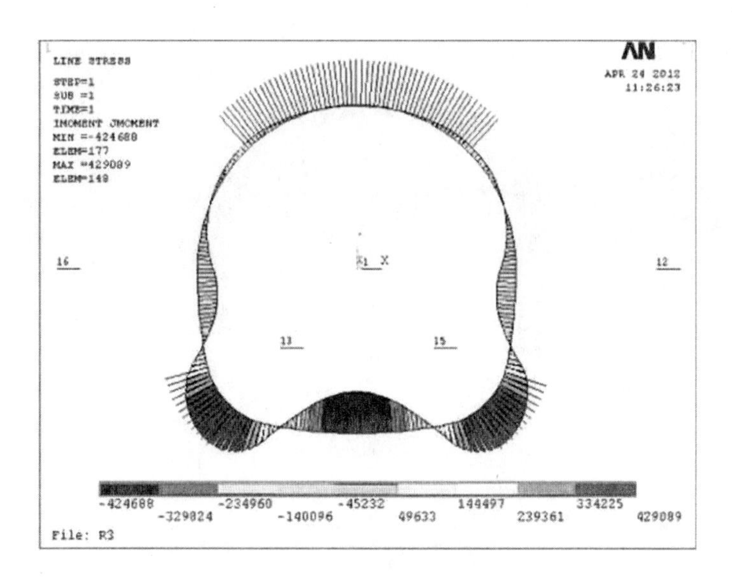

图 12-11　方法 1 隧洞弯矩

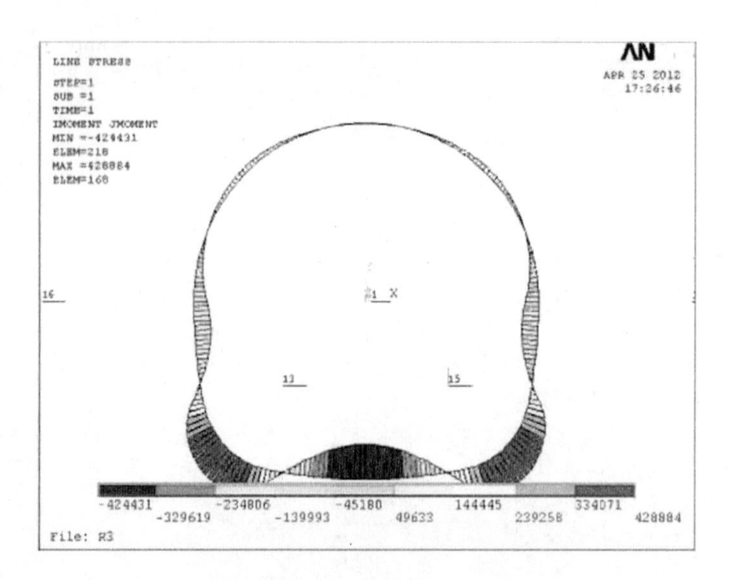

图 12-12　方法 2 隧洞弯矩

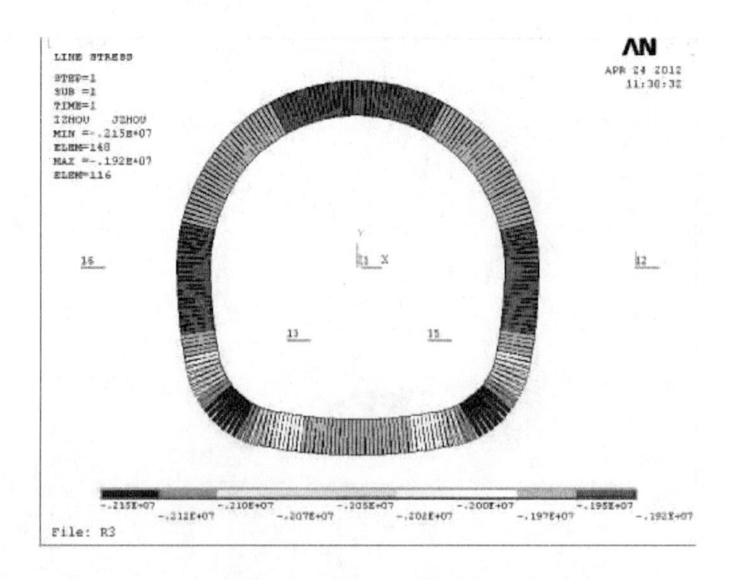

图 12-13　方法 1 隧洞轴力

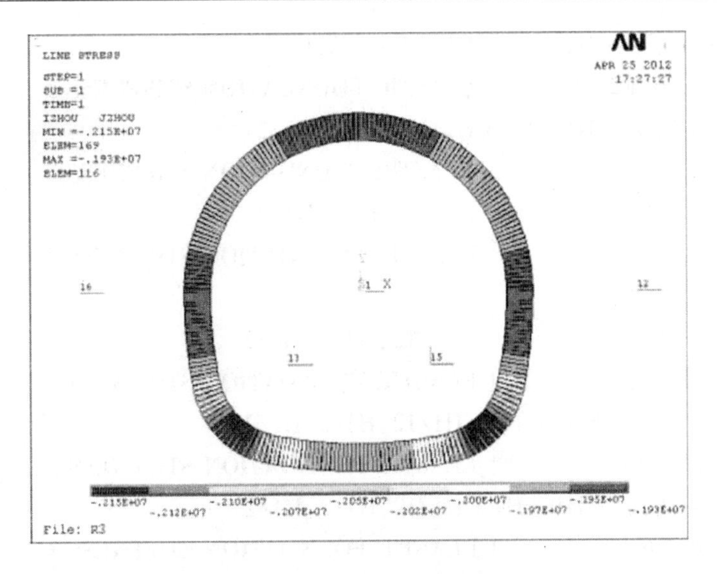

图 12-14　方法 2 隧洞轴力

12.6　相关命令流

12.6.1　方法 1:Beam54 模拟衬砌

```
! Beam54 模拟衬砌
/PREP7
! 马蹄形隧洞断面用 CAD 建模,存为 sat 文件格式。
! 几何尺寸与岩石物理指标参数化
EX1 =2.8E10
PRXY1 =0.167
DENS1 =2500 * 1.05
B1 =1.0 ! 梁宽
H1 =0.4 ! 梁高
K =1200E6                ! N/M^3   ! 单位岩体抗力系数
K1 =K/3.58               ! 不同跨径时,岩体弹性抗力系数
K2 =K/10.34
K3 =K/1.7
K4 =K/10.34
! ---------------------------------------
ET,1,BEAM54
! 弹性地基梁元实常数
R,1,B1 * H1,B1 * H1 * H1 * H1/12,H1/2,H1/2
RMODIF,1,16,K1           ! ELASTIC FOUNDATION STIFFNESS 1
```

```
R,2,B1 * H1,B1 * H1 * H1 * H1/12,H1/2,H1/2
RMODIF,2,16,K2           ! ELASTIC FOUNDATION STIFFNESS 2
R,3,B1 * H1,B1 * H1 * H1 * H1/12,H1/2,H1/2
RMODIF,3,16,K3           ! ELASTIC FOUNDATION STIFFNESS 3
R,4,B1 * H1,B1 * H1 * H1 * H1/12,H1/2,H1/2
RMODIF,4,16,K4           ! ELASTIC FOUNDATION STIFFNESS 4
! 普通梁元实常数
R,11,B1 * H1,B1 * H1 * H1 * H1/12,H1/2,H1/2
RMODIF,11,16,0           ! ELASTIC FOUNDATION STIFFNESS 1
R,12,B1 * H1,B1 * H1 * H1 * H1/12,H1/2,H1/2
RMODIF,12,16,0           ! ELASTIC FOUNDATION STIFFNESS 2
R,13,B1 * H1,B1 * H1 * H1 * H1/12,H1/2,H1/2
RMODIF,13,16,0           ! ELASTIC FOUNDATION STIFFNESS 3
R,14,B1 * H1,B1 * H1 * H1 * H1/12,H1/2,H1/2
RMODIF,14,16,0           ! ELASTIC FOUNDATION STIFFNESS 4
! 定义材料参数
MP,EX,1,EX1              ! 定义混凝土弹性模量
MP,PRXY,1,PRXY1          ! 定义混凝土泊松系数
MP,DENS,1,DENS1          ! 定义混凝土密度
! ------------------------------------
LOCAL,11,1,0,0
LOCAL,12,1,6.76,0
LOCAL,13,1,-1.7092,-1.7092
LOCAL,14,1,0,6.76
LOCAL,15,1,1.7092,-1.7092
LOCAL,16,1,-6.76,0
LSEL,ALL
LESIZE,ALL,0.1
LSEL,S,LINE,,1,2,1
TYPE,1
MAT,1
REAL,1
LMESH,ALL
LSEL,S,LINE,,3,8,5
TYPE,1
MAT,1
REAL,2
LMESH,ALL
```

```
LSEL,S,LINE, ,4,7,3
TYPE,1
MAT,1
REAL,3
LMESH,ALL
LSEL,S,LINE, ,5,6
TYPE,1
MAT,1
REAL,4
LMESH,ALL
! ------------分组
LSEL,S,,,1,2
ESLL,S
CM,BEAM_G1,ELEM
LSEL,S,,,3
ESLL,S
CM,BEAM_G2,ELEM
LSEL,S,,,4
ESLL,S
CM,BEAM_G3,ELEM
LSEL,S,,,5,6
ESLL,S
CM,BEAM_G4,ELEM
LSEL,S,,,7
ESLL,S
CM,BEAM_G5,ELEM
LSEL,S,,,8
ESLL,S
CM,BEAM_G6,ELEM
! -----------分组结束
FINISH
/SOLU
SFCUM, PRES,ADD
FCUM, ADD
ESEL,ALL
SFBEAM,ALL,1,PRES,-980000              ! 9.8*50*1000
ALLSEL
ACEL,0,9.8,0
```

```
ALLSEL
SOLVE
FINISH
/POST1
ETABLE,IZHOU,SMISC,1
ETABLE,JZHOU,SMISC,7
ETABLE,ISHEAR,SMISC,2
ETABLE,JSHEAR,SMISC,8
ETABLE,IMOMENT,SMISC,6
ETABLE,JMOMENT,SMISC,12
PLLS,IMOMENT,JMOMENT,-1,0
PLLS,IZHOU,JZHOU,1,0
PLLS,ISHEAR,JSHEAR,-1,0
! 对所有梁:识别普通梁和弹性梁
! 顶拱部分识别:单元遍历 line1 +2
FINISH
/PREP7
CMSEL,S,BEAM_G1
EMODIF,ALL,REAL,1                    ! 假设识别对象全为弹性梁
FINISH
/POST1
ALLS
ESEL,NONE
CM,EEE,ELEM
ALLS
RSYS,11
CMSEL,S,BEAM_G1
! 单元遍历
*GET,ECOU,ELEM,0,COUNT
*GET,EMIN,ELEM,0,NUM,MIN
*DO,I,1,ECOU
        A1_N=NELEM(EMIN,1)
        A2_N=NELEM(EMIN,2)
        *IF,UX(A1_N),LT,0,AND,UX(A2_N),LT,0,THEN
                ESEL,S,,,EMIN
                CMSEL,A,EEE
                CM,EEE,ELEM
    *ENDIF
```

```
    CMSEL,S,BEAM_G1
    EMIN = ELNEXT(EMIN)
*ENDDO
FINISH
/PREP7
CMSEL,S,EEE
EMODIF,ALL,REAL,11                    ! 定义识别出的普通梁元
! 顶拱部分识别结束,其他位置方法同上,从略
```

12.6.2　方法 2:BEAM3 + COMBIN14

```
! 自动筛选以弹簧控制
ESEL,S,TYPE,,2
CM,SPRING_GROUP,ELEM
CMSEL,S,SPRING_GROUP
*GET,ECOU,ELEM,0,COUNT
*GET,EMIN,ELEM,0,NUM,MIN
*DO,I,1,ECOU
    *GET,RES1,ELEM,EMIN,NMISC,1
    *IF,RES1,GT,0,THEN
        EKILL,EMIN
    *ENDIF
    EMIN = ELNEXT(EMIN)
*ENDDO
```

第 13 章　泵闸结构分析应用

13.1　工程背景

13.1.1　工程地理位置

某水闸位于市桥城区内。某区位于某市南部、珠江三角洲腹地,在北纬 22°26′至 23°05′、东经 113°14′至 113°42′。东临狮子洋,与东莞市隔江相望;西及西南以陈村水道和洪奇沥为界,与佛山市南海区、顺德区及中山市相邻;北隔沥滘水道,与某市海珠区相接;南及东南与南沙开发区相邻。全区总面积约 775.8 km^2。

该区地势由北、西北向东南倾斜。北部和东部多为低丘台地,主要分布在市桥北部,地势较高,是民田的主要分布区;中南部是连片的三角洲冲积平原。境内四周江环水绕,河网纵横。区内有大小围区 23 个,其中耕地面积在 5 万亩以上的有 4 个(番顺围、市石围、鱼窝头围、蕉东围),耕地面积在 1 万 ~5 万亩的有 8 个(石龙围、海鸥围、某镇、化龙围、莲花围、高新围、大坳围、四六村围)。围田分布以南部为主,其次分布于东部、北部沿干流一带,围内田面高程最低处为 -1 m、最高处为 1.2 m,北部围田田面高程较高,南部围田较低。高围田 0.61 ~0.9 m,分布于番顺围北部、石龙围及其他江堤地区;中围田 -0.19 ~0.6 m,分布于化龙围、莲花围、市石围、蕉东围、番顺围、鱼窝头围以及石龙、大坳、四六村等江堤地区围田;低围田 -0.2 ~ -0.9 m,分布于番顺围南部、蕉东围、海鸥围北部、市石围东南部为多。

本工程位于珠江三角洲滨海地区,南部与顺德接壤。工程所处位置水、陆路交通方便,工程附近缺乏天然均质黏土及砂石骨料,工程所需的机械、设备和各种建筑材料:土方、石方、碎石、砂、水泥、钢材、木材等可用自卸船舶、自卸汽车等机械运送到工地。区内水电供应充足。

13.1.2　项目概况及兴建缘由

某水闸地处市桥城区,该区域为中心地带,濒临港、澳,地理位置优越,交通便捷。目前,该区经济发展迅速,工业发达,镇村工业已具规模,初步形成以电子电器、精细化工、纺织服装、装备制造等为特色行业的外向型经济体系,房地产开发效益显著;大规模、产业化的水产养殖和现代化的花卉种植颇具特色,农业正朝向现代化方向发展。

为了适应某区经济转型发展的需要,某市水利局及某区水利局对其水利基础建设进行了规划论证,对防洪排涝体系的建设提出了明确的目标。

某镇属市桥河流域某镇涝区,该涝区现状为农村排灌标准,排涝能力为 10 年一遇 24 h暴雨遭遇外江 5 年一遇洪潮水位 3 d 排干,远不能满足规划城市排涝标准要求。根据

《水系规划》,确定广州某镇地区排涝标准为 20 年一遇 24 h 暴雨 1 d 排干不受灾。

某水闸位于某区政府广场南侧地区,某河涌附近地区城市化程度很高,为某区河涌重点整治范围。某河涌作为贯穿新城市中心区的一条重要河流,河道的水生态环境将直接影响到中心区城市的发展。某河涌的整治受到某区委、区政府的重视,已列入“惠民一号”工程。

某河涌河口处建有水闸和排涝泵站,现状排涝方式为水闸与排涝泵站结合的联合排涝方式;排涝泵站 2003 年建成,河口水闸建于 1976 年,闸门型式为直升式平面钢闸门,采用卷扬机启闭。水闸建设年代久远,受当时客观条件限制,工程存在标准偏低、施工质量差等问题。由于水闸的长期运行及工程老化,近年来出现很多问题,诸如混凝土老化、结构出现裂缝、金属结构严重锈蚀等。原有水工建筑物的功能单一、生态环境及景观效果考虑不足,与周边环境不协调。为统一规划布置并满足某河涌水体置换的要求,急需对水闸和泵站进行拆除重建。

某水闸的建设对于保护某镇免受涝水淹灾将具有重要意义,尽早安排该工程建设实施将是该地区工程建设的重要任务之一。

13.2　水　文

13.2.1　区域概况

某水闸地处珠江三角洲中心,位于某市南部、珠江三角洲中部河网地带临海地区,东临狮子洋,与东莞市隔江相望;西与佛山市南海区、顺德区及中山市相邻;北与某市海珠区相接;南滨珠江出海口,外出南海。

闸址区域位于某区市桥河支流某河涌上,某河涌是市桥河北岸的一级支流,位于沙墟涌与石岗西涌之间,河道总流域面积 0.975 km^2,河道全长 1.75 km。河道地处某区新城区的中心地段,由某区政府东侧流经番禺广场,沿广场东路向南,经黄沙岛花园转向东南,在市桥二桥附近汇入市桥河。

13.2.2　水文气象特性

番禺位于北回归线以南,冬无寒冬,夏无酷暑,气候温暖,雨量充沛。在气候区划上属于南亚热带湿润大区闽南—珠江区,海洋对当地气候的调节作用非常明显。根据工程地区附近市桥气象站 1960 ~ 2001 年资料统计,该地多年平均气温 21.9 ℃,最高气温一般出现在 7 ~ 8 月,历年最高气温 37.5 ℃,最低气温出现在 12 月至次年 2 月,历年最低气温为 -0.4 ℃。

从该地区的暴雨洪水特性看,每年 4 ~ 6 月为前汛期,降雨以锋面雨为主,暴雨量级不大,局地性很强,时程分配比较集中,年最大暴雨强度往往发生在该时段内。7 ~ 8 月为后汛期,受热带天气系统的影响,进入盛夏季节,降雨以台风雨为主,降雨时程分配较均匀,降雨范围广,总量大。某区的洪水主要来自西江、北江和流溪河,因此区内洪水受流域洪水特性所制约,具有明显的流域特征。

某区位于珠江三角洲中部网河区，河道属感潮河道，汛期受来自流溪河、北江、西江洪水的影响，又受来自伶仃洋的潮汐作用，洪潮混杂，水流流态复杂。

13.2.3 排涝分析计算

闸址处的河涌上游为某区政府所在地，下游大部分地区也基本上以城镇居住地为主，仅有少量农田和水塘，现状水面率为 3.69%。在暴雨期间，参加调蓄的涌容主要为某河涌的涌容。经调蓄计算，河涌常水位采用 0.6 m，河涌最高控制水位采用 1.75 m，最高洪水位1.69 m。

13.3 工程地质

13.3.1 区域地质背景

闸址区域地处珠江三角洲冲积平原，地势低平，总体上由北、西北向东南倾斜，主要地貌形态为平原地貌及丘陵地貌，平原区地面高程 0 ~5 m(珠基，下同)，丘陵区最大高程一般小于 100 m。区内水系发育、河网交错，属珠江三角洲河网的一部分。

闸址区域内地层结构较简单，第四系地层分布广泛，第四系地层岩性从上至下主要为全新统人工填土层(Q_4^{ml})、全新统海陆交互相沉积层(Q_4^{mc})、上更新统冲积层(Q_3^{al})和残积土层(Q^{el})。

基岩主要为下第三系(E)、白垩系(K)沉积岩和燕山期(γ)侵入岩及元古界(P_t)变质岩。

位于粤中拗褶断束的南部，西北江三角洲次稳定区。区内第四系广泛分布，区内及周围断裂较少，且以弱活动断裂为主，断裂的地震活动水平较低，新构造运动总趋势是相对平稳的。总体来说，工程区区域构造环境相对稳定。

根据 2001 年国家质量技术监督局批准的 1∶400 万《中国地震动参数区划图》(GB 18306—2001)，工程区的地震动峰值加速度为 0.10*g*(相应的地震基本烈度为 7 度)，动反应谱特征周期为 0.35 s。

13.3.2 闸址区工程地质条件

某水闸坐落于某区市石联围内的某河涌上。某河涌呈北西—南东向，河涌宽 20 ~ 25 m，主河槽底高程 -3.67 ~ -0.87 m，河涌两岸地面高程 1.62 ~4.24 m，一般地面高程 2.20 ~ ~3.50 m。闸址及其附近河涌两侧现为浆砌石挡墙护岸，岸坡稳定性较好。

根据地质勘察及土工试验成果，在勘探深度(最大勘探深度 45.30 m)范围内，闸址区的地层岩性主要为第四系全新统人工填土(Q_4^{ml})，第四系全新统海陆交互相(Q_4^{mc})淤泥质粉质黏土、淤泥质黏土、淤泥质细砂，第四系(Q^{el})残积土，白垩系(K)泥岩、泥质粉砂岩。依据某区地层统一划分原则，自上至下分为：第①层人工填土(Q_4^{ml})，第②层软土层(Q_4^{mc})，第⑥层残积土(Q^{el})，第⑦层基岩。第③层黏性土、第④层淤泥质土、第⑤层砂性土均属第四系上更新统河流冲积层(Q_3^{al})，在本闸址区无分布。

闸址区地下水类型主要为第四系孔隙潜水和基岩裂隙水。勘察期间地下水埋深

1.50 ~4.95 m,地下水位 -1.49 ~0.81 m,河涌、市桥水道水位约 -1.20 m。

勘察期间闸址处地表水属中性水,总硬度属微硬水—硬水。根据《水利水电工程地质勘察规范》(GB 50287—99),重建水闸区的地表水对混凝土无腐蚀,但其水质受外江潮水和工业与生活排放污水影响较大。

闸址区土层一般不具有溶陷性和盐胀性,对混凝土一般不会产生有害影响。

13.3.3　闸址区工程地质条件及评价

13.3.3.1　地形地貌

某水闸重建闸址附近某河涌呈北西—南东向。以闸址为界,河涌西北段宽 20 ~25 m,主河槽底高程 -1.67 ~ -1.54 m;东南段宽 20 ~23 m,主河槽底高程 -2.50 ~ -0.87 m,河涌底面起伏较大。闸址东南约 25 m 为市桥水道,其在闸址附近呈北东东向展布,主河槽底高程 -3.67 ~ -2.50 m。闸址及其附近河涌两侧现为浆砌石挡墙护岸,岸坡稳定性较好。河涌东北岸为景点和建筑物,地面高程 1.62 ~2.66 m,一般地面高程 2.20 ~ ~2.50 m;河涌西南岸为景点和建筑物,地面高程 2.18 ~4.24 m,一般地面高程 2.20 ~3.50 m。

13.3.3.2　地层岩性

根据地质勘察及土工试验成果,依据某区地层统一划分原则,在勘探深度(最大勘探深度 45.30 m)范围内,闸址区的地层岩性自上至下分为:第①层第四系全新统人工填土(Q_4^{ml}),第②层第四系全新统海陆交互相软土层(Q_4^{mc}),第⑥层第四系残积土(Q^{el}),第⑦层基岩。第③层黏性土、第④层淤泥质土、第⑤层砂性土均属第四系上更新统河流冲积层(Q_3^{al}),在本闸址区无分布。具体地层结构从上至下分述如下:

第①层(Q_4^{ml})为第四系全新统人工填筑土,灰黄色,表部为碎石土或混凝土路基,厚约 0.30 m。中下部为砂土、粉质黏土、壤土等,稍湿,标贯击数 6 ~7 击,松散。该层厚度 0 ~5.10 m,一般厚 2.00 ~3.00 m。层底高程为 -1.47 ~0.66 m。在闸址区分布不连续,主要分布于水闸附近及河涌两岸。

第②层(Q_4^{mc})为第四系全新统海陆交互相软土层,分为 3 个亚层:

第② -1 层为灰黑色淤泥质粉质黏土,夹薄层灰黑色淤泥质砂壤土、粉细砂。流塑—软塑,标贯击数 3 ~4 击。层厚 0 ~3.46 m,一般厚 1.50 ~3.00 m。层底高程 -4.18 ~ -2.04 m。该层分布不连续,在市桥水道附近缺失。

第② -2 层为灰黑色淤泥质细砂,局部为中细砂,泥质含量较高(黏粒含量 17.4% ~30.1%,砂粒含量 50.7% ~67.0%)。标贯击数为 3 ~6 击,松散。层厚 0.60 ~3.20 m,一般厚 2.00 ~3.00 m。层底高程 -6.43 ~ -4.28 m。该层在闸址区分布连续。

第② -3 层为灰褐色、灰黑色淤泥质黏土,流塑—软塑状,标贯击数 1 ~4 击。该层厚 1.60 ~7.02 m,一般厚 3.00 ~6.00 m。层底高程 -11.53 ~ -7.53 m。分布连续。

第⑥层(Q^{el})为第四系残积土,岩性为砖红色夹杂色黏性土(粉质黏土、壤土)、灰白色中细砂,黏性土呈硬塑状,砂性土密实,标贯击数 9 ~50 击,标贯击数一般≥50 击。该层厚 4.53 ~12.36 m,一般厚 5.00 ~11.00 m。层底高程 -20.60 ~ -13.93 m。该层在闸址区分布连续。

第⑦层(K)为白垩系沉积岩,主要为浅暗红色泥岩、泥质粉砂岩。本次勘察揭露最大厚度 26.40 m,未揭穿,揭露最低高程 -42.99 m。该层在闸址区均有分布。根据风化程度的不同,分为全风化带、强风化带两亚层。

(1)全风化带:岩石已风化成土状,偶见原岩结构。厚度 6.43 ~20.80 m,一般厚 7.00 ~13.00 m。全风化带下限高程 -37.37 ~ -20.43 m。

(2)强风化带:岩石风化强烈,岩芯呈饼状、碎块状,偶见短柱状,原岩结构破坏严重。本次勘察揭露厚度 3.09 ~7.10 m,未揭穿,揭露最低高程 -42.99 m。

13.3.3.3　岩土的物理力学性质

本次对某水闸地质勘察进行了标准贯入、十字板剪切、静力触探等现场试验,并分层取不扰动土样和扰动土样进行了室内试验。十字板剪切、静力触探试验成果统计结果见表 13-1。

表 13-1　某水闸重建工程静力触探及十字板剪切试验成果统计

层号	土层名称	统计项目	静力触探试验		十字板剪切试验		
			锥尖阻力 q_c (MPa)	侧壁摩阻力 f_s (kPa)	原状土抗剪强度 C_u (kPa)	重塑土抗剪强度 C_u (kPa)	灵敏度 S_t
①	填筑土(砂性土)	组数	11	11			
		最大值	3.32	53.90			
		最小值	0.01	0.00			
		平均值	0.78	15.58			
②-1	淤泥质粉质黏土	组数	27	27	3	3	3
		最大值	2.19	100.40	54.2	18.2	3.1
		最小值	0.42	6.10	24.1	7.8	2.4
		平均值	0.99	28.52	37.8	13.5	2.8
②-2	淤泥质细　砂	组数	29	29	3	3	3
		最大值	2.19	11.50	89.6	40.5	4.1
		最小值	0.25	3.90	13.0	3.2	2.2
		平均值	1.20	6.07	63.6	26.9	2.9
②-3	淤泥质黏　土	组数	57	57	4	4	4
		最大值	1.63	10.90	35.5	8.9	4.9
		最小值	0.00	0.00	6.8	1.4	4.0
		平均值	0.32	3.48	25.3	6.2	4.1
⑥	残积土	组数	20	20			
		最大值	6.84	19.20			
		最小值	0.01	0.00			
		平均值	0.38	3.05			

从表 13-1 可以看出:上部第② - 1 层软土的强度较低,其锥尖阻力平均值为 0.99 MPa,该土层原状土的抗剪强度平均值为 37.8 kPa,灵敏度平均值为 2.8,具中等灵敏性;② - 3 层淤泥质黏土锥尖阻力平均值为 0.32 MPa,原状土的抗剪强度平均值为 25.3 kPa,灵敏度平均值为 4.1,具高灵敏性。

十字板剪切试验和静力触探试验均在闸肩部位进行,由于受压实作用和土质自身条件(软土层中常夹有薄层细砂、贝壳等)的影响,十字板剪切试验所测得的不排水抗剪强度峰值一般偏高。因此,实际应用时应根据土质条件和当地经验对测定值进行适当的修正。

标准贯入试验结果(见表 13-2)表明:第①层填筑土的标贯击数为 6 ~7 击,呈松散状态;第② - 1 层、第② - 3 层淤泥质黏性土标贯击数 1 ~4 击,呈流塑—软塑状;第② - 2 层淤泥质细砂标准贯入击数 3 ~6 击,呈松散状;第⑥层残积土除顶部外,中下部标贯击数 ≥50 击,黏性土呈硬塑状,砂性土呈密实状态。

表 13-2　某水闸重建工程标准贯入试验成果统计

层号	①	② - 1	② - 2	② - 3	⑥
岩性	填筑土	淤泥质粉质黏土	淤泥质细砂	淤泥质黏土	残积土
组数	2	3	3	6	8
最大值(击)	7	4	6	4	>50
最小值(击)	6	3	3	1	9
平均值(击)	7	4	5	3	50

本次某水闸地质勘察分别取不扰动土样和扰动土样进行了室内土工试验和渗透试验,对工程区内的全风化—强风化泥质粉砂岩及泥岩取样进行了室内抗压强度试验。室内试验统计结果见表 13-3、表 13-4。根据室内土工试验、现场原位测试和类似工程经验提出某水闸物理力学指标建议值,见表 13-5。

表 13-3　某水闸重建工程岩石室内抗压强度试验成果

地层时代		白垩系(K)	
岩石名称		泥质粉砂岩	泥岩
风化程度		全风化	强风化
单轴饱和抗压强度(MPa)	试验组数(组)	1	3
	最大值	13.9	12.6
	最小值	13.9	4.1
	平均值	13.9	7.9

表 13-4　某水闸重建工程岩土层室内试验物理力学指标统计

土层编号	岩性	统计项目	颗粒组成	天然状态基本物理指标							土粒比重 G_s	固结试验		渗透试验	直剪试验				备注
			黏粒 <0.005 (%)	含水率 ω (%)	湿密度 ρ (g/cm^3)	干密度 ρ_d (g/cm^3)	孔隙比 e	孔隙率 n (%)	饱和度 S_r (%)	液性指数 I_L		压缩系数 A_{v1-2} (MPa^{-1})	压缩模量 E_{s1-2} (MPa)	垂直渗透系数 k_{20} (cm/s)	饱和快剪		饱和固结快剪		
															黏结力 c_q (kPa)	摩擦角 φ_q (°)	黏结力 c_q (kPa)	摩擦角 φ_q (°)	
①	填筑土(砂性土)	组数	2																
		最大值	6.2																
		最小值	6.2																
		平均值	6.2																
②-1	淤泥质粉质黏土	组数	6	3	3	3	3	3	3	3	3	3	3	3	2	2	1	1	
		最大值	48.8	66.1	1.74	1.20	1.950	66.1	97	1.20	2.71	1.595	2.893	6.55E-06	6.88	10.1	15.39	19.0	
		最小值	39.1	44.7	1.52	0.92	1.254	55.6	92	0.78	2.70	0.779	1.849	5.00E-07	5.91	6.6	15.39	19.0	
		平均值	42.8	52.6	1.65	1.09	1.512	59.6	94	0.99	2.70	1.096	2.430	3.61E-06	6.40	8.4	15.39	19.0	
②-2	淤泥质细砂	组数	5	2	2	2	2	2	2	2	2	2	2	2	1	1	1	1	
		最大值	30.1	31.2	1.97	1.58	0.946	48.6	95	0.90	2.70	0.418	4.669	1.32E-05	10.44	24.4	8.67	28.8	
		最小值	17.4	24.7	1.82	1.39	0.703	41.3	89	0.73	2.69	0.372	4.609	7.44E-06	10.44	24.4	8.67	28.8	
		平均值	24.0	28.0	1.90	1.48	0.825	44.9	92	0.81	2.70	0.395	4.639	1.03E-05	10.44	24.4	8.67	28.8	
②-3	淤泥质黏土	组数	10	6	6	6	6	6	6	6	6	6	6	6	2	2	4	4	
		最大值	63.4	59.6	1.78	1.25	1.710	63.1	98	1.13	2.71	1.486	2.962	8.48E-06	8.07	7.3	11.34	18.3	
		最小值	43.7	42.0	1.57	1.00	1.162	53.7	91	0.71	2.70	0.730	1.824	4.30E-07	4.95	6.3	3.81	8.7	
		平均值	51.4	51.3	1.67	1.10	1.464	59.1	95	1.02	2.70	1.109	2.313	4.41E-06	6.51	6.8	9.23	11.7	
⑥	残积土	组数	11	4	4	4	4	4	4	3	4	4	4	4	3	3	1	1	
		最大值	48.7	28.2	2.08	1.80	0.791	44.2	97	0.46	2.73	0.533	9.930	3.77E-05	35.86	36.6	20.19	28.3	
		最小值	10.1	15.7	1.94	1.51	0.491	32.9	77	-0.07	2.68	0.151	3.362	6.24E-07	5.00	28.5	20.19	28.3	
		平均值	24.8	20.2	2.02	1.68	0.616	37.8	88	0.20	2.71	0.333	5.898	1.08E-05	17.30	31.8	20.19	28.3	

表 13-5 某水闸重建工程岩土层物理力学指标建议值

土层编号	岩性	天然状态基本物理指标					土粒比重 G_s	固结试验		渗透试验	直剪试验				承载力特征值(kPa)
		含水率 ω (%)	湿密度 ρ (g/cm³)	干密度 ρ_d (g/cm³)	孔隙比 e	液性指数 I_L		压缩系数 A_{v1-2} (MPa^{-1})	压缩模量 E_{s1-2} (MPa)	垂直渗透系数 k_{20} (cm/s)	饱和快剪		饱和固结快剪		
											黏结力 c(kPa)	摩擦角 φ(°)	黏结力 c(kPa)	摩擦角 φ(°)	
①	填筑土(砂性土)														100~120
②-1	淤泥质粉质黏土	53	1.65	1.09	1.512	0.99	2.70	1.096	2.4	1.0E-05	4~7	4~6	7~10	8~10	60~80
②-2	淤泥质细砂	28	1.90	1.48	0.825	0.81	2.70	0.400	4.6	5.0E-04	0	12~15	0	12~15	70~90
②-3	淤泥质黏土	51	1.67	1.10	1.464	1.02	2.70	1.109	2.3	1.0E-05	4~7	5~7	7~10	8~11	60~80
⑥	残积土	20	2.02	1.68	0.616	0.20	2.71	0.333	4.9	5.0E-05	8~10	12~15			120~140
⑦	全风华、强风化泥岩														130~150
	全风化、强风化泥质粉砂岩														140~160

13.3.3.4 环境介质条件

1. 水环境

闸址区地下水类型主要为第四系孔隙潜水和基岩裂隙水。孔隙潜水主要赋存于海陆交互相沉积的 Q_4^{mc} 细砂层中；第四系黏性土透水性微弱，具弱—微透水性。基岩裂隙水主要赋存于下部基岩裂隙中，接受上部潜水的补给。地下水主要接受大气降水、地表水的补给，地下水的排泄方式主要有蒸发、人工开采和侧向径流排入河涌。勘察期间地下水位埋深 1.50 ~ 4.95 m，地下水位 -1.49 ~ 0.81 m，河涌、市桥水道水位约 -1.20 m。

本次勘察期间在闸址处取水样 2 组。试验结果表明，闸址处地表水的 pH 为 6.71 ~ 6.94，属中性水；总硬度为 124.92 ~ 209.26 mg/L，属微硬水—硬水。根据《水利水电工程地质勘察规范》(GB 50287—99)，环境水对混凝土的腐蚀性判别结果，重建水闸区的地表水对混凝土无腐蚀(见表 13-6)。其水质受外江潮水和工业与生活排放污水影响较大。

表 13-6 某水闸重建工程环境水对混凝土腐蚀性评价

腐蚀性类型		腐蚀性特征判定依据	腐蚀性特征含量	无腐蚀指标	腐蚀性评价
分解类	溶出型	HCO_3^- 含量(mmol/L)	3.822 ~ 4.238	>1.07	无分解类腐蚀
	一般酸性型	pH	6.71 ~ 6.94	>6.5	
	碳酸型	侵蚀性 CO_2 含量(mg/L)	0	<15	
复合类	硫酸镁型	Mg^{2+} 含量(mg/L)	5.31 ~ 10.11	<1 000	无复合类腐蚀
结晶类	硫酸盐型	SO_4^{2-} 含量(mg/L)	25.17 ~ 46.16	<250	无结晶类腐蚀

2. 土的化学分析

在勘察过程中分别取各土层土样共 6 组进行了有机质及易溶盐分析，见表 13-7。分析结果表明，闸址区各土层有机质含量为 0.76% ~ 2.15%，小于 5%，各土层为无机土。土层易溶盐含量均小于 0.51%，平均 0.34%，一般不具有溶陷性和盐胀性，对混凝土一般不会产生有害影响。

表 13-7 某水闸重建工程有机质及易溶盐试验成果统计

试验项目	有机质含量		易溶盐含量	
	%	g/kg	%	g/kg
组数	6	6	6	6
最 大 值	2.15	21.54	0.51	5.12
最 小 值	0.76	7.62	0.18	1.75
平 均 值	1.65	16.53	0.34	3.40

13.4 工程任务和规模

13.4.1 排涝计算

13.4.1.1 基本原理

某河涌排涝片区内地势平坦，河涌密布，而且各河涌比降较小，分区面积不大，水流流向不定，河涌滞蓄能力较强。所以，本次将某河涌排涝片的河网概化为等容积的湖泊考虑，蓄排演算采用“平湖法”进行。

“平湖法”的基本计算原理为

河网滞蓄水量：

$$V_2 = V_1 + \frac{q_1 + q_2}{2}T - \frac{Q_1 + Q_2}{2}T \tag{13-1}$$

式中　V_1、V_2——时段初、时段末滞蓄水量，m^3；

q_1、q_2——时段初、时段末涝水流量，m^3/s；

Q_1、Q_2——时段初、时段末排水流量，m^3/s；

T——计算时段，h。

13.4.1.2　**计算方法**

1. 水闸排涝能力计算

水闸自排流量按宽顶堰淹没出流考虑，水闸排水流量的计算，根据淹没度不同，分别采用不同的计算公式。

当淹没度小于 0.9 时，采用公式为

$$Q = B_0 m\varepsilon\sigma\sqrt{2g}H_0^{3/2} \tag{13-2}$$

式中　B_0——闸孔总净宽，m；

Q——过闸流量，m^3/s；

σ——堰流淹没系数，计算公式见《水闸设计规范》（SL 265—2011）附录 A；

ε——堰流侧收缩系数，计算公式见《水闸设计规范》（SL 265—2011）附录 A，粗略可按 0.9 ~ 0.95 计；

m——堰流流量系数，取 0.385（仅限于无坎高的平底宽顶堰）；

H_0——计入行近流速水头的堰上水深，m。

当淹没度不小于 0.9 时，采用公式为

$$Q = B_0\mu_0 h_s\sqrt{2g(H_0 - h_s)} \tag{13-3}$$

$$\mu_0 = 0.877 + (h_s/H_0 - 0.65)^2$$

式中　Q——过闸流量，m^3/s；

B_0——闸孔总净宽，m；

μ_0——淹没堰流的综合流量系数；

H_0——堰上水深，m；

h_s——下游水深，m。

2. 泵站设计流量计算

泵站抽排按涝区积水总量和设计排涝历时进行计算。

$$Q = \frac{W}{3\,600T} \tag{13-4}$$

式中　Q——泵站设计流量，m^3/s；

W——设计涝水量，m^3；

T——设计排涝历时，h。

在实际分析计算中，由式（13-4）计算的泵站设计流量作为初值，结合闸排联合计算最终确定泵站设计流量。

13.4.2 计算条件

13.4.2.1 河涌最高控制水位

某河涌排涝片现状地面高程多在1.8 m以上,局部低洼地为1.6 m左右。根据某河涌的整治设计情况,将某河涌排涝片的最高控制水位定为1.75 m。

13.4.2.2 河涌起调水位

本次分析河涌起调水位首先应该满足该地区的排涝要求,然后根据该地区能满足景观要求、亲水要求和水环境需要,排涝时河涌常水位确定为0.6 m,以利于外江低潮时自流抢排。为了工程安全起见,在调蓄计算时,河涌起调水位也选为0.6 m。

13.4.2.3 河涌水位—容积关系曲线

现状条件下,沙墟涌的容积曲线根据1∶500实测平面图量取。某河涌的涌容根据整治设计断面计算,某河涌排涝片规划河道河涌水位—容积关系见表13-8。

表13-8 某河涌排涝片规划河道河涌水位—容积关系

水位(m)	容积(万 m^3)		
	某河涌	沙墟涌	合计
-1.6	0	0	0
-1.4	0.08	0.10	0.18
-1.2	0.34	0.41	0.75
-1.0	0.76	0.91	1.67
-0.8	1.26	1.51	2.77
-0.6	1.85	2.22	4.07
-0.4	2.49	2.99	5.48
-0.2	3.14	3.77	6.91
0.0	3.79	4.55	8.34
0.2	4.45	5.34	9.79
0.4	5.11	6.13	11.24
0.6	5.78	6.94	12.72
0.8	6.45	7.74	14.19
1.0	7.13	8.56	15.69
1.2	7.81	9.37	17.18
1.4	8.50	10.20	18.70
1.6	9.19	11.03	20.22
1.8	9.89	11.87	21.76
2.0	10.59	12.71	23.30

13.4.2.4 外江水位

通过对《市桥河水系综合整治修编报告》中雁洲水闸修建后的调蓄计算结果分析,三沙口站5年一遇典型潮位最高水位1.96 m,最低水位-0.84 m。雁洲水闸以上流域20年一遇洪水遭遇外江5年一遇潮位过程时,雁洲水闸以上市桥站最高水位为1.75 m,最低水位为-0.78 m。本书采用某河涌排涝区市桥水道外江潮位过程最高潮位1.86 m、最低潮位-0.79 m,与雁洲水闸的闸前水位过程接近,并偏于不利情况。所以,对于某水闸和沙墟水闸的外江水位过程,采用以三沙口站为依据站,以三沙口站典型潮型为潮型的多年平均高潮位过程和多年平均最高潮位过程两种潮位过程。

13.4.2.5　内涝洪水和外江水位组合

在内河涌涝水与外江潮位组合方面,本书对以下两组水文组合分别进行调蓄计算。水文组合 1:排涝区 20 年一遇洪水过程的洪峰,遭遇外江高潮位均值过程,洪峰与潮峰同时遭遇,计算自排情况下的水闸规模;水文组合 2:排涝区 20 年一遇洪水过程的洪峰,遭遇外江年最高潮位过程,洪峰与潮峰同时遭遇,分析是否有泵排需要,计算泵站流量,并复核水闸规模。

13.4.3　调蓄计算结果

调蓄计算时,首先根据某河涌排涝片的排涝工程总体布局,结合工程布置特点,初步拟定水闸规模和泵站规模,通过试算,经分析比较,最终确定满足该地区排涝需求且经济合理的水闸及泵站设计规模。经试算和分析比较,对于沙墟涌和某河涌连通方案,某河涌最高洪水位高于最高控制水位 1.75 m。所以,推荐某河涌和沙墟涌独立排涝方案。本次仅列出某河涌独立排涝情况下的调蓄计算成果,自排和抽排工况下调蓄结果分别见表 13-9 和表 13-10,水位变化曲线分别见图 13-1 和图 13-2。初步拟定的某水闸的闸宽为 7 m,泵站设计流量为 3.1 m^3/s。

表 13-9　某河涌排涝片调蓄计算成果(水文组合 1)

时间(h)	闸前水位(m)	外江水位(m)	洪水过程(m^3/s)	某水闸过闸流量(m^3/s)	备注
1	0.6	-0.64	0		维持河涌水位为常水位 0.6 m。相机泄流
2	0.6	-0.70	0.1		
3	0.6	-0.65	0.4		
4	0.6	-0.39	0.6		
5	0.6	-0.01	1		
6	0.6	0.39	2		
7	0.65	0.64	5.6		
8	0.71	0.68	12.5	16.0	开闸抢排
9	0.64	0.59	11.5	13.5	
10	0.6	0.43	6.6		控制闸内水位为常水位 0.6 m
11	0.6	0.21	4.2		
12	0.6	-0.02	2		
13	0.6	-0.23	1		
14	0.6	-0.39	0.5		
15	0.6	-0.48	0.2		
16	0.6	-0.47	0.1		
17	0.6	-0.34	0		
18	0.6	-0.15	0		
19	0.6	0.05	0		
20	0.6	0.15	0		
21	0.6	0.13	0		
22	0.6	0.03	0		
23	0.6	-0.12	0		
24	0.6	-0.29	0		

表 13-10　某河涌排涝片调蓄计算成果(水文组合 2)

时间(h)	闸前水位(m)	外江水位(m)	洪水过程(m^3/s)	某水闸过闸流量(m^3/s)	罗家泵站流量(m^3/s)	备注
1	0.6	0.72	0	0	0	河涌从常水位 0.6 m 起调,水闸控制
2	0.6	0.84	0	0	0	
3	0.6	0.79	0	0	0	
4	0.6	0.61	0	0	0	
5	0.6	0.39	0	0	0	
6	0.6	0.19	0	0	0	
7	0.6	0.05	0.1	0	0	
8	0.6	0.00	0.4	0	0	
9	0.6	0.16	0.6	0	0	
10	0.6	0.82	1	0	0	外江水位升高,洪水暂时蓄于河涌,泵站抽排
11	0.6	1.45	2	0	3.0	
12	0.73	1.84	5.6	0	3.1	
13	1.35	1.86	12.5	0	3.1	
14	1.69	1.68	11.5	13.0	0	河涌水位高于外江水位,开闸抢排
15	1.45	1.44	6.6	8.9	0	
16	1.13	1.12	4.2	8	0	
17	0.82	0.82	2	4	0	
18	0.6	0.54	1	1	0	控制闸内水位为常水位 0.6 m
19	0.6	0.29	0.5	0.5	0	
20	0.6	0.09	0.2	0.2	0	
21	0.6	-0.09	0.1	0.1	0	
22	0.6	-0.24	0	0	0	
23	0.6	-0.2	0	0	0	
24	0.6	0.26	0	0	0	

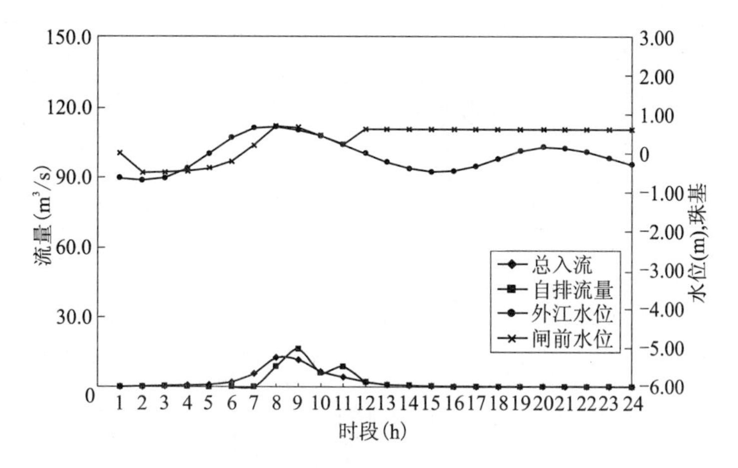

图 13-1　某河涌排涝片自排情况下水位变化过程线(水文组合 1)

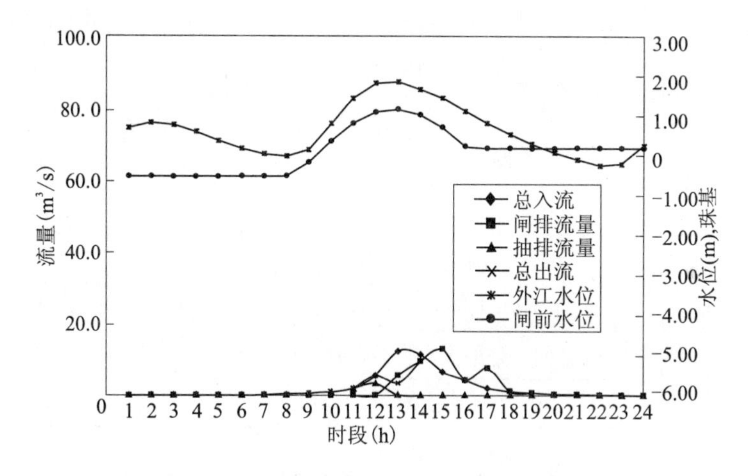

图 13-2　某河涌排涝片抽排情况下水位变化过程线(水文组合 2)

从计算结果看,水文组合 1 情况下,某河涌最高水位为 0.71 m,某水闸最大出流量为 16.0 m^3/s。水文组合 2 情况下,某河涌最高水位 1.69 m,罗家泵站最大出流量为13.0 m^3/s。

13.4.4　水闸及泵站设计规模

13.4.4.1　水闸设计规模和参数

根据《水闸设计规范》(SL 265—2001)的规定,水闸工程应根据最大过闸流量及其防护对象的重要性划分等别,且其级别不得低于河涌工程的级别。某水闸设计闸门宽度 7 m,最大过闸流量 16.0 m^3/s,水闸主要建筑物级别为 1 级。某水闸的主要设计参数见表 13-11。

表 13-11　某水闸基本设计参数

项目	参数类型	某水闸
闸门设计参数	闸底高程(m)	-1.52
	闸孔净宽(m)	7
	最大过闸流量(m^3/s)	16.0
	最大单宽流量($m^3/(s\cdot m)$)	2.29
河涌特征水位	常水位(m)	0.60
	最高控制水位(m)	1.75
	预排时最低水位(m)	-0.50
	20 年一遇最高水位(m)	1.69
外江水位	外江(河涌)名称	市桥水道
	多年平均高潮位(m)	0.69
	多年平均低潮位(m)	-0.79
	多年平均最高潮位(m)	1.86
	100 年一遇设计水位(m)	2.10
自排工况	最大过闸流量(m^3/s)	16.0
	单宽流量($m^3/(s\cdot m)$)	3.2
	开闸内外最大水位差(m)	0.07
	闸内最高水位(m)	0.71
	河涌最高水位(m)	0.76
抽排工况	最大过闸流量(m^3/s)	13.0
	单宽流量($m^3/(s\cdot m)$)	1.86
	开闸内外最大水位差(m)	0.06
	闸内最高水位(m)	1.69
	河涌最高水位(m)	1.75

13.4.4.2　泵站设计规模和参数

根据初步拟定的泵站规模,经各排涝区调蓄计算,认为本次拟定的泵站规模是比较合理的,能够满足该地区的排涝要求。根据《泵站设计规范》(GB/T 50265—97)的规定,泵站工程应根据最大排涝流量及其防护对象的重要性划分等别。泵站设计排涝流量为 3.1 m^3/s,与某水闸并排布置,其主要建筑物级别也为 1 级。泵站工程基本设计参数见表 13-12。

表 13-12　泵站工程基本设计参数

泵站名称		罗家泵站
设计排涝流量(m^3/s)		3.1
河涌	最高水位(m)	1.69
	设计水位(m)	0.65
	最高运行水位(m)	1.75
	最低运行水位(m)	0.60
外江	防洪水位(m)	2.10
	设计水位(m)	1.20
	最高运行水位(m)	1.78
	最低运行水位(m)	-1.00
	平均水位(m)	0.59

13.5　水闸、泵站结构设计

13.5.1　设计依据

13.5.1.1　依据的规程、规范

本工程设计采用的规范、规程和技术标准主要包括：

(1)《防洪标准》(GB 50201—94)。

(2)《水利水电工程等级划分及洪水标准》(SL 252—2000)。

(3)《水利水电工程初步设计报告编制规程》(DL 5021—93)。

(4)《堤防工程设计规范》(GB 50286—98)。

(5)《城市防洪工程设计规范》(CJJ 50—92)。

(6)《水闸设计规范》(SL 265—2001)。

(7)《泵站设计规范》(GB/T 50265—97)。

(8)《水工挡土墙设计规范》(SL 379—2007)。

(9)《水工建筑物抗震设计规范》(SL 203—97)。

(10)《水工建筑物荷载设计规范》(DL 5077—97)。

(11)《水工混凝土结构设计规范》(SL/T 191—2008)。

(12)《建筑地基基础设计规范》(GB 50007—2002)。

(13)《建筑地基处理技术规范》(JGJ 79—2002)。

(14)《公路桥涵设计通用规范》(JTG D60—2004)。

(15)《工程建设标准强制性条文》水工部分。

不限于以上内容，未尽事宜参照国家相关规范、规程。

13.5.1.2　工程建筑物级别

某水闸(含泵站)的工程级别应按照《堤防工程设计规范》(GB 50286—98)、《泵站设计规范》(GB/T 50265—97)及《水闸设计规范》(SL 265—2001)的规定。

堤防工程上的水闸及泵站等建筑物设计防洪标准不应低于堤防工程的防洪标准，并应

留有适当的安全裕度。某水闸排涝保护对象为市石联围地区;水闸处于某河涌入市桥水道河口处,市桥水道为外江,堤防的级别为1级。因此,确定水闸的主要建筑物级别为1级。

泵站工程处于某河涌入市桥水道河口处,市桥水道堤防的级别为1级。最终确定泵站的主要建筑物级别为1级。

某水闸(含泵站)工程采用泵闸结合的型式,主要建筑物级别为1级,次要建筑物级别为3级。

13.5.1.3 设计基本资料

1. 地震设防烈度

根据2001年中国地震局编制的1∶400万《中国地震动参数区划图》(GB 18306—2001),工程区的地震动峰值加速度为0.10g,动反应谱特征周期为0.35 s,相应的地震基本烈度为7度。

根据水闸和泵站的规范规定,本工程水闸和泵站的抗震设计标准为7度。

2. 水文气象

多年平均降水量1 633 mm,多年平均气温21.9 ℃,多年平均风速2.5 m/s,多年平均蒸发量1 526 mm。

3. 调蓄计算结果

自排情况下和抽排情况下某水闸的调蓄计算结果见表13-9、表13-10。

从计算结果看,自排情况下,某河涌最高水位为0.71 m,某水闸最大出流量为16.0 m^3/s。抽排情况下,某河涌最高水位1.69 m,罗家最大出流量为13.0 m^3/s。

4. 设计参数

1)水闸设计参数

某河涌排涝片调蓄计算成果参数见表13-9、表13-10,水闸设计参数见表13-11。

2)泵站设计参数

某河涌位于某区沙湾以北的市桥城区,是市桥水道的支流。罗家泵站排涝标准采用20年一遇24 h设计暴雨1 d排完。

泵站设计参数见表13-13。

表13-13　泵站设计参数

基本参数		罗家泵站
设计排涝流量(m^3/s)		3.1
某河涌(内河)水位	设计水位(m)	0.65
	最高运行水位(m)	1.75
	最低运行水位(m)	0.60
市桥水道(外江)水位	防洪水位(m)	2.10
	设计水位(m)	1.20
	最高运行水位(m)	1.78
	最低运行水位(m)	-1.00
	平均水位(m)	0.59
设计净扬程(m)		0.55
最高净扬程(m)		1.18
最低净扬程(m)		0

3)水闸及泵站岩土层物理力学指标建议值

水闸及泵站岩土层物理力学指标建议值见表13-5。

13.5.2　闸(泵)址选择

13.5.2.1　选址原则

(1)满足《市桥河水系综合整治规划修编报告》和《某区水利现代化综合发展规划报告》,以及某区委、区政府的要求,贯彻"综合治理"的思想,使防洪排涝工程和堤防工程及生态景观营造有机结合。

(2)结合规划路网,贯彻减少占地及移民拆迁的原则。

(3)综合考虑水源水流条件、地形、地质、电源、堤防布置、对外交通、施工管理等因素。

(4)出水口应有良好的出水条件,避免建在崩岸或淤积严重的河段。

13.5.2.2　闸(泵)址选择

某水闸(含泵站)工程以排涝防洪为主,主要承担市石联围地区的排涝任务。

某水闸位于某区政府广场南侧地区,某河涌附近地区城市化程度很高,为某区河涌重点整治范围。某河涌作为贯穿新城市中心区的一条重要河流,河道的水生态环境将直接影响到中心区城市的发展。某河涌的整治受到某区委、区政府的重视,已列入"惠民一号"工程。

某河涌河口处建有水闸和排涝泵站,现状排涝方式为水闸与排涝泵站结合的联合排涝方式;低潮位利用水闸自排,高潮位时关闸挡潮。排涝泵站2003年建成,河口水闸建于1976年,闸门型式为直升式平面钢闸门,采用卷扬机启闭。

原某水闸位于某河涌的末段处,出闸后约35 m即为市桥水道。本次设计新选闸(泵)址根据地形地质条件、市政规划、周围建筑以及工程布置、运用管理等要求,基本选在旧闸址处,旧闸拆除。

13.5.2.3　工程总体布置

1.布置原则

(1)泵闸的进出口段水流均匀流态平顺。

(2)泵闸的轴线尽量与河道中心线正交。

(3)根据建筑物的功能、管理及运用等要求,做到紧凑合理、协调美观。

(4)工程管理区与周边环境相协调,为景观设计搭造平台。

2.枢纽布置

某水闸(含泵站)工程的总体布置根据站址的地形地质、水流条件、对外交通及环境等条件,结合整个水利枢纽布局,综合利用要求等,做到布置合理,有利施工,运行安全,管理方便,少占耕地,美观协调。

工程包括一座净宽7 m的水闸和一座设计流量3.1 m^3/s的泵站,水闸及泵闸布置在某河涌南侧原泵闸处,详见工程总平面布置图。

站址处具有部分自排条件,泵站宜与排水闸结合布置。其布置型式按照泵站与水闸的位置关系不同,比选了闸站合建和闸站分建两种方案。方案一:闸站合建。水闸和泵站合并在一起,泵房与闸室处于同一纵轴线上,设上下两层压力通道,出口设平板闸门。自流排水时,开启闸门,提排时关闭闸门。方案二:闸站分建。水闸和泵站平行布置在一起,其两翼与堤防相连接,新建交通桥与堤路连通,水闸与泵站一字形布置,水闸与泵站共用一个中墩,水闸为开敞式。某河涌开口宽度 20 m 左右,且应满足清淤船通过要求,显然水闸需为开敞式,因此选择方案二为推荐方案。

某水闸工程跨河涌而建,根据水闸与主泵房相对位置的不同,比较了水闸布置于主泵房一侧和水闸布置于主泵房中间两种型式。型式一水闸居中,泵站拆分为两个泵段分布于水闸两侧,优点是水闸运用水流条件较好,缺点是机组布置不集中,需建两座主厂房,工程投资较大,给站内交通、运行管理和机组检修等带来不便;型式二水闸布于泵房一侧,优点是站内交通顺畅、便于运行管理和机组检修、投资较省,缺点是因进水建筑物左右不对称,进水流态易产生偏移和回流。综合考虑,采用型式二,将水闸布于泵房一侧。

某水闸(含泵站)工程属于拆除重建,建在原泵闸处。某河涌泵闸西侧为黄沙岛花苑,东侧为畔江景岸鱼屯,水闸与泵站并排布置,泵站及厂房在某河涌东侧,水闸在某河涌西侧。泵站由前池、进水池、主泵房、出水池、交通桥、上下游连接段、副厂房等构成。水闸由闸室、启闭机室、交通桥、内涌海漫、防冲槽,外河消力池、海漫、防冲槽等构成。泵站与水闸共用内、外河的海漫和防冲槽。主泵房与水闸启闭机室在同一轴线上,顶高程相同,顺水流向的宽度相同,两房在外形上成为一体,其立面较美观。泵站管理区位于靠近副厂房一侧,对外交通与堤路相接,区内绿化并设置必要的管理设施。

3. 泵房布置

主泵房为堤身式干室型,上部为钢筋混凝土框架结构,下部为钢筋混凝土墩墙结构。站内安装 3 台立式轴流泵,单泵流量 1.05 m^3/s,总流量为 3.15 m^3/s,设计扬程为1.10 m,采用单列布置。泵房共分三层:①高程 -2.08 ~ -0.58 m 为进水流道层;②高程 -0.08 ~2.80 m 为水泵层;③高程 2.80 m 以上为电动机层。在主泵房一端设安装检修间,高程 2.80 m。主泵房顺水流向长 8.10 m,垂直水流向长 10.70 m。机组中心距 3.10 m。主泵房内上下游侧墙直接挡水,其顶部高程不应小于设计水位或校核水位加波浪壅高和安全超高,且不小于站址处堤防顶高程,同时考虑软弱地基沉降等因素,最终确定主泵房内上下游侧墙高程为 2.80 m。为调整进泵水流流态,进、出水流道由中墩隔开。进水口处设检修闸门,与拦污栅共槽,之后设工作闸门。出口拍门后设检修闸门。

某河涌侧 2.80 m 高程设有操作平台,平台宽 3.3 m,供工作人员清理污物、检修及启闭工作闸门之用。

泵站由引渠、前池、进水池、主泵房、出水池、交通桥、上下游连接段和副厂房等构成。

进水池与前池联合布置,采用正向进水方式,池宽 8.0 m,池长 8.0 m,池底高程由 -1.50 m渐变为 -2.08 m,底坡坡比 1:8.62,底板为格宾石笼,厚0.5 m,以适应淤泥质河底变形。

泵房顺水流向长 16.7 m,垂直水流向长 10.90 m。3 孔进流,每孔 2.1 m。紧靠泵室市桥水道侧为出水池,顺水流池长 8.30 m,出水池上方布置有交通桥,交通桥净宽 7 m,与闸室外河侧消力池上的交通桥相通。

副厂房和管理房布置在某河涌东岸管理区内,布置有安装检修间、发电机房、控制室和值班室等。

4. 水闸布置

1）闸顶高程

根据《水闸设计规范》（SL 265—2001）的相关规定：水闸闸顶高程根据挡水和泄水两种运用情况而定，且不低于堤顶高程。市桥水道堤防设计高程为2.60 m，泵站电机层设计高程为2.80 m，经综合比较，水闸闸顶高程确定为2.80 m。闸室两侧2.80 m高程设钢筋混凝土面板及横梁搭建平台，梁底高程为2.4 m，满足小型清淤船只通航要求。

2）闸槛高程

本闸为排涝闸，原闸槛高程为 -1.52 m。根据整治后河涌底高程、地质情况、水流流态、泥沙以及原闸槛高程等条件，经计算和技术比较，确定为 -1.50 m。

3）闸孔宽度

闸孔总净宽根据排涝计算成果，同时考虑市石联围地区多座水闸便于统一管理运行等要求确定。水闸为单孔闸，闸孔宽度7.0 m。

4）闸室长度

闸室底板顺流向长度根据地基条件和结构布置要求，满足闸室整体稳定、防渗长度的需要并与泵房布置相协调等需要，确定为16.70 m。根据管理维修需要，闸室前后各设置一道检修门槽。

5）底板及闸墩厚度

水闸底板厚度和闸墩厚度经结构计算并结合闸门埋件构造要求确定，水闸底板厚1.0 m，边墩厚1.0 m。

6）闸门结构

本工程为泵闸结合，考虑工程的整体性，采用直升式平板钢闸门，闸墩上部设启闭机室与泵房形成整体。

5. 防渗排水布置

泵房（水闸）地基位于淤泥质细砂层，泵房（水闸）设计水平防渗长度为25.00 m，并在泵房（水闸）及消力池四周设置水泥土搅拌桩连续墙，墙底深入残积土层中，墙底高程 -13.5 m左右。

格宾石笼海漫为透水层，石笼下设0.1 m碎石垫层及无纺土工布，起反滤作用。格宾石笼海漫为柔性结构，适应河床软土地基的沉降变形。

水闸上游翼墙（内涌侧）设置排水系统，以降低墙后地下水位，增加翼墙稳定性。在翼墙底部设一排 Φ75 mmPVC 排水管，间距1.5 m。

6. 消能防冲布置

本次设计水闸具有双向挡水、泄水功能。根据水闸运行特点，水闸采用底流式消能，经计算，闸下尾水深度高于跃后水深，形成淹没水跃，内、外河侧均不需设消力池。考虑水闸排涝时，闸门开启过程中可能存在不利情况，同时结合工程布置，将交通桥段底板兼作排涝时的消力池。交通桥段长度为8.3 m，底板在市桥水道侧设高0.5 m、宽0.50 m的尾坎。紧接泵站出水池和闸室消力池设有长8 m、厚0.5 m的格宾石笼海漫，以适应淤泥质河底的变形。海漫末端设深1.2 m、长6.6 m的防冲槽，泵闸共用。

交通桥桥面采用预制钢筋混凝土空心板结构,荷载设计标准为公路－Ⅱ级。桥面宽7.0 m,桥面高程3.10 m,满足交通桥桥下净空不小于0.5 m要求。

某河涌侧水闸上游设长8 m的格宾石笼海漫段,高程－1.50 m;泵站进水前池高程－1.50～－2.08 m,格宾石笼护底,二者之间用格宾石笼导墙隔开,以使进泵闸水流平顺。上游长6.6 m的防冲槽泵闸共用。

7. 两岸连接布置

泵房(闸室)两岸连接需保证岸坡稳定,改善水闸进、出水流条件,提高泄流能力和防冲效果,且有利于环境绿化。两岸连接翼墙采用悬臂式挡土墙结构,上下游翼墙与泵房(闸室)平顺连接,平面布置采用圆弧与直线组合式。两侧翼墙墙顶高程均为2.80 m。

两侧翼墙以外的浆砌石挡墙均局部拆除,并新建浆砌石挡墙,与原墙平顺连接。

13.5.3 结构设计

13.5.3.1 水闸泵站控制运用方式

1. 排涝调度运用方式

根据《市桥河水系水利工程联合优化调度专题研究报告》,当预报将要发生日雨量大于120 mm的降水时,启动排涝调度,排涝调度运用方式如下:

(1)外江水位升高,关闸,洪水暂时蓄于河涌内。

(2)外江水位升高,洪水暂时蓄于河涌。当外江水位高于内涌水位无法自排、某河涌闸内水位达0.65 m起排水位时,启动泵站向外江抽水,当内涌水位达到0.60 m时停止抽排。

(3)随着外江水位的回落,当河涌水位高于外江水位时,开闸抢排泄洪,水流排向外江。

(4)开闸泄洪至常水位0.6 m时,关闸,保持内涌景观水位。

2. 防洪潮调度运用方式

根据《市桥河水系水利工程联合优化调度专题研究报告》,当市桥河流域预报发生120 mm以下的日雨量,且预报雁洲水闸闸下水位将超过1.5 m时,或市桥河水道水位超过1.2 m时,市桥河水道外江挡潮水闸按防洪(潮)调度运行。

(1)当市桥河水道水位超过1.2 m时,水闸关闸。

(2)当闸外水位低于闸内水位时,开闸泄洪,水流排向外江。

13.5.3.2 泵房(闸室)荷载计算及组合

作用在泵房(闸室)上的主要荷载有泵房(闸室)自重和永久设备自重、水重、静水压力、扬压力、浪压力、土压力、地震力等,因某水闸位于市桥水道与某河涌交汇处,浪压力很小,所以不计浪压力。

(1)泵房(闸室)自重:闸室自重包括闸体自重及永久设备重等。

(2)静水压力:按相应计算工况下上下游水位计算。

(3)土压力:土压力按静止土压力计算。

(4)扬压力:扬压力为浮托力及渗透压力之和,根据流网法计算各工况渗透压力。

(5)地震力:地震动峰值加速度0.10g,地震基本烈度为7度。根据《水工建筑物抗震设计规范》(SL 203—97),泵闸采用拟静力法计算地震作用效应。

水平向地震惯性力:沿建筑物高度作用于质点 i 的水平向地震惯性力代表值按下式计算:

$$F_i = \alpha_h \xi G_{Ei} \alpha_i / g \tag{13-5}$$

式中　F_i——作用在质点 i 的水平向地震惯性力代表值;

ξ——地震作用的效应折减系数,除另有规定外,取 0.25;

G_{Ei}——集中在质点 i 的重力作用标准值;

α_i——质点 i 的动态分布系数;

α_h——水平向设计地震加速度代表值,$0.1g$。

地震动水压力:单位宽度的总地震动水压力作用在水面以下 $0.54H_0$ 处,计算时分别考虑闸室上下游地震动水压力,其代表值 F_0 按下式计算:

$$F_0 = 0.65\alpha_h \xi \rho_w H_0^2 \tag{13-6}$$

式中　ρ_w——水体质量密度标准值;

H_0——水深。

荷载按不同的计算工况进行组合,见表 13-14。

表 13-14　闸室(泵房)稳定与应力计算荷载组合

工况		自重	水重	静水压力	扬压力	土压力	风压力	地震荷载
完建	基本组合	√	—	—	—	√	—	—
正向挡水	基本组合	√	√	√	√	√	√	—
反向挡水	基本组合	√	√	√	√	√	√	—
检修	特殊组合 1	√	√	√	√	√	√	—
地震	特殊组合 2	√	√	√	√	√	√	√

13.5.3.3　闸室及泵房计算工况及水位组合

闸室计算工况及水位组合见表 13-15。

表 13-15　闸室稳定与应力计算水位组合

计算工况			组合	
			内涌水位(m)	市桥水道水位(m)
工况 1	完建	基本组合	无水	无水
工况 2	正向挡水	基本组合	常水位 0.6	100 年一遇设计水位 2.1
工况 3	反向挡水	基本组合	常水位 0.6	多年平均低潮位 -0.79
工况 4	检修	特殊组合	常水位 0.6	常水位 0.6
工况 5	正常运用 + 地震	特殊组合	常水位 0.6	常水位 0.6

泵房计算工况及水位组合见表 13-16。

表 13-16　泵房稳定与应力计算水位组合

计算工况			组合	
			内涌水位(m)	市桥水道水位(m)
工况 1	完建	基本组合	无水	无水
工况 2	正向挡水	基本组合	常水位 0.6	100 年一遇设计水位 2.1
工况 3	反向挡水	基本组合	常水位 0.6	多年平均低潮位 -0.79
工况 4	最不利运用情况	基本组合	常水位 0.6	最高运行水位 1.78
工况 5	检修	特殊组合	常水位 0.6	常水位 0.6
工况 6	正常运用 + 地震	特殊组合	设计水位 0.65	设计水位 1.20

13.5.3.4　稳定计算

1. 抗滑稳定计算

闸室(泵房)沿基础底面的抗滑稳定安全系数,采用《水闸设计规范》(SL 265—2001)规定公式计算:

$$K_c = f\frac{\sum G}{\sum H} \tag{13-7}$$

式中　K_c——抗滑稳定安全系数;

$\sum G$——作用于闸室基础底面以上的全部竖向荷载(包括闸室基础底面上的扬压力在内),kN;

$\sum H$——作用于闸室上的全部水平向荷载,kN;

f——闸室基础底面与地基之间的摩擦系数,考虑地基处理后取 0.3。

2. 基底应力验算

基底应力按材料力学偏心受压公式进行计算,结构布置及受力情况不对称,其计算公式如下:

$$P_{min}^{max} = \frac{\sum G}{A} \pm \frac{\sum M_x}{W_x} \pm \frac{\sum M_y}{W_y} \tag{13-8}$$

式中　$\sum M_x$、$\sum M_y$——作用在闸室及泵房上的全部竖向和水平向荷载对基础底面形心轴 x、y 的力矩;

W_x、W_y——闸室及泵房基底面对于该底面形心轴 x、y 的面积矩。

3. 抗浮稳定计算

泵房及闸室抗浮稳定安全系数计算公式为

$$K_f = \sum V / \sum U \tag{13-9}$$

式中　K_f——抗浮稳定安全系数;

$\sum V$——作用于泵房基础底面以上的全部重力,kN;

$\sum U$——作用于泵房基础底面上的扬压力,kN。

计算工况采用检修工况,考虑最不利的闸室及泵房同时检修情况进行计算。

闸室天然地基稳定计算成果见表 13-17。

表 13-17　水闸稳定应力计算成果

工况组合		基本组合			特殊组合	
		工况 1	工况 2	工况 3	工况 4	工况 5
抗滑稳定安全系数	K_c	—	5.14	7.97	—	4.76
	$[K_c]$	1.20			1.05	1.00
抗浮稳定安全系数	K_f	—	—	—	2.29	—
	$[K_f]$	1.10			1.05	
基底应力（kPa）	σ_{max}	89.09	54.13	64.15	57.49	58.13
	σ_{min}	68.12	52.95	50.15	53.28	52.64
	均值 σ	78.61	53.54	57.15	55.38	55.38
不均匀系数 $\sigma_{max}/\sigma_{min}$		1.31	1.02	1.28	1.08	1.10
允许不均匀系数$[\sigma_{max}/\sigma_{min}]$		1.50			2.00	
基底应力允许值$[\sigma]$		70				
1.2$[\sigma]$		84				

泵房天然地基稳定计算成果见表 13-18。

表 13-18　泵房稳定应力计算成果

工况组合		基本组合				特殊组合	
		工况 1	工况 2	工况 3	工况 4	工况 5	工况 6
抗滑稳定安全系数	K_c	—	5.14	—	—	—	4.76
	$[K_c]$	1.20				1.05	1.00
抗浮稳定安全系数	K_f	—	—	—	—	2.29	—
	$[K_f]$	1.10				1.05	
基底应力（kPa）	σ_{max}	89.09	54.13	64.15	54.02	57.49	57.63
	σ_{min}	68.12	52.95	50.15	52.95	53.28	49.76
	均值 σ	78.61	53.54	57.15	63.49	55.38	53.69
不均匀系数 $\sigma_{max}/\sigma_{min}$		1.31	1.02	1.28	1.02	1.08	1.16
允许不均匀系数$[\sigma_{max}/\sigma_{min}]$		1.50				2.00	
基底应力允许值$[\sigma]$		70					
1.2$[\sigma]$		84					

从表 13-17 及表 13-18 中可以看出，闸室及泵房的抗滑稳定安全系数大于规范规定的允许值，不均匀系数及抗浮稳定也满足规范要求，但基底应力大于地基容许承载力，需进行地基处理。

13.5.3.5　闸室（泵房）应力计算及配筋

泵房、闸室内力计算将泵房底板、边墙、水泵层、水闸底板、边墙简化为单宽的框架结构,不考虑电机层梁板对框架结构变形的影响,结果偏于安全。泵闸室结构为基于弹性地基梁理论的平面框架结构,弹性地基梁采用文克尔假定。闸室及泵站横剖图见图 13-3,计算模型见图 13-4。泵闸室两侧填土高程 2.80 m。回填土指标:湿重度 $\gamma = 18\ \mathrm{kN/m^3}$,饱和重度 $\gamma = 19.5\ \mathrm{kN/m^3}$,黏结力 $c = 12$,摩擦角 $\varphi = 20°$。闸室底下部回填土的弹性抗力系数取 15 000 $\mathrm{kN/m^3}$。

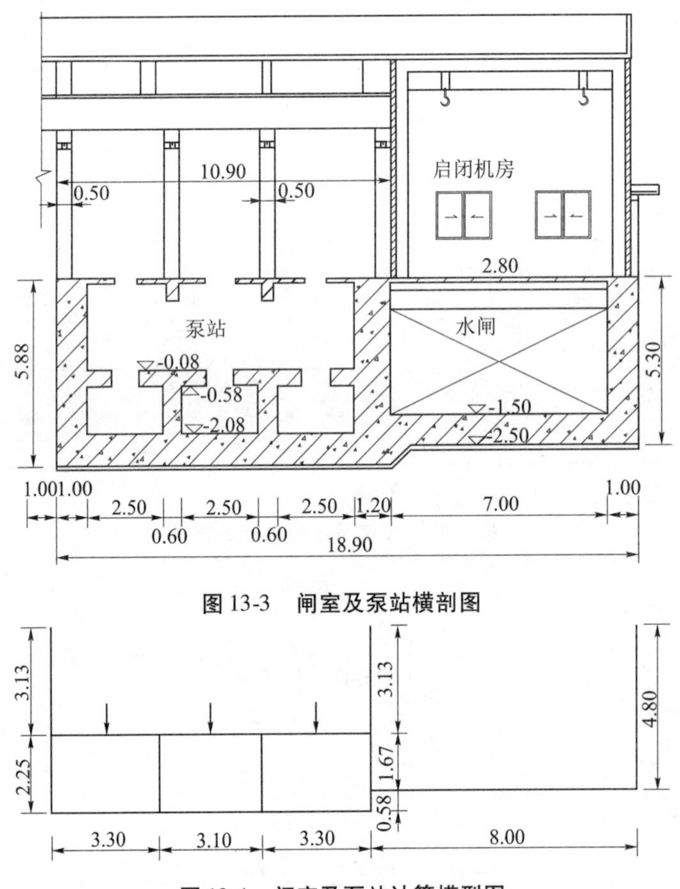

图 13-3　闸室及泵站横剖图

图 13-4　闸室及泵站计算模型图

电机层梁板结构独立计算,主次梁简化为井字梁。电机层梁板结构采用理正结构工具箱 2007 进行计算。

泵闸边墩外侧受力忽略地下水位处的折坡点,按线性分布荷载简化,计算结果偏安全。计算荷载包括侧向土压力、墩身自重、墩上部结构重、扬压力、水重、静水压力、地震惯性力及楼面活荷载等。工况组合见表 13-15,荷载组合见表 13-14。选取控制工况进行计算,完建期工况、检修工况和地震工况。

1. 水闸底板、边墩及泵房底板、边墩、流道层

泵房左岸边墩、中墩与泵室底板固结,闸室右边墩与闸底板固结。边墩主要受外侧土压力、墩身自重、墩上部结构重和内水压力作用,中墩主要受墩身自重、墩上部结构重和内水压力作用。按正截面纯弯构件计算配筋。

经分析,完建工况、检修工况及地震工况为控制工况。各工况内力计算成果及配筋计

算成果见表 13-19。计算剪力均小于 $0.7f_tbh_0$，混凝土满足斜截面抗剪要求，故无须配置箍筋及弯起钢筋。

表 13-19 某水闸(泵房)底板、边墙内力及配筋计算成果

工况		泵底板(端部)	泵底板(跨中)	水闸底板(端部)	水闸底板(跨中)	左边墙(水闸侧)	右边墙(泵站侧)	流道层	泵闸共用中墙	泵室中墙
完建	弯矩(kN·m)	256.6	-112.4	253.3	-258.1	-253.3	256.6	-68.7	-150.5	76.0
	剪力(kN)	-247.1	3.4	283.2	-6.1	-157.9	182.2	-58.0	-217.8	61.6
	轴力(kN)	-182.2	-243.9	-185.5	-185.5	-283.2	-263.8	4.9	-141.6	-107.5
检修	弯矩(kN·m)	218.7	-113.7	269.5	-247.0	-269.5	260.7	53.4	-153.2	80.3
	剪力(kN)	-246.6	0.8	283.1	-4.5	-168.0	187.7	-19.7	-228.8	65.0
	轴力(kN)	-187.7	-252.7	-168.0	-198.6	-283.2	-262.9	-2.3	-147.5	-107.3
地震	弯矩(kN·m)	259.3	-108.2	159.8	-301.4	-197.0	259.3	-90.3	-140.2	83.6
	剪力(kN)	-245.5	-0.5	283.2	-6.1	-105.6	168.9	-59.9	-247.4	-107.5
	轴力(kN)	-169.3	-250.1	-261.0	-251.0	-283.2	-262.0	-14.0	-132.7	69.1
计算配筋面积(mm^2)		1 900		1 900		1 900	1 900	900	1 900	1 900
设计选筋		5 Φ 25		5 Φ 25		5 Φ 25	5 Φ 25	5 Φ 20	5 Φ 22	5 Φ 22
裂缝宽度(mm)		0.075		0.087		0.078	0.076	0.08	0.063	0.044

注：表中顶板、底板弯矩下侧受拉为正，侧墙、中墙弯矩逆时针为正；轴力拉为负，压为正；剪力逆时针为正，顺时针为负。各工况计算配筋面积皆为最小配筋率 0.2%。

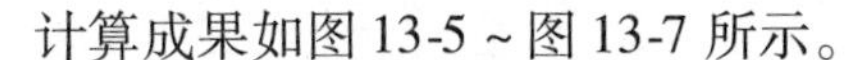
计算成果如图 13-5 ~ 图 13-7 所示。

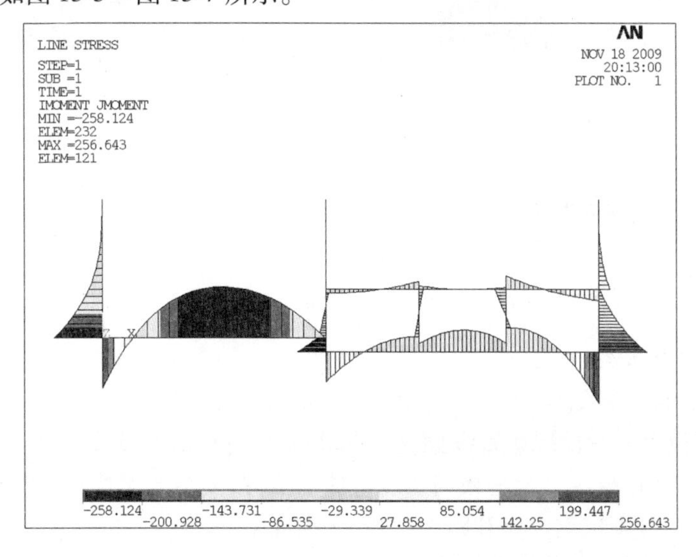

图 13-5 泵闸完建工况弯矩 (单位:kN · m)

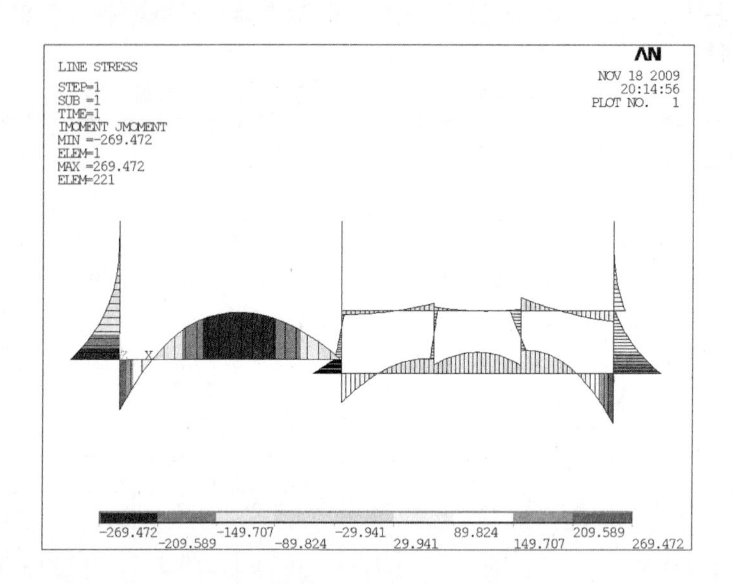

图 13-6　泵闸检修工况弯矩　（单位:kN · m）

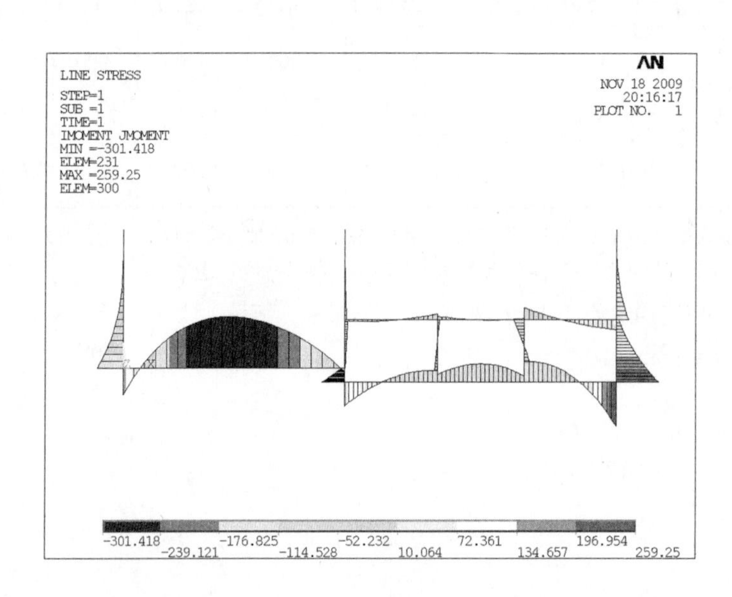

图 13-7　泵闸地震工况弯矩　（单位:kN · m）

2. 泵房电机层板梁

电机层楼板按板梁结构设计,由板和井字梁组成。其中,横梁为顺水流向,共两个,净跨为 7 m,根据板上荷载情况布置纵梁,板厚 20 cm。电机层主要受自重、电机重,人群活荷载和安装检修活荷载等。考虑板与墩墙整体浇筑,按固结考虑。考虑安装、检修及运行时的最不利组合,分别求出支座和跨中弯矩,并据此配筋。

板梁的内力及配筋计算结果见表 13-20。

表 13-20　某水闸(泵站)电机层板梁内力及配筋计算成果

部位		最大弯矩(kN·m)	配筋面积(mm^2)	配筋	裂缝(mm)	允许裂缝(mm)
板	支座	6	471	Φ10@120	0.11	0.30
	跨中	2.9	471	Φ10@120	0.05	0.30
横梁	支座	169.13	1 097	5Φ22	0.26	0.30
	跨中	84.62	1 097	5Φ22	0.13	0.30
纵梁	支座	205.13	1 329	5Φ22	0.29	0.30
	跨中	118.44	1 329	5Φ22	0.18	0.30

13.5.3.6　交通桥应力计算及配筋

交通桥上部结构采用装配式钢筋混凝土空心板桥,桥面荷载等级为公路-Ⅱ级,上部结构面板选用《公路桥涵设计图》(JT/GQS 023—80),下部结构采用整体式 U 型结构。

交通桥下部结构采用整体框架结构。计算选用控制工况:完建期和地震。计算成果见表 13-21。剪力均小于 $0.7f_tbh_0$,混凝土满足斜截面抗剪要求,故无须配置箍筋及弯起钢筋。

表 13-21　某水闸交通桥下部结构计算成果

工况	水闸底板(端部)	水闸底板(跨中)	左边墙(水闸侧)	右边墙(泵站侧)	中墩
完建	358.2	-59.6	-358.2	358.2	0
检修	382.4	-56.2	-382.4	382.4	0
地震	393.0	-64.2	-320.4	393.0	75.9
配筋面积(mm^2)	1 900		1 900	1 900	1 900
选筋	5Φ25		5Φ25	5Φ25	5Φ20
裂缝宽度(mm)	0.163		0.159	0.159	0.032

注:表中顶板、底板弯矩下侧受拉为正,侧墙、中墙弯矩逆时针为正;轴力拉为负,压为正;剪力逆时针为正,顺时针为负。

计算成果如图 13-8 ~ 图 13-10 所示。

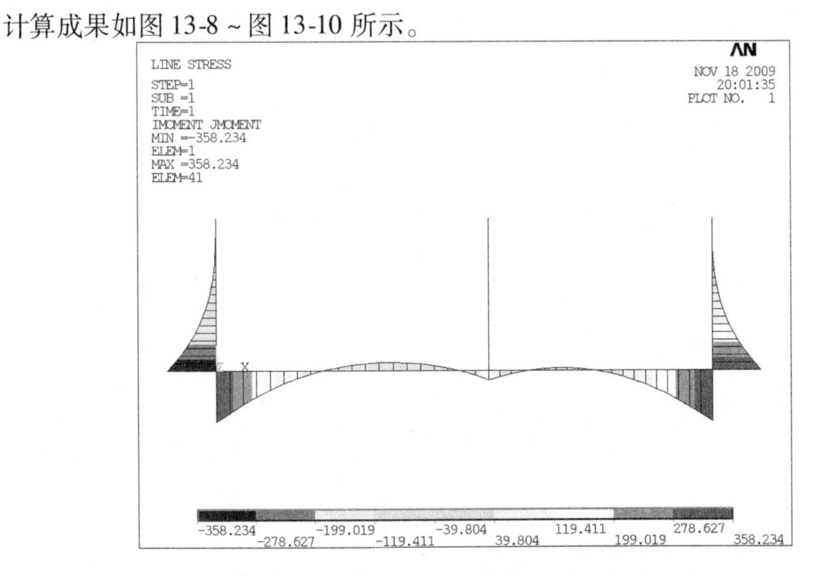

图 13-8　交通桥完建工况弯矩　(单位:kN·m)

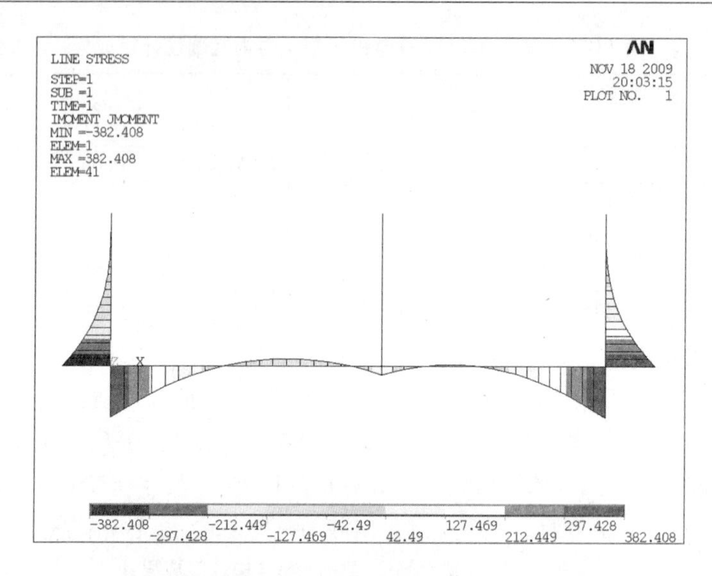

图 13-9　交通桥检修工况弯矩　（单位：kN · m）

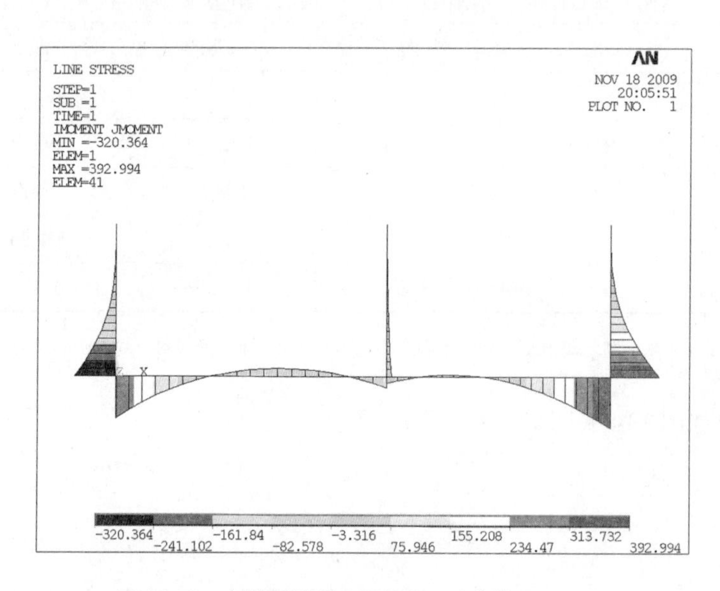

图 13-10　交通桥地震工况弯矩　（单位：kN · m）

根据表 13-21，按受弯构件对交通桥底板、桥墩进行配筋计算，经计算某水闸的交通桥底板及桥墩受力钢筋选配Φ 25@ 200，中墙选配Φ 20@ 200。

第 14 章 大型渡槽在抗震分析中的应用

14.1 背景与意义

渡槽作为一种重要的输水建筑物,在国家水资源合理分配和调度方面将发挥重要作用。以南水北调中线工程为例,该工程全线跨越各类河流 160 余条,总干渠中有大型渡槽数十座。西线工程和东线工程也有类似情况。因此,渡槽结构的安全性对整个南水北调工程的建设及安全运行有着决定性的影响,一旦在地震作用下受到损坏,全线输水随即中断,后果难以估计。尤其是中线工程,沿线缺少能够调水蓄水的大型水库,所经过的地区又是我国经济较发达地区,可能导致严重的次生灾害。因此,大型渡槽的安全尤其是在遭遇地震作用时渡槽结构的安全,是关系国计民生的大事。

我国地处全球两大地震带之间,是一个地震多发国家,历史上发生过很多破坏性强的大地震。而南水北调工程的西线、中线、东线三线工程绝大部分要穿越地震区,仅中线工程就有 67% 位于抗震设防要求为 7 度(0.1g)及 7 度以上的地震区,其中有 8% 位于 8 度(0.2g)地震区。因此,南水北调工程中的抗震问题十分突出。大型渡槽抗震还有很多问题值得研究,我国水利电力行业标准《水工建筑物抗震设计规范》(SDJ—78)中指出:渡槽等水工建筑物,由于缺少动力特性资料及实际运用经验,有待于进一步积累资料,逐步修订补充。但现行规范《水工建筑物抗震设计规范》(DL 5073—2000)中仍未将渡槽的设计要求补充进去。

国外大型水利工程较少,对大型渡槽结构进行的研究有限,缺乏类似结构的计算理论,且少有涉及动力分析和抗震计算的成果,更没有简化计算理论及相应的设计规范。从工程角度看,渡槽结构与大型桥梁有相似之处,国内外桥梁抗震方面的研究成果及研究思想可供借鉴。但二者又有很大区别,最为突出的就是渡槽顶部存在具有自由液面、可晃动的大质量水体,这对抗震设计十分不利。在这方面,渡槽结构与储液箱、储液构筑物也有相似之处。在强震作用下,槽内水体将大幅度晃动,对槽体产生很大的横向水平力。若忽略水体的动态效应,将导致渡槽结构的动力特性和地震响应计算出现较大误差,对渡槽结构的抗震设计十分不利,一旦地震发生,可能会引起整个结构的失稳并破坏。若考虑水体晃动对槽壁产生的横向力,则槽壁在动水压力作用下会产生变形,并反作用于水体,从而使槽壁与水体之间形成较强的耦合作用。同时,渡槽结构所处地区的地基特性各异,渡槽结构通过基础与地基相连,结构、基础和地基之间会相互影响,地基对渡槽结构的影响不能忽视。目前,大部分渡槽结构的基础为群桩基础,由于桩 - 土 - 结构相互作用问题本身的复杂性,渡槽结构受地震作用的研究中较少考虑桩 - 土相互作用对上部结构的影响。现有地震工程的研究表明,桩 - 土相互作用会改变整个结构的自振特性及地震响应等。将水体、渡槽、桩基等作为一个整体进行研究很有必要。

14.2 结构抗震计算的基本理论

14.2.1 结构抗震动力学初步概念

14.2.1.1 结构地震振动方程

下面以图 14-1 所示的墩柱为例来说明。

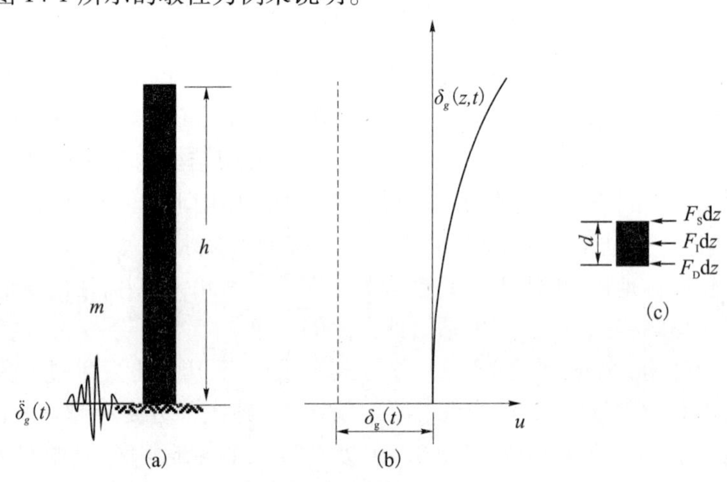

图 14-1 墩柱地震水平挠曲振动示意图

图中，$\ddot{\delta}_g(t)$为地震时水平地面运动加速度时程(时刻 t 对应的地面位移为 $\delta_g(t)$)，它使桥墩产生挠曲振动，振动函数可写成 $\delta_g(z,t)$，即挠度随着桥墩截面的高度 z 和时间 t 而变化。

振动时有三种力作用在桥墩的微元 dz 上(暂且忽略轴向力的作用及结构的内阻尼)，见图 14-1(c)：

挠曲变形产生的弹性力

$$F_s \mathrm{d}z = -[EI\delta'']'' \mathrm{d}z \tag{14-1}$$

惯性力

$$F_I \mathrm{d}z = -m(\ddot{\delta} + \ddot{\delta}_g)\mathrm{d}z \tag{14-2}$$

外阻尼力

$$F_D \mathrm{d}z = -C\dot{\delta}\mathrm{d}z \tag{14-3}$$

式中 E——材料的弹性模量；

I——截面的抗弯惯性矩；

m——桥墩单位高度的质量；

C——阻尼系数；

δ''、$\ddot{\delta}$——对坐标 z 和时间 t 的两次偏导。

其他依此类推。负号表示弹性力、惯性力、阻尼力分别与挠度、加速度和速度的方向相反。

根据达朗贝(D'Alembert)原理,这三种力应保持平衡,有

$$F_{\mathrm{I}} + F_{\mathrm{D}} + F_{\mathrm{s}} = 0 \tag{14-4}$$

从而可得出

$$m\ddot{\delta} + C\dot{\delta} + [EI\delta'']'' = -m\ddot{\delta}_g \tag{14-5}$$

式(14-5)即为桥墩地震振动方程,右边项表示地震时地面加速度 $\ddot{\delta}_g(t)$ 引起结构振动的外因。

在地震反应时程分析中,通常采用地震加速度时程作为地震输入。图 14-2 是 1940 年美国 El-centro 地震中记录到的一条实际的地震加速度时程曲线。

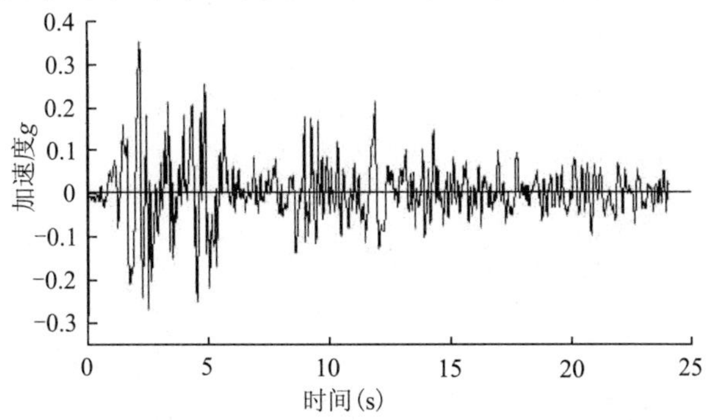

图 14-2　美国 El-centro 地震水平加速度(N - S,1940)时程曲线

14.2.1.2　结构动力特性

通常所说的结构地震反应分析,就是建立结构地震振动方程(如式(14-5)),然后通过求解振动方程得到结构地震反应(位移,内力等)的过程。

式(14-5)是一个微分方程,它的解包含两部分:一个是式(14-5)对应的齐次式的通解;另一个是式(14-5)的特解。前者代表结构的固有振动或自由振动,后者代表地震作用下的强迫振动。

式(14-5)对应的齐次方程为

$$m\ddot{\delta} + C\dot{\delta} + [EI\delta'']'' = 0 \tag{14-6}$$

由微分方程理论可知,式(14-6)的通解可写成如下形式:

$$\delta(z,t) = \delta(z)f(t) \tag{14-7}$$

$$f(t) = \mathrm{e}^{-\xi\omega t}[C_1\cos\omega_{\mathrm{d}}t + C_2\sin\omega_{\mathrm{d}}t]$$

其中　$\xi = \dfrac{C}{C_{\mathrm{cr}}} = \dfrac{C}{2m\omega}$,叫作阻尼比,$C_{\mathrm{cr}}$叫作临界阻尼比;

$\omega_{\mathrm{d}} = \omega\sqrt{1-\xi^2} = 2\pi f_{\mathrm{d}} = \dfrac{2\pi}{T_{\mathrm{d}}}$,叫作有阻尼自振圆频率;

f_{d}、T_{d} 分别叫作有阻尼自振频率(Hz)和周期(s);

ω、f、T 分别叫作无阻尼自由振动的圆频率、频率和周期;

$A = \sqrt{C_1^2 + C_2^2}$,叫作 $f(t)$ 的振幅。

图 14-1 所示的桥墩有无限多个自振频率。在墩柱为常截面且墩底完全固结的情况下,墩柱的无阻尼自振圆频率为

$$\omega_n = \frac{\alpha_n}{l^2}\sqrt{\frac{EI}{m}} \tag{14-8}$$

其中

n	1	2	3	…
α_n	1.875	4.694	7.855	…

$n=1$ 对应的 ω_1 最小,叫作基频。

式(14-7)中的 $\delta(z)$ 表示自振挠曲线的形状,叫作振型。各阶自振频率所对应的振型是不同的。图 14-3 所示桥墩的第 1、2、3 阶振型。

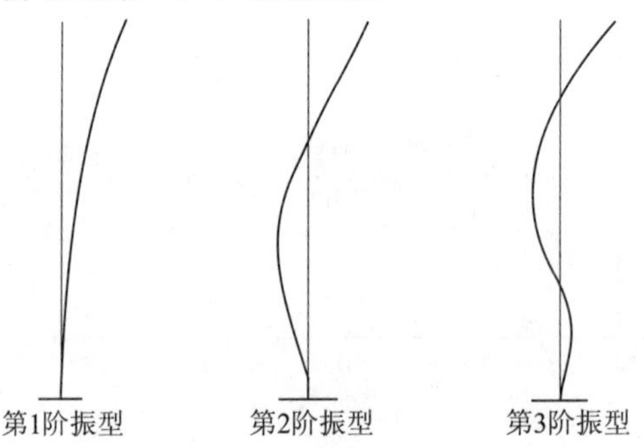

图 14-3　墩柱的水平挠曲固有振型

时间函数 $f(t)$ 的幅值按照 $Ae^{-\xi\omega t}$ 逐渐衰减。ω 越大,衰减越快,所以高频的自振比低频的衰减得快。其次,阻尼比 ξ 越大,衰减越快。当 $\xi=1$,即阻尼系数 C 等于临界阻尼 C_{cr} 时,有阻尼的自振圆频率等于 0,也就是说不出现自由振动了。实际桥梁结构的阻尼比一般都小于 0.05,所以总是会出现自由振动,而且阻尼对结构自振频率的影响微不足道,即 $\omega_d \approx \omega$。但需要注意的是,地基的阻尼比要大许多。

对于大振幅的情形,严格地说不存在如上所述的固定的自振频率和振型,因为在自振过程中结构的刚度甚至结构体系随着振幅的增减而不断变化着,如图 14-4 所示。

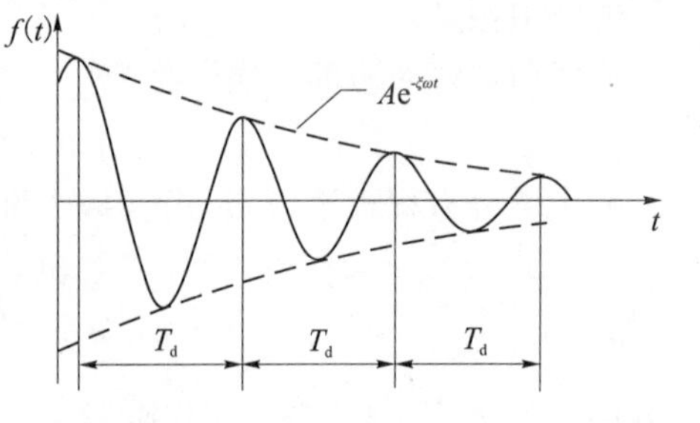

图 14-4　振幅衰减示意图

桥梁结构的自振周期和地震波的卓越(主要)周期越接近,它的振型接受到地震力的影响越大,而它的阻尼比越小,结构所受的震害也越大。分析和认识桥梁结构的自振周期、振型和阻尼比这些动力特性的重要意义就在于此。

14.2.2　结构抗震分析方法

结构的地震反应分析必须以地震场地运动为依据。可惜由于实际强震记录不足,这个关键问题还未能很好解决,因此仍然是结构抗震设计计算中最薄弱的环节。目前的解决办法是,根据建筑物所在区域的地质构造情况、地震历史资料、场地情况,并参考一些地面运动的记录来确定作为设计依据的地震参数。由于一方面地震动过程本身带有随机过程的性质,另一方面设计计算中用的地震参数具有不确定性,所以发展了两种地震反应分析方法:一种是以地震运动为确定过程的确定性地震反应分析,另一种是以地震运动为随机过程的概率性地震反应分析。目前,概率性地震反应分析方法还不十分成熟,要应用于工程实践中还有待于进一步研究。世界各国的桥梁抗震设计规范中普遍采用的是确定性地震反应分析方法。

近一个世纪以来,逐步建立并发展起来的确定性地震反应分析方法有静力法、动力反应谱法和动态时程分析法。

14.2.2.1　静力法

静力法是早期采用的分析方法,假定结构物与地震动具有相同的振动,把结构物在地面运动加速度 $\ddot{\delta}_g$ 作用下产生的惯性力视作静力作用于结构物上做抗震计算。惯性力的计算公式为

$$F = M \cdot \ddot{\delta}_g \tag{14-9}$$

式中　M——结构物的质量。

静力法忽略了结构的动力特性这一重要因素,把地震加速度看作是结构地震破坏的单一因素,因而有很大的局限性,只适用于刚度很大的结构。

14.2.2.2　动力反应谱法

动力反应谱法还是采用“地震荷载”的概念,从地震动出发求结构的最大地震反应,但同时考虑了地面运动和结构的动力特性,比静力法有很大的进步。

反应谱方法概念简单、计算方便,可以用较少的计算量获得结构的最大反应值。但是,反应谱只是弹性范围内的概念,当结构在强烈地震下进入塑性工作阶段时即不能直接应用。另外,地震作用是一个时间过程,但反应谱方法只能得到最大反应,不能反映结构在地震动过程中的经历。实际上,对于结构某一截面的各个内力分量,出现最大值的时间不尽相同,因而同时取最大值进行抗震验算不太合理,而且地震动的持续时间对结构的地震反应也有重要的影响。此外,反应谱长周期部分的确定也是一个难点。为了扩大反应谱方法的应用范围,国内外不少学者对反应谱方法进行了很多研究,主要集中在以下几个方面:

(1)长周期设计反应谱值的正确估计:项海帆教授很早就注意到了长周期反应谱的问题,并针对 1977 年的《公路工程抗震设计规范》提出了修正意见。

(2)反应谱组合方法的研究:先后提出的反应谱组合方法有 SRSS、CQC、IGQC、SUM、DSC、分组法等。

(3)非弹性反应谱的研究:随着延性抗震研究的不断深入,人们对非弹性反应谱的兴趣逐渐增强,讨论这方面问题的文献也在增多。例如王淑波博士改进了反应谱方法以考虑支座的局部非线性问题。

(4)能考虑地震动空间变化的反应谱方法:M. Berrah 提出了一种能考虑多点激励的反应谱方法。尽管不少学者对反应谱方法做了很多改进,但对于复杂结构的地震反应,反应谱方法目前仍然不能很好地考虑各种复杂的影响因素。例如应用反应谱方法对复杂结构进行地震反应分析时,有时会由于计算的频率阶数不够多而得不到正确的结果,或判断不出结构真正的薄弱部位。因此,反应谱方法只能作为一种估算方法或一种校核手段。

在方案设计阶段,可以应用反应谱方法进行抗震概念设计,以选择一个较好的抗震结构体系。

14.2.2.3 动态时程分析法

动态时程分析法是随着强震记录的增多和计算机技术的广泛应用而发展起来的,是公认的精细分析方法。目前,大多数国家对重要复杂结构的抗震计算都建议采用动态时程分析法。

动态时程分析法从选定合适的地震动输入(地震动加速度时程)出发,采用多节点多自由度的结构有限元动力计算模型建立地震振动方程,然后采用逐步积分法对方程进行求解,计算地震过程中每一瞬时结构的位移、速度和加速度反应,从而可以分析出结构在地震作用下弹性和非弹性阶段的内力变化以及构件逐步开裂、损坏直至倒塌的全过程。这一计算过程相当冗繁,须借助专用计算程序完成。动态时程分析法可以精确地考虑地基和结构的相互作用,地震时程相位差及不同地震时程多分量多点输入,结构的各种复杂非线性因素(包括几何、材料、边界连接条件非线性)以及分块阻尼等问题。

此外,动态时程分析法可以使结构的抗震设计从单一的强度保证转入强度、变形(延性)的双重保证,同时使工程师更清楚结构地震动力破坏的机制和正确提高结构抗震能力的途径。

14.2.3 结构抗震分析的关键问题

14.2.3.1 地震动输入

地震动输入是进行结构地震反应分析的依据,对结构的地震反应影响很大。结构的地震反应以及破坏与否,除和结构的动力特性、弹塑性变形性质、变形能力有关外,还和地震动的特性(幅值、频谱特性和持续时间)密切相关。

地震地面运动在时间上和空间上都具有高度的变化性,在一般的结构地震反应分析中,往往只考虑它们的时间变化性,而不考虑它们的空间变化性。因此,在结构地震反应中,通常都假定各支承点的地面运动是相同的。

然而,对于跨度较大的结构,如渡槽,其各支承点可能位于显著不同的场地土上,由此导致各支承处输入地震波的不同,在地震反应分析中就要考虑多支承不同激励,简称多点激振。即使场地土情况变化不大,也可能因地震波沿桥纵轴向先后到达的时间差,引起各支承处输入地震时程的相位差,简称行波效应。欧洲规范指出,当存在地质不连续或明显的不同地貌特征,或结构跨度大于600 m时,要考虑地震运动的空间变化性。

目前,分析结构的多点激振和行波效应的方法主要有两种:一是相对运动法(RMM),二是大质量法(LMM)。大质量法是通过对质量矩阵主对角元充大数的方法实现的,数学表达式比较简单,可以得到精确的结果,但在求解中可能会遇到一些困难。而相对运动法把位移分成动力位移和拟静力位移,因此可以得到一些重要的附加信息,即动力反应和拟静力反应,有助于我们理解结构在多点激励下的性能。此外,求解比较简单。因此,相对运动法用得很广泛。

国内外学者对桥梁在多点激励下的地震反应进行了较多的研究。项海帆(1983)以天津永和大桥为对象，讨论了相位差效应对飘浮体系斜拉桥地震反应的影响。结果表明，相位差效应对飘浮体系斜拉桥是有利的。美国的 Abdel-Ghaffar、A. M. 和 Nazmy A. S. 多年来对斜拉桥的多点激励及行波效应进行了许多研究。他们采用实际的地震记录，对跨度不同的两个斜拉桥模型的多点激振和行波效应的影响进行了比较详细的比较分析，结果表明，对于大跨度斜拉桥，忽略各支承点的不同运动会影响结构地震反应值，但究竟有多大的影响，则取决于具体情况，尤其是取决于支承的方向、地基条件、跨径、刚度和超静定次数。对于大跨度悬索桥的行波效应，许多学者也进行了研究。Abdel-Ghaffar 等利用实际的地震记录，分别在时域和频域内对金门大桥进行了地震反应分析，结果表明，一致输入反应分析并不能代表最不利的情况，行波效应对悬索桥的地震反应有显著的影响。Nakamura 等采用多点激振的反应谱方法，以及复杂的三维有限元模型，对金门大桥进行了地震反应分析。他们指出，对于大跨度悬索桥，由于其柔性的影响，动力反应分量是主要的。

综上所述，大跨度结构的多点激振和行波效应问题非常复杂，对不同类型的结构可能会得到完全不同的结果。目前，国内学者对大型渡槽的多点激振也有所研究，西安理工大学的刘云贺考虑了地震动的多点输入对大型渡槽的影响。

14.2.3.2　阻尼问题

阻尼是结构的一个重要动力特性，也是结构地震反应中最为重要的参数之一，其大小和特性直接影响结构的基本动力反应特征。由于阻尼的存在，物体的自由振动将会逐步衰减，而不会无限延续。

一般而言，结构中的阻尼现象是由各种各样很复杂的能量逸散机制所引起的。渡槽结构的阻尼主要由两类阻尼构成，即结构本身所具有的阻尼及周围介质提供的阻尼。结构本身的阻尼主要取决于结构类型、材料、构筑方式及各种部件之间的连接方式；而周围介质提供的阻尼主要是墩台及台后填土提供的约束阻尼、摩擦耗能等。

近百余年来，人们提出了多种阻尼理论来解释结构的阻尼现象。在众多的阻尼理论中，目前被广泛采用的是两种线性阻尼理论，即复阻尼理论和黏滞阻尼理论。复阻尼理论认为结构具有复刚度，在考虑阻尼时在刚度系数项前乘以复常数 e^{iv} 即可，而 v 为复阻尼系数，也称耗损因子。黏滞阻尼理论假设阻尼力与运动速度成正比，阻尼的大小通常用阻尼比 ξ 来表示。复阻尼理论在理论上只适用于简谐振动或有限频带内的振动分析，而且引入了复刚度，对于一般的结构动力响应来说计算较为复杂，因此在结构动力响应分析中应用不多。而按黏滞阻尼理论进行结构动力分析，给出的线性运动方程计算简便，概念清楚，故在结构抗震分析中，一般都采用黏滞阻尼理论。

在一般结构的地震反应分析中，阻尼可用阻尼比的形式计入；而对于非线性地震反应分析，或具有非均匀阻尼的结构（如斜拉桥、悬索桥等）的地震反应分析，则必须采用正确的方法计算阻尼矩阵。目前，均质结构一般都采用瑞利阻尼矩阵，即假定阻尼矩阵为刚度矩阵和质量矩阵的线性组合。为了考虑由结构的非均质性和各部分耗能机制不同而引起的阻尼非均匀性，Clough 提出了分块阻尼理论，认为总阻尼矩阵可由分块的瑞利阻尼矩阵叠加而成。

要考虑阻尼的影响，无论是采用阻尼比的形式还是阻尼矩阵的形式，都必须先确定结构的阻尼比。到目前为止,还没有一种被广泛接受的用来估算结构阻尼比的方法。在结构的动力响应分析中,只能参考一些实测资料来估算阻尼比。由于目前国内桥梁的实测阻尼资料很少,而现有阻尼比实测值的分散性又很大,因此阻尼比的估计一直是结构地震反应分析中的难点。

水工结构抗震规范对于渡槽抗震计算阻尼取值没有给出合理的建议。鉴于渡槽结构与桥梁非常相似,在进行渡槽抗震分析时可以借鉴桥梁抗震分析时阻尼比的取用方法。跨径不超过 150 m 的钢筋混凝土和预应力混凝土梁桥、圬工或钢筋混凝土拱桥的抗震设计,结构的阻尼比取 5%。另外,钢结构的阻尼比较钢筋混凝土结构低,一般可取 3%。缆索承重桥梁(斜拉桥、悬索桥)与普通桥梁相比,结构更为复杂,而且是非均质结构,各部分的能量耗散机制不同,因而阻尼比的确定也就更加困难。各国的规范也没有给出参考值。因此,在地震反应分析中,只能参考同类型桥梁结构的实测阻尼比来近似取值。国内 7 座斜拉桥(钢桥 1 座,结合梁桥 3 座,混凝土桥 3 座)的实测资料表明,实测阻尼比大部分为 0.5% ~1.5%,结合梁斜拉桥各阶振型的实测阻尼比集中在 0.01 附近,而混凝土斜拉桥阻尼比大部分在0.012附近,阻尼比与固有频率之间没有明确关系。国内 2 座悬索桥(虎门大桥和江阴大桥)的实测阻尼比大部分也在 0.5% ~1.5%。需要指出的是,在缆索承重桥梁的地震反应分析中,特别关心的是以塔为主的振型,但能找到的实测阻尼比的资料只有江阴大桥的,第一阶以塔的纵向弯曲为主的振型的阻尼比仅为 0.5%。因此,一般来说,在缆索承重桥梁的地震反应分析中,阻尼比的取值不宜大于 1.0%。

14.2.3.3　地基与结构相互作用

地震时,上部结构的惯性力通过基础反馈给地基,会使地基产生变形。在较硬土层中,这种变形远比地震波产生的变形小。因此,当结构建在坚硬的地基上时,往往用刚性地基模型对结构进行地震反应分析,这一假设基本上是符合实际的。然而,当结构建于软弱土层时,地基的变形会使上部结构产生移动和摆动,从而导致上部结构的实际运动和按刚性地基假定计算的结果之间有较大的差别,这是由地基与结构的动力相互作用引起的。

地基与结构的动力相互作用可以分为运动学相互作用和惯性相互作用。地震波在土层中的传播引起自由场运动,使得各土层的运动互不相同。运动学相互作用就是指自由场中的地震波与基础的相互作用,其结果是使得结构实际受到的地震输入不同于邻近自由场地表的地面运动。而惯性相互作用是指结构的惯性力对输入运动的影响。在地震中,上部结构的惯性力通过基础反馈给地基,使地基发生变形,从而使结构的平动输入发生改变,同时使结构受到转动输入分量的作用。

桩基础是建于软弱土层中的结构最常用的基础形式。桩 - 土 - 结构动力相互作用使结构的动力特性、阻尼和地震反应发生改变,而忽略这种改变并不总是偏安全的。国内外许多学者对桩 - 土 - 结构相互作用问题进行了很多研究,其分析模型和方法主要有质弹阻模型、Winkler 模型、连续介质力学模型、有限元法和边界元法。其中,质弹阻模型(集中质量法)的应用具有一定的优越性。这种将地基等价为质量 - 弹簧 - 阻尼系统的时域方法,被工程界广泛应用,具有很大的发展潜力。

质弹阻模型(集中质量法)最初是由美国学者 J. Penzien(1964)等为解决泥泽地上的

大桥动力分析问题而提出来的。其基本方法是将桩－地基体系按一定的土层厚度离散成一个理想化的参数系统,用弹簧和阻尼器模拟土介质的动力性质,形成一个地下部分的多质点体系,然后和上部结构质点体系联合建立整体耦联的动力微分方程组进行求解。Matlock 在研究海洋平台桩基础时,利用质弹阻模型提出了能够考虑桩土部分脱离以及土的非线性的计算方法。杨昌众博士(1987)利用质弹阻模型,采用土介质线弹性假定,并用"m"法计算土弹簧刚度,对桩基桥梁地震反应进行了分析研究。Naggar 和 Novak(1994)对质弹阻模型进行了改进,提出了考虑非线性横向相互作用的桩－土模型和考虑非线性轴向相互作用的桩－土模型。该模型把土分成两部分,第一部分为非线性近场单元,第二部分为线弹性远场单元,用来考虑波从桩向外传播的影响。这种模型可以充分考虑土的非线性因素,包括桩－土表面的不连续条件,以及辐射阻尼,但模型太复杂,而且各参数的取用还有待于试验进一步研究,因而难以应用于工程实践。至于质弹阻模型中等效土质量的取用,一些研究文献认为可以假定桩带动相同体积的土一起振动。

14.3　考虑流－固耦合作用与直接建模分析

14.3.1　水体附加质量法

长期以来,为能够较准确地分析各种类型的流－固耦合作用,许多学者都提出了自己的理论和计算方法,尤其是以有限元理论为基础的数值分析方法。这里将流－固耦合作用常用的分析方法归为线性方法和非线性方法。线性方法,实际上是解析法的近似简化,主要包括附加质量法和等效单自由度法。附加质量法将水体当作附加质量作用于结构上,与结构一起进行动力分析,如 Westergard 附加质量模型、Housner 弹簧质量模型、Haroun－Housner 弹簧质量模型及 Birbraer 附加质量法;等效单自由度法则指 Veletsos 简化方法。非线性方法,主要采用解析法和以有限元为基础的各类数值方法来研究液体非线性晃动对结构的影响。解析法通过寻找 Laplace 方程满足给定边界条件实现;数值解法一般则指边界元法、有限元法及任意拉格朗日－欧拉有限元法(ALE)等 。

对于渡槽结构,在考虑流－固耦合作用条件下计算其动力特性及地震响应采用的方法主要是 Westergard 附加质量模型和 Housner 弹簧质量模型。

14.3.1.1　Westergard 附加质量模型

1933 年,Westergard 研究了大坝受地震作用时的动水压力问题,他基于半无限大水域及刚性坝面的假设得到了动水压力的计算公式,并将其经过一系列近似处理而得到 Westergard 附加质量模型。但将该公式应用于有限水域时应乘以折减系数。该方法忽略了坝体变形和水体的可压缩性及晃动作用,仅能反应动水压力对结构的影响。李正农等应用该模型系统探讨了排架式渡槽结构自振频率的简化计算方法及影响因素,详细分析了渡槽结构在地震作用下的时程响应。虽然该方法较为粗糙,但简单实用,美国、日本等国家的水工抗震设计中仍然使用该公式计算动水压力。

Westergard 研究了地震时作用于坝面的动水压力问题,求解了垂直刚性坝面在水平简谐地面运动下的动水压力。他对作用于坝面的动水压力问题做了如下假设:①水是可压缩的；②地面运动为水平简谐运动；③不考虑坝的变形；④挡水坝面铅直，库底水平。在以上假设下，将坝面动水压力沿坝面的分布图形用抛物线来近似，大小与加速度成正比，方向与加速度相反，并根据实际动水压力对于坝踵的力矩与近似动水压力图形对坝踵力矩相等的条件得到了水深 h 处坝面动水压力的近似公式：

$$P_s = \frac{7}{8}K\sqrt{H_0 h} \tag{14-10}$$

式中　K ——地震系数 $K = \ddot{u}_0/g$ ；

$\ddot{u}_0$ ——地面运动加速度；

H_0 ——坝前总水深。

与惯性力的性质相似，可用附着于坝面上一定质量的水体的惯性力来代替动水压力的作用，由此便可得到 Westergard 附加质量公式：

$$M_p(h) = \frac{7}{8}\rho A\sqrt{H_0 h} \tag{14-11}$$

式中　$M_p(h)$ ——水深 h 处的库水附加质量；

ρ ——水体密度；

h ——计算点的水深。

水体附加质量和动水压力如图 14-5 所示。

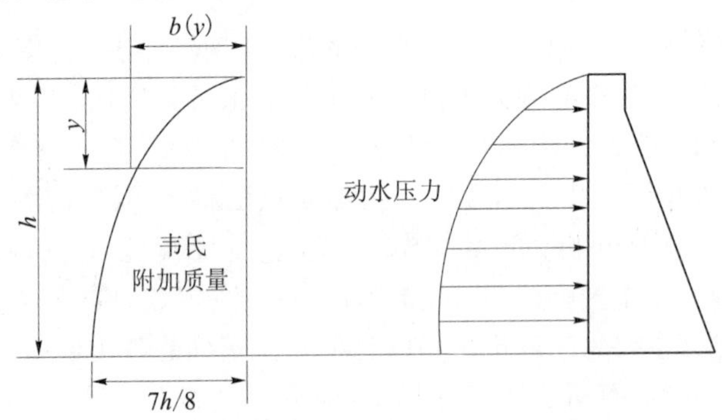

图 14-5　水体附加质量和动水压力示意图

Westergard 附加质量公式简单方便，但是受各种假设条件的限制，导致计算结果与实际情况有较大的差别。1982 年 Clough 教授推广了 Westergard 附加质量公式，使之适用于任意形状的坝面和任意的河谷形状，并可以考虑任意方向的地震加速度：

$$M_p(h) = \frac{7}{8}\rho A_i\sqrt{hy}\,l_i^{\mathrm{T}} l_i \tag{14-12}$$

式中　l_i ——坝面上某点的法线矢量；

A_i ——该点在坝面上的控制面积。

附加质量法是一种考虑水体对结构作用的简化的动力学分析计算方法，它是将动水压力等效成质量附加在结构上，达到等效动力响应。附加质量模型不计坝体变形和坝体—库水动力相互作用的影响，得到的坝面动水压力偏大，对于工程设计会导致偏于安全的结果。但是《水工建筑物抗震设计规范》(DL 5073—2000)仍推荐采用附加质量模型进行坝体抗震设计的动水压力模拟。Westergard 的工作虽然存在许多假定,只是重力坝和库水的一种理想化模型,但该模型反映了动水压力的一些本质特征。

14.3.1.2　Housner 弹簧质量模型

Housner 在研究储液容器受到的动水压力问题时,提出了一个基于刚性侧壁假设的晃动流体与固体耦合问题的弹簧 - 质量系统简化模型。其主要思想为:在水平加速度作用下,容器内的水将产生振动,容器侧壁受到的动水压力分为脉冲压力和对流压力两部分。脉冲压力与容器侧壁的脉冲运动引起的惯性力相关,其大小与侧壁上的水平加速度成正比;而对流压力则由水体振动产生,它是脉冲压力的结果,其大小取决于水体振荡的波高及频率。由此将脉冲压力与对流压力采用与容器侧壁连接、形式不同的两种等效质量来模拟。该模型可近似计算复杂运动液体对固体产生的脉动压力、对流压力及力矩,且计算简单,在渡槽结构的动力计算中得到了较为广泛的应用。

该模型将液体对容器侧壁产生的脉冲压力和对流压力采用与侧壁相连的弹簧 - 质量系统来等效计算。其最终计算简图如图 14-6、图 14-7 所示。这里介绍一下该模型的参数取值。

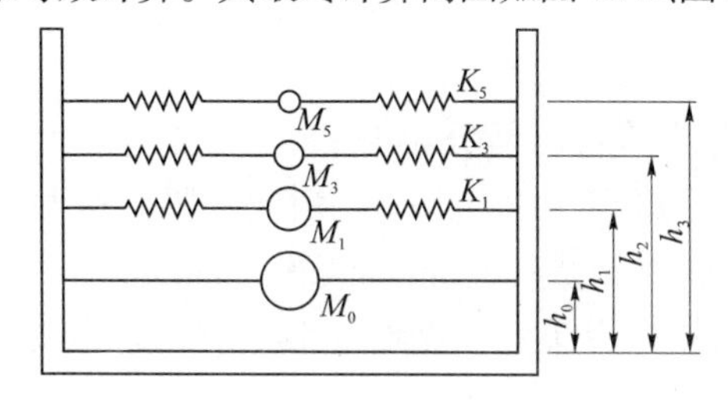

图 14-6　Housner 弹簧质量模型

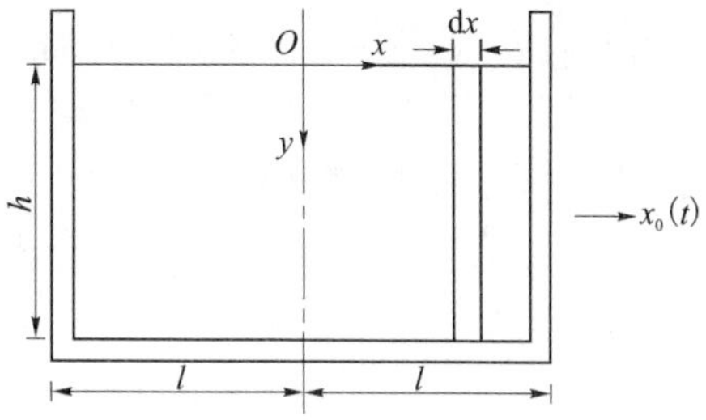

图 14-7　矩形容器截面图

脉冲压力的等效质量 M_0:

$$M_0 = M_l \frac{\text{th}\,\frac{\sqrt{3}l}{h}}{\frac{\sqrt{3}l}{h}} = M_l k_1^* \tag{14-13}$$

式中, $M_1 = 2hl\rho$,则等效质量 M_0 离储液容器底板的高度应为

$$h_0 = \frac{3h}{8}\left[1 + \frac{4}{3}\left(\frac{\sqrt{\frac{3l}{h}}}{\text{th}\sqrt{\frac{3l}{h}}} - 1\right)\right] \tag{14-14}$$

对流压力及其等效质量 M_1:

$$M_0 = M_1\left(\frac{\sqrt{10}}{6}\frac{l}{h}\text{th}\,\frac{\sqrt{10}h}{2l}\right) \tag{14-15}$$

质点 M_1 在容器底板以上的高度可从它所产生的力矩与由液体产生的力矩相等来确定。若仅考虑容器侧壁上的液动压力所产生的力矩(忽略底板上的压力),则高度为 h_1:

$$h_1 = h\left[1 - \frac{\text{ch}\,\frac{\sqrt{10}h}{2l}}{\frac{\sqrt{10}h}{2l}\text{sh}\,\frac{\sqrt{10}h}{2l}}\right] \tag{14-16}$$

当同时计及施加于容器底板上的压力时，高度为 h_1：

$$h_1 = h\left[1 - \frac{\mathrm{ch}\dfrac{\sqrt{10}h}{2l} - 2}{\dfrac{\sqrt{10}h}{2l}\mathrm{sh}\dfrac{\sqrt{10}h}{2l}}\right] \tag{14-17}$$

对流压力与容器侧壁之间采用弹簧连接，弹簧的刚度系数按下式计算：

$$K_1 = M_1\omega_1^2 = \frac{5\rho gl}{3}\mathrm{th}^2\left(\frac{\sqrt{10}h}{2l}\right) \tag{14-18}$$

流体对容器产生的总对流压力与一个具有规定质量 M_0 的质点以及弹簧集中质点 M_1、M_3 等组成的系统对容器产生的压力是等效的。对于更高阶的非对称（$n=3,5,\cdots$）振型公式，如果 l 用 $\frac{l}{n}$ 来代替，则其计算公式与第一振型的公式相同。

14.3.2　流－固耦合直接分析法

14.3.2.1　流－固耦合直接分析法概述

假设流体为无黏、可压缩和小扰动的，并假定流体自由面为小波动，固体则考虑为线弹性。图 14-8 为流固耦合系统模型的示意图。图 14-8 中 V_s 和 V_f 分别代表固体域和流体域，S_0 代表流固交界面，S_b 代表流体刚性固定面边界，S_f 代表流体自由表面边界，S_u 代表固体位移边界，S_σ 代表固体力的边界，n_f 为流体边界单元外法线向量，n_s 为固体边界单位外法线向量。在流固交界面上任意一点处，n_f 和 n_s 的方向相反。

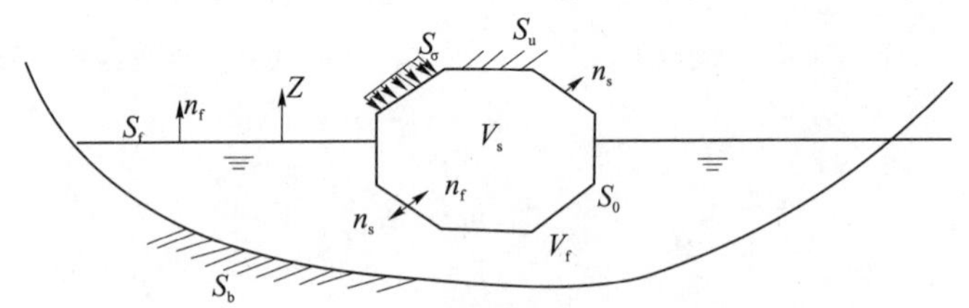

图 14-8　流－固耦合示意图

14.3.2.2　流体域（V_f 域）

1. 流体方程

$$p_{,ii} - \frac{1}{c_0^2}\ddot{p} = 0 \tag{14-19}$$

式中　$p_{,ii}$——流体压力；

c_0——流体中的声速。

2. 流体边界条件

刚性固定边界（S_b 边）：

$$\frac{\partial p}{\partial n_f} = 0 \tag{14-20}$$

自由液面边界（S_f 边）：

$$\frac{\partial p}{\partial z} + \frac{1}{g}\ddot{p} = 0 \tag{14-21}$$

14.3.2.3　固体域

1. 固体方程

$$\sigma_{ij,j} + f_i = \rho_s \ddot{u}_i \tag{14-22}$$

式中　σ_{ij}——固体应力分量；

$\ddot{u}_i$——固体位移分量；

f_i——固体体积力分量；

ρ_s——固体质量密度。

2. 固体边界条件

力边界条件(S_σ 边)：

$$\sigma_{ij} \times n_{sj} = \overline{T}_i \tag{14-23}$$

位移边界条件(S_u 边)：

$$u_i = \overline{u}_i \tag{14-24}$$

式中　$\overline{T}_i$、$\overline{u}_i$——固体上的已知面分力和位移分量。

14.3.2.4　流固交界面需要满足的条件

1. 运动学条件

流固交界面上(S_0)上法向速度应保持连续，即

$$V_{fn} = V_f n_f \tag{14-25}$$

利用流体运动方程将式(14-25)改写为

$$\frac{\partial p}{\partial n_f} + \rho_f \ddot{u} n_f = 0 \tag{14-26}$$

式中　u——固体位移分量；

ρ_f——流体质量密度。

2. 动力学条件

流固交界面上的法向应力应保持连续，即

$$\sigma_{ij} n_{sj} = \tau_{ij} n_{fj} \tag{14-27}$$

其中，τ_{ij}代表流体应力张量的分量，对于无黏流体，τ_{ij}表示为 $\tau_{ij} = -p\delta_{ij}$，将该式代入式(14-27)中得

$$\sigma_{ij} n_{sj} = p n_{si} \tag{14-28}$$

14.4　基于 ANSYS 程序的水工建筑物抗震分析

14.4.1　ANSYS 程序简介

ANSYS 软件是融结构、热、流体、电磁、声学于一体的大型通用有限元分析软件，它是由世界上最大的有限元分析软件之一的美国 ANSYS 公司开发，并能与多种 CAD 软件接口，实现数据共享和交换，如 Pro/Engineer、NASTRAN、Alogor、AutoCAD 等，是现代产品设

计中高级 CAD 工具之一。该软件很好地实现了前、后处理,分析求解及多场耦合分析统一数据库工程。该软件广泛应用于核工业、铁道、石油化工、航空航天、机械制造、材料成形、能源、汽车交通、国防军工、电子、土木工程、造船、生物工程、轻工、地矿、水利、日用家电等工业及科学研究。

ANSYS 软件主要包括如下三部分:

(1)前处理模块。该模块用于定义求解所需的数据,用户可以选择坐标系统、单元类型、定义实常数和材料特性,建立实体模型并对其进行网格划分、控制节点和单元,以及定义耦合和约束方程等。通过运行一个系统模块,用户还可预测求解过程所需的文件大小及内存。

(2)求解模块。前处理阶段完成建模后,用户在求解阶段通过求解器获得分析结果。在该阶段用户可以定义分析类型、分析选项、荷载数据和载荷步选项,然后开始有限元求解。ANSYS 提供称为 PowerSolver 的高效预条件共轭(PCG)梯度求解器、雅克比共轭(JCG)梯度求解器,以及不完全乔列斯基共轭(ICCG)梯度求解器。

(3)后处理模块。它分为通用后处理模块和时间历程后处理模块。两种模块可以通过友好的用户界面获得求解过程的计算结果并对这些结果进行运算,这些结果可以包括位移、温度、应力、应变、速度及热流等,输出形式有图形显示和数据列表两种。

ANSYS 参数化设计语言(APDL)是 ANSYS Parametric Design Language 的缩写,是一种类似于 FORTRAN 的解释性编程语言,基于 ANSYS 平台,广泛应用于分析解决各行业的有限元问题之中。对于某一有限元模型来说,当分析结果表明需要修改设计时,就必须修改模型的几何尺寸或改变荷载状况,建立新的有限元模型,然后重复以上分析过程。在结果后处理过程中,往往需要得到模型各个部位、各种工况的位移结果和应力云图,这种“设计—分析—修改设计—再分析—再修改”的过程和结果后处理过程中存在大量的重复性工作,将直接影响设计效率。而运用 ANSYS 提供的参数化设计语言(APDL),通过结构设计参数的调整,则可以自动完成上述循环功能,从而大大减少修改模型和重新分析所花的时间,提高工作效率。另外,APDL 语言还具有方便交流、不受操作系统的限制、不受 ANSYS 版本的限制和可进行 GUI 无法实现的分析等优点。

14.4.2　基于 ANSYS 的反应谱分析方法

振型分解反应谱法是在振型叠加法的基础上推导出的一种近似方法。这个方法需要事先求出结构的若干个振型和频率,但是可以直接利用标准的设计反应谱,求各振型的最大动力反应——最大绝对加速度、最大相对速度和最大相对位移。振型分解反应谱法不需对动力方程做数值积分,计算存储量和运算时间最省。振型分解反应谱法的优点是可以采用由统计方法得到的标准反应谱,避免了选择地震加速度记录的困难,它的缺点是不能用于非线性振动情况。

根据反应谱理论,结构各阶振型的最大地震反应与具有相同周期的单自由度体系的最大反应成正比,即

$$[\ddot{\delta}_{\max}]_i = \eta_i A_{\max} [\delta_0]_i \tag{14-29}$$

$$[\dot{\delta}_{\max}]_i = \eta_i V_{\max} [\delta_0]_i \tag{14-30}$$

$$[\delta_{max}]_i = \eta_i U_{max} [\delta_0]_i \tag{14-31}$$

式中　$[\ddot{\delta}_{max}]_i$、$[\dot{\delta}_{max}]_i$、$[\delta_{max}]_i$——体系第 i 阶振型的最大绝对加速度、最大相对速度和最大相对位移；

A_{max}、V_{max}、U_{max}——周期相同的单自由度弹性体系对同一地震波的响应；

η_i——第 i 阶振型的振型向量和对应的振型参与系数。

水工建筑物采用的抗震设计标准反应谱如图 14-9 所示。该反应谱是加速度谱，且相应于阻尼比 $\xi = 0.05$，故而当 $\xi \neq 0.05$ 时，由该反应谱得出的设计反应谱应按下式换算：

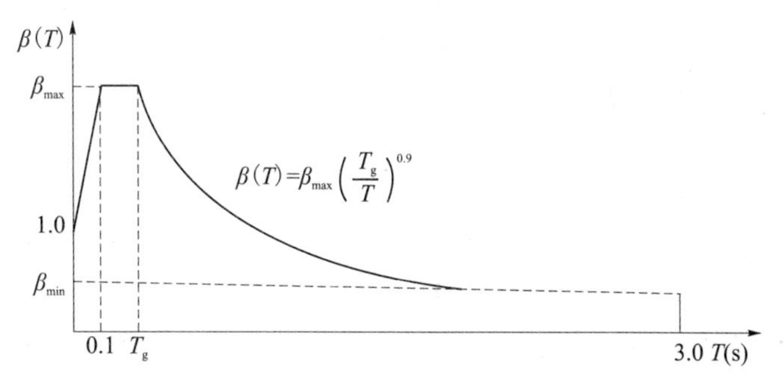

图 14-9　水工建筑物设计反应谱

$$\beta = \frac{\beta_0}{\sqrt[4]{\frac{\xi}{0.05}}} \tag{14-32}$$

式中　β_0——相应于 $\xi = 0.05$ 时的标准值；

β——与其他阻尼比 ξ 对应的设计反应谱。

由图 14-9 可见，反映结构振动加速度的动力系数 β 的大小与结构的自振周期 T 有关，当结构较柔（自振周期 T 较大）时，相应的 β 值将减小。

同时，从反应谱也可以看出，当结构的自振周期 T 和场地的特征周期 T_g（相当于地震波的主震周期）相接近时，将发生共振，这时，结构的 β 值将明显增大。在反应谱中，设计加速度反应谱最大值 β_{max} 对阻尼比为 0.005 的水工钢筋混凝土结构（如水闸、进水塔等），可取 $\beta_{max} = 2.25$；对拱坝则取 2.5。

当用反应谱法求结构的地震反应时，应先求出结构的若干个低阶振型和周期，根据求得的周期并利用设计反应谱图求得各振型对应的设计反应谱值 β_i，便可以进而求出结构各振型的最大加速度向量、最大荷载向量、最大位移向量和最大应力向量。

$$[\ddot{\delta}_{max}]_i = \eta_i \beta_i kg [\delta_0]_i \tag{14-33}$$

$$[F_{max}]_i = \eta_i \beta_i kg [M] [\delta_0]_i \tag{14-34}$$

$$[U_{max}]_i = \eta_i \beta_i kg [M] [\delta_0]_i / \omega_i^2 \tag{14-35}$$

$$[\sigma_{max}]_i = \eta_i \beta_i kg [M] [\sigma_0]_i / \omega_i^2 \tag{14-36}$$

式中　k——地震系数；

g——重力加速度；

$[\delta_0]_i$——第 i 阶振型向量；

$[\sigma_0]_i$——与第 i 阶振型向量对应的振型应力向量；

η_i——结构第 i 阶振型的参与系数，其分量形式为

$$\eta_{i,x} = \frac{\sum m_k x_k}{\sum m_k (x_k^2 + y_k^2 + z_k^2)} \tag{14-37}$$

$$\eta_{i,y} = \frac{\sum m_k y_k}{\sum m_k (x_k^2 + y_k^2 + z_k^2)} \tag{14-38}$$

$$\eta_{i,z} = \frac{\sum m_k z_k}{\sum m_k (x_k^2 + y_k^2 + z_k^2)} \tag{14-39}$$

式中　m_k —— k 结点的质量；

x_k 、y_k 、z_k —— k 结点的振型分量。

地震作用效应按平方和方根法进行组合，即

$$S_E = \sqrt{\sum_{j=1}^{m} S_j^2} \tag{14-40}$$

式中　S_E——组合后的地震作用总效应；

S_j^2——第 j 阶振型的地震作用效应；

m——计算采用的振型数目。

当两个振型的频率差的绝对值与其中一个较小的频率之比小于 0.1 时，地震作用效应采用完全二次型方根法进行组合，即

$$S_E = \sqrt{\sum_{i=1}^{m} \sum_{j=1}^{m} \rho_{ij} S_i S_j} \tag{14-41}$$

$$\rho_{ij} = \frac{8\sqrt{\zeta_i \zeta_j}(\zeta_i + \gamma_\omega \zeta_j)\gamma_\omega^{3/2}}{(1 - \gamma_\omega^2)^2 + 4\zeta_i \zeta_j (1 + \gamma_\omega^2) + 4(\zeta_i^2 + \zeta_j^2)\gamma_\omega^2} \tag{14-42}$$

式中　S_i——第 i 阶振型的地震作用效应；

ρ_{ij}——第 i 阶和第 j 阶的振型相关系数；

ζ_i、ζ_j——第 i 阶、第 j 阶振型的阻尼比；

γ_ω——圆频率比；

当各振型的阻尼比相同时，ρ_{ij} 可简化为

$$\rho_{ij} = \frac{8\zeta^2 (1 + \gamma_\omega^2)\gamma_\omega^{3/2}}{(1 - \gamma_\omega^2)^2 + 4\zeta^2 \gamma_\omega (1 + \gamma_\omega^2)} \tag{14-43}$$

14.4.3　基于 ANSYS 的时程分析方法

结构地震反应分析的反应谱方法是将结构所受的最大地震作用通过反应谱，转化成作用于结构的等效侧向荷载，然后根据这一荷载用静力分析方法求得结构的地震内力和变形。因其计算简便，所以广泛为各国的规范所采纳。但地震作用是一个时间过程，反应谱法不能反映结构在地震动过程中的经历，同时目前应用的加速度反应谱属于弹性分析范畴，当结构在强烈地震下进入塑性阶段时，用此法进行计算将不能得到真正的结构地震

反应。对于长周期结构，地震动态作用下的地面运动速度和位移可能对结构的破坏具有更大影响，但是振型分解反应谱法对此无法做出估计。

所谓时程分析法，是根据选定的地震波和结构恢复力特性曲线，采用逐步积分的方法对动力方程进行直接积分，从而求得结构在地震过程中每一瞬时的位移、速度和加速度反应，以便观察结构在强震作用下从弹性到非弹性阶段的内力变化以及构件开裂、损坏直至结构倒塌的破坏全过程。这类方法是指不通过坐标变换，直接求解数值积分动力平衡方程。其实质是基于以下两种思想：第一，将本来在任何连续时刻都应满足动力平衡方程的位移 $\delta(t)$，代之以仅在有限个离散时刻 $t_0, t_1, t_2\cdots$，满足这一方程的位移 $\delta(t)$，从而获得有限个时刻上的近似动力平衡方程；第二，在时间间隔 $\Delta t_i = t_{i+1} - t_i$内，以假设的位移、速度和加速度的变化规律代替实际未知的情况，所以真实解与近似解之间总有某种程度的差异，误差取决于积分每一步所产生的截断误差和舍入误差以及这些误差在以后各步计算中的传播情况。其中，前者决定了解的收敛性，后者则与算法本身的数值稳定性有关。

实用中一般取等距时间间隔，从初始时刻 t_0 到某一指定时刻 $t_0 = T$，逐步积分求得动力平衡方程的解。把区间$[0, T]n$ 等分后有 $\Delta t = \dfrac{T}{n}$，相应的 $n+1$ 个离散时刻为 $t_i = i\Delta t$。

动力时程法费时较多，且确定计算参数尚有许多困难，因此目前仅在重要的、特殊的、复杂的以及高层建筑结构的抗震设计中应用，在水闸结构的抗震分析中应用较少。此外，时程法亦用于结构在地震作用下破坏机制和改进抗震设计方法的研究。

目前，有限元法进行大型结构动力计算的解法有线性加速度法、wilson－θ 法和 newmark法。ANSYS 程序中结构动力分析使用的是 newmark 时间积分法，在离散的时间点上求解这些方程，在 $t_n + \Delta t$ 时刻，系统动力方程式为

$$[M]\{\ddot{\delta}_{n+1}\} + [C]\{\dot{\delta}_{n+1}\} + K\{\delta_{n+1}\} = \{f_{n+1}\} \tag{14-44}$$

$$\{\delta_{n+1}\} = \{\tilde{\delta}_{n+1}\} + \lambda\Delta t^2\{\ddot{\delta}_{n+1}\} \tag{14-45}$$

$$\{\dot{\delta}_{n+1}\} = \{\tilde{\dot{\delta}}_{n+1}\} + \Delta t\gamma\{\ddot{\delta}_{n+1}\} \tag{14-46}$$

其中

$$\{\tilde{\delta}_{n+1}\} = \{\delta_n\} + \Delta t\{\dot{\delta}_n\} + \Delta t^2(1-2\lambda)\{\ddot{\delta}_n\}/2 \tag{14-47}$$

$$\{\tilde{\dot{\delta}}_{n+1}\} = \{\dot{\delta}_n\} + \Delta t(1-\gamma)\{\ddot{\delta}_n\} \tag{14-48}$$

式中　$\{\delta_n\}$、$\{\dot{\delta}_n\}$、$\{\ddot{\delta}_n\}$——t_n 时刻的位移向量、速度向量和加速度向量；

λ、γ——newmark 参数，控制方法的精度和稳定性，通常取 $\lambda = 0.25$，$\gamma = 0.5$；

$\{\tilde{\delta}_{n+1}\}$、$\{\tilde{\dot{\delta}}_{n+1}\}$——预估值；

$\{\delta_{n+1}\}$、$\{\dot{\delta}_{n+1}\}$——校正值。

当给定初始位移$\{\delta_0\}$和初始速度$\{\dot{\delta}_0\}$后，可以从下式求出初始加速度$\{\ddot{\delta}_0\}$：

$$[M]\{\ddot{\delta}_0\} = \{f_0\} - [C]\{\dot{\delta}_0\} - K\{\delta_0\} \tag{14-49}$$

后将动力问题变成“静力等效问题”求解上式，并结合 Newton－Raphson 方法求解，具

体步骤如下：

(1)预估值（ i 为迭代计算变量）：

$$\{\delta_{n+1}^{(i)}\} = \{\tilde{\delta}_{n+1}\} = \{\delta_n\} + \Delta t\{\dot{\delta}_n\} + \Delta t^2(1-2\lambda)\{\ddot{\delta}_n\}/2$$

$$\{\dot{\delta}_{n+1}^{(i)}\} = \{\tilde{\dot{\delta}}_{n+1}\} = \{\dot{\delta}_n\} + \Delta t(1-\gamma)\{\ddot{\delta}_n\}$$

$$\{\ddot{\delta}_{n+1}^{(i)}\} = (\{\delta_{n+1}^{(i)}\} - \{\tilde{\delta}_{n+1}\})/(\lambda\Delta t^2)$$

(2)计算残余力：

$$\{\varphi^{(i)}\} = \{f_{n+1}\} - [M]\{\ddot{\delta}_{n+1}^{(i)}\} - [C]\{\dot{\delta}_{n+1}^{(i)}\} - K\{\delta_{n+1}^{(i)}\}$$

(3)变步长，用下式计算等效刚度矩阵：

$$[K^*] = [M]/(\Delta t^2\lambda) + \gamma[C]/(\Delta t\lambda) + K$$

(4)求解位移增量：

$$[K^*]\{\Delta\delta^{(i)}\} = \{\varphi^{(i)}\}$$

(5)修正位移、速度、加速度：

$$\{\delta_{n+1}^{(i+1)}\} = \{\delta_{n+1}^{(i+1)}\} + \{\Delta\delta^{(i)}\}$$

$$\{\ddot{\delta}_{n+1}^{(i+1)}\} = (\{\delta_{n+1}^{(i+1)}\} - \{\tilde{\delta}_{n+1}\})/(\Delta t^2\lambda)$$

$$\{\dot{\delta}_{n+1}^{(i+1)}\} = \{\dot{\delta}_{n+1}^{(i)}\} + \Delta t\gamma\{\ddot{\delta}_{n+1}^{(i+1)}\}$$

(6)如果 $\{\Delta\delta^{(i)}\}$ 和 $\{\varphi^{(i)}\}$ 或两者之一不满足收敛条件，则令 $i=i+1$ 并转到第 2 步，否则继续下去。

(7)为在下一时间步内用，令

$$\{\delta_{n+1}\} = \{\delta_{n+1}^{(i+1)}\}$$

$$\{\dot{\delta}_{n+1}\} = \{\dot{\delta}_{n+1}^{(i+1)}\}$$

$$\{\ddot{\delta}_{n+1}\} = \{\ddot{\delta}_{n+1}^{(i+1)}\}$$

同时令 $n=n+1$，形成新的刚度矩阵区 $[K]$ 并开始下一时间步运算。

采用时程法对结构进行地震效应分析时，需直接输入地震波加速度时程曲线，而地震波是个频带较宽的非平稳随机振动，受断层位置、板块运动形式、震中距、波传递途径的地质条件、场地土构造和类别等多种因素的影响而变化。经时程分析表明，输入地震波不同，所得出的地震反应相差甚远，由于未来地震动的随机性和不同地震波计算结果的差异性，因此合理选择地震波来进行直接动力分析是保证计算结果可靠的重要问题。

国内外学者研究表明，虽然对建筑物场地的未来地震动难以准确的定量确定，但只要正确选择场地地震动主要参数，以及所选用的地震波要基本符合这些主要参数，则时程分析结果可以较真实地体现未来地震作用下的结构反应，可以满足工程所需要的精确度。当今国际公认的地震动三要素为地震动强度（振幅）、地震动谱特征和地震动持续时间。

对结构地震反应进行直接动力分析所采用的地震波有以下三类：拟建场地实际强震记录、典型的强震记录和人工模拟的地震波。在选用地震波时，要全面考虑地震动三要素，并根据情况加以调整。

（1）地震动强度（振幅）。将记录的典型地震波的最大加速度调整至所需的幅值，其他时刻的加速度也按比例相应变化。

（2）地震动谱特征。选用地震波时，应使所选的实际地震波的富氏谱或功率谱的卓越周期乃至谱形状尽量与场地谱特征相一致。

（3）地震动持续时间。选择持续时间 T 的原则如下：

①保证选择的持续时间内包含地震记录的最强部分。

②当对结构进行最大地震反应分析时，持续时间可选短些；当分析地震作用下结构的耗能过程时，则持续时间应选长些。

③尽量选择足够长的持续时间，一般建议取 $T \geq 10T_1$（T_1 为结构基本周期）。当选择地震波时，应同时符合以上三要素。地震波的峰值应反映建筑物所在地区的烈度，而其频谱组成应反映场地的卓越周期和动力特性。

考虑动水压力时，水体附加质量计算公式在上述内容中已经进行了阐述，下面结合现有有限元软件 ANSYS 说明如何在有限元模型中添加附加质量单元。在 ANSYS 中没有直接施加动水压力的功能，对于公式要借助 APDL 语言编程实现；用 mass21 单元把附加质量加在坝面节点上。mass21 为结构点质量单元，几何示意图见图 14-10，具有 x、y、z 位移与旋转的 6 个自由度，不同质量或转动惯量可分别定义于每个坐标系方向。mass21 质量单元在静态解中无任何效应，除非具有加速度或旋转荷载或惯性解除，如果质量输入具有方向性，则质量输出仅用 x 方向表示。

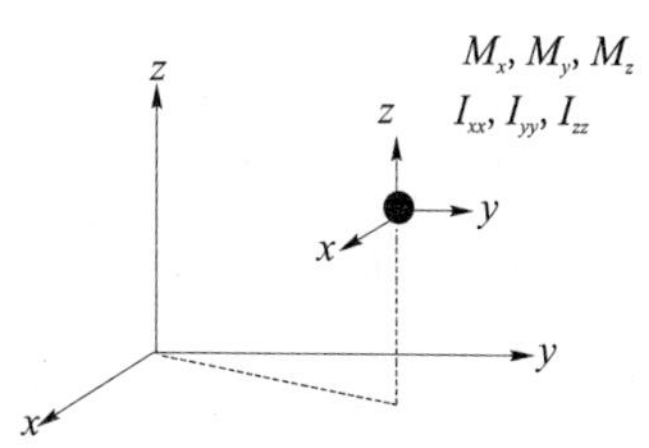

图 14-10　mass21 单元示意图

14.4.4　编制 ANSYS 抗震通用命令流

ANSYS 进行结构动力分析的基本流程如下：

（1）根据图纸建立分析对象的几何模型。可以采用 ANSYS 的交互式方法，也可以采用参数化语言。

（2）选择分析单元类型，建立材料属性，对已建立的几何模型采用合适的单元形式进行网格剖分，并赋予相应的材料属性，形成结构分析的有限元模型。

（3）施加边界条件，选择分析类型，然后进行求解。

（4）根据计算结果，提取结构关键位置处的动力响应。

下面给出基于 ANSYS 分析的通用命令流，包括模态分析、反应谱、时程分析。

基于 ANSYS 软件的渡槽动力计算的命令流。

14.4.4.1　参数定义

```
step1:几何参数设定
LK=40                              ! 渡槽单跨跨度
W=27                               ! 渡槽宽度
H=7                                ! 槽体高度
HS=5.74                            ! 设计水深
HD=15                              ! 槽墩高度
```

```
…                                  ! 类似参数很多,这里不再给出,结合具体
                                     工程进行设定
step2:材料参数设定
E1 =3.25E10                        ! 槽体弹性模量
E2 =2.8E10                         ! 槽墩弹性模量
DS1 =2500                          ! 槽体密度
DS2 =2500                          ! 槽墩密度
V1 =0.167                          ! 槽体泊松比
V2 =0.167                          ! 槽墩泊松比
…                                  ! 类似参数很多
step3:定义单元类型
/prep7
ET,1,beam189                       ! 定义梁单元
ET,2,solid65                       ! 定义块体单元
ET,3,mass21                        ! 定义质量点单元
…                                  ! 也可能用到其他单元
step4:定义材料属性
MP,Ex,1,E1
MP,Ex,2,E2
MP,DENS,1,DS1
MP,DENS,2,DS2
MP,PRXY,1,V1
MP,PRXY,2,V2
…
```

14.4.4.2 实体建模

```
step1:槽体建模
LOCAL,11,0,,,,,-90                 ! 创建坐标系
cys,11                             ! 转换到新坐标系下
wpcsys,,11                         ! 将工作平面移到与新坐标系一致
K,1                                ! 建立关键点
K,100,Lk
KFILL,1,100,15,,1                  ! 填充关键点
…
L,1,17                             ! 创建线
L,18,34                            ! 创建线
…
AL,1,5,2,21                        ! 由线生成面
…
```

```
VEXT,all,,L                          ! 由面延伸成体
```

step2:槽墩建模

方法与槽体建模类似,不再重复。

14.4.4.3　划分单元

step1:指定相关线的单元份数

```
LSEL,S,LINE,,26,42                   ! 选择线
LESIZE,ALL,,,3                       ! 指定线的网格份数
…
```

step2:划分单元

```
LSEL,S,LINE,,25                      ! 选择线
LATT,1,,1,,,,1                       ! 设置线单元类型
LMESH,ALL                            ! 划分线单元
…                                    ! 面单元和体单元的划分与此类似,不再
                                       重复
```

14.4.4.4　设置边界条件

```
alls
ESEL,STYPE,,2
NSEL,S,ALL
NSEL,R,LOC,X
NSEL,R,LOC,Y,0,w                     ! 通过单元类型来选择要施加约束的节点
D,ALL,ALL                            ! 约束所选节点全部自由度
…
```

14.4.4.5　设置水体附加质量

```
mxnode = ndinqr(0,13)                ! 当前激活节点总数
*dim,nnum,arrya,mxnode               ! 定义节点数组
*get,nnum(1),node,,nmu,min           ! 将数组里最小的赋予 nnunl
*do,i,2,mxnode                       ! 下一个节点号按从小到大的顺序排列
mulm(i) = ndnext(munn(i-1))
*enddo
*dim,mj,,mxnode                      ! 定义节点所分配面积数组
*do,i,1,mxnode
mj(i) = arnode(nnmu(i))
*enddo
*dim,fjzl,,mxnode,1,1                ! 定义附加质量数组
hl = 109.0
wdensty = 1000
```

```
*doj,1,mxnode,1
fjzl(i) = mj(i) *0.875 *wdensty *(hl *(hl - nz(nnmu(i)))) * *0.5
*enddo
```

14.4.4.6　加载与求解

1. 静力分析

```
finish
/solu                                   ! 进入求解器
antype,static                           ! 选择静力求解
acel,,9.8                               ! 施加重力
alls                                    ! 选全部单元
solve                                   ! 求解
```

2. 模态分析

```
finish
/solu
antype,2                                ! 选模态分析
modopt,lanb,10                          ! 提取前 10 阶模态
mxpand,10,,,0                           ! 模态扩展 10 阶
MODOPT,LANB,10,0,100, ,OFF              ! 设定频率截取范围
alls
solve                                   ! 求解
```

3. 谱分析

特征周期 T_g =0.45 s,加速度代表值 0.15g,设计加速度反应谱最大值 2.5。

```
*dim,freq,,18,1,1
*dim,sv,, 18,1,1
Tg =0.45
betamax =2.5
* do,i,1,16,1
freq(i) =1/(3 -(3 -Tg) *(i -1)/15)
sv(i) =0.15 *9.8 *betamax *(Tg/(3 -(3 -Tg) *(i -1)/15)) * *0.9        ! 计算谱值
*end do
freq(17) =10  $ freq(18) =1000
sv(17) =0.15 *9.81 *betamax   $ sv(18) =0.15 *9.81
/solu
antype,spectr                           ! 求振型和频率
spopt,sprs,10,yes                       ! 单点谱分析
svtype,2                                ! 加速度谱
sed,1.0,1.0,0.0                         ! x,y 方向地震作用
freq,freq(1),freq(2),freq(3),freq(4),freq(5),freq(6),freq(7),freq(8),freq(9),
```

```
                                       ！定义反应谱的频率值
sv,,sv(1),sv(2),sv(3),sv(4),sv(5),sv(6),sv(7),sv(8),sv(9),
                                       ！定义频率对应的谱值
freq,freq(10),freq(11),freq(12),freq(13),freq(14),freq(15),freq(16),freq(17),
freq(18)
sv,,sv(10),sv(11),sv(12),sv(13),sv(14),sv(15),sv(16),sv(17),sv(18)
solve
finish
/solu                                  ！模态扩展
antype,modal
expass,on
mxpand,10,,,yes,0.005
solve
finish
/solu                                  ！模态合并
antype,spectr
srss,0.015,disp
solve
save,,db
finish
/post1
set,list
input,,mcom
```

4. 时程分析

```
finish'
/config,nres,1000
*dim,acex,table,3000,1                 ！定义加速度表格
*dim,acey,table,3000,1
*dim,acez,table,3000,1
*creat,ff
*vread,acex(1,1),acex,txt,,1           ！从文件中读取加速度值
(e16.6)
*vread,acex(1,0),ACETT,,,1
(e17.6)
acex(0,1)=1
*end
/input,ff
*creat,ff
```

```
*vread,acey(1,1),acey,txt,,1             ! 从文件中读取加速度值
(e16.6)
*vread,acey(1,0),ACETT,,,1
(e17.6)
acey(0,1)=1
*end
/input,ff
*creat,ff
*vread,acez(1,1),acez,txt,,1             ! 从文件中读取加速度值
(e16.6)
*vread,acez(1,0),ACETT,,,1
(e17.6)
acez(0,1)=1
*end
/input,ff
/solu                                    ! 时程分析
antype,trans
tm-start=0.01                            ! 开始时间
tm-end=15.00                             ! 结束时间
tm-incr=0.01                             ! 时间步长
* do,tm,tm-start,tm-end,tm-incr
tim,tm
alha,                                    ! 质量阻尼比例系数
betad,                                   ! 刚度阻尼比例系数
acel,acex(tm),acey(tm),acez(tm)          ! 施加三向地震波
solve
*end do
finish
```

14.5　计算实例

14.5.1　工程简介

本节以某大型渡槽为例,进行静力和动力分析。渡槽断面采用矩形断面,整体结构采用连续梁-拱结构形式,总长度为210 m,两端由改建的渠道与原土渠相接,其型式见图14-11。

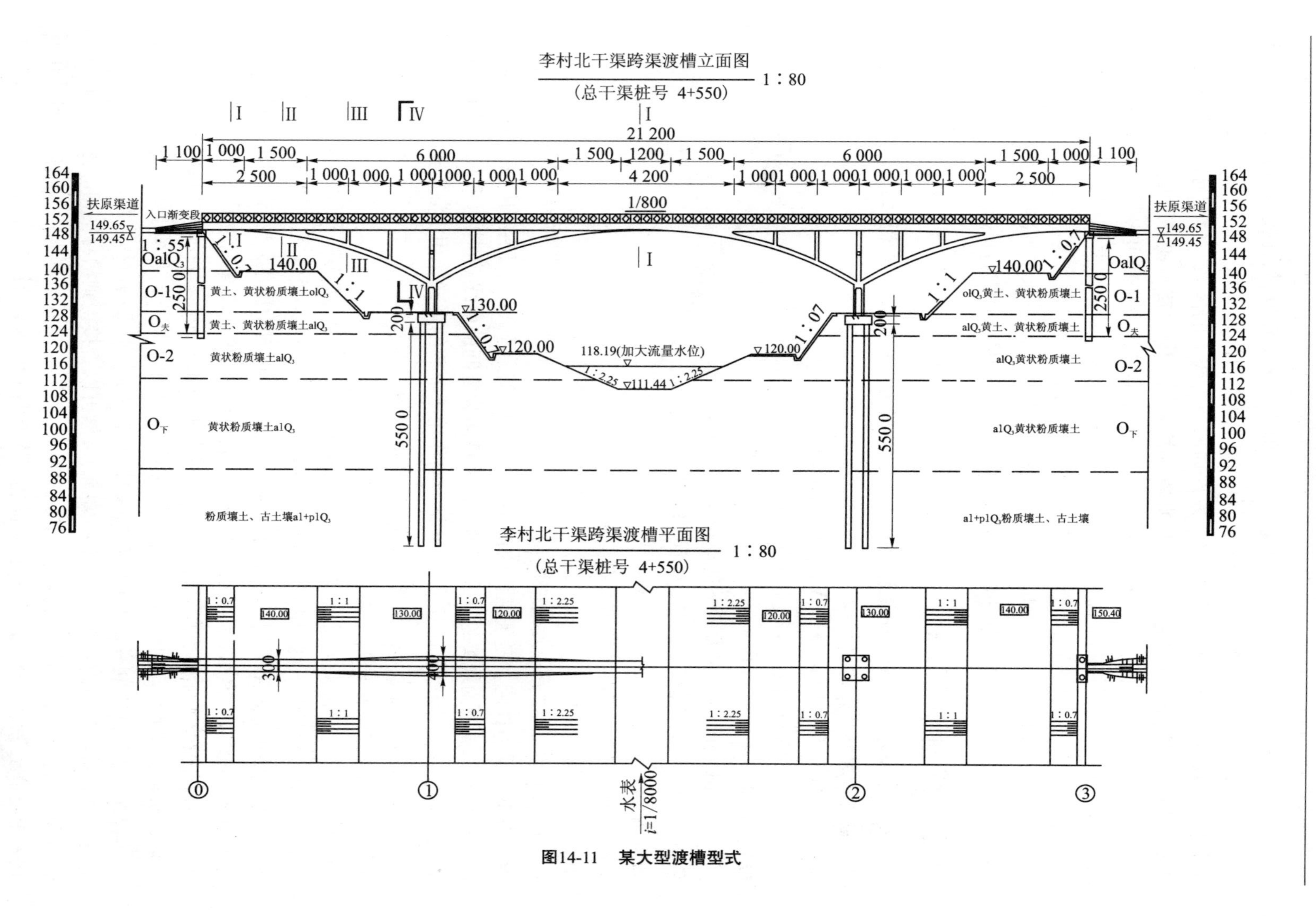

图14-11　某大型渡槽型式

该桥型在公路桥领域已有不少成功实例，但作为水工建筑物，在国内尚属首例。拱式渡槽是空间受力结构体系，仅仅采用传统的结构力学的计算方法很难准确描述在荷载作用下该结构实际的空间工作性能，无法发现局部应力较大的区域。由于有限元分析能够更加全面考虑结构的空间受力特点，因此本计算采用有限元技术建立渡槽的三维有限元分析模型，对全桥进行三维有限元的静、动力分析。通过计算结果可以了解不同过水工况状态下渡槽主要构件控制截面上的应力和位移分布规律，验证主要构件是否满足混凝土抗裂设计要求，查找出局部应力较大的区域，为渡槽的设计提供参考。

计算依据为《水工建筑物抗震设计规范》(SL 203—97)、《水工混凝土结构设计规范》(SL/T 191—2008)、《水工建筑物荷载设计规范》(DL 5077—1997)。

14.5.2　三维计算模型

整个渡槽是对称结构，所受静力为对称力，静力分析只需取半槽计算结果即可。根据渡槽底板是否加厚，以渡槽左端为原点，沿渡槽纵向将槽身分为 V1(0～10 m 段)、V2 (10～25 m段)、V3(25～48.426 m 段)、V4(48.426～61.574 m 段)、V5(61.574～85 m 段)、V6(85～100 m 段)、V7(100～106 m 段)。应力云图的单位均为 kPa，负值代表压应力，正值代表拉应力；位移竖直向下为负，竖直向上为正，位移云图的单位均为 m。立柱顺槽向依次为 1、2、3、4、5 号立柱。渡槽三维有限元模型见图 14-12。

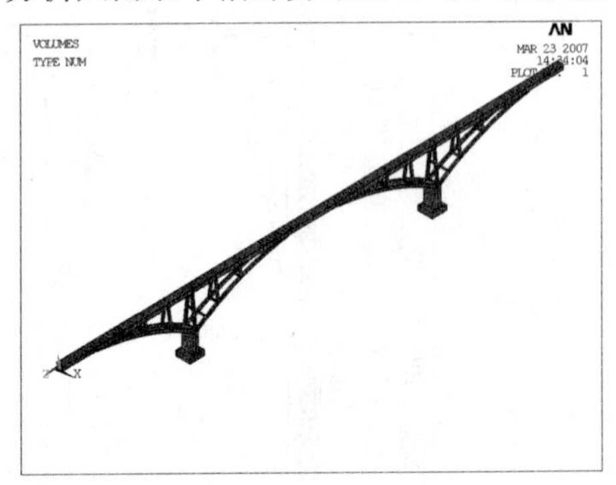

图 14-12　渡槽三维有限元模型

计算模型，主要分析渡槽结构在正常使用极限状态下的受力性能。考虑结构的重要性，设计要求按钢筋混凝土结构抗裂设计，因此混凝土材料本构关系为线弹性。本渡槽预应力筋多为空间的曲线筋，既有平弯又有竖弯，布置非常复杂，故采用等效荷载法，就是将力筋作用于荷载的形式作用于混凝土结构。三维实体建模，拱圈与槽身直接相联，拱脚支撑在群桩构建的基础承台上，基础承台为刚性约束，槽身为连续梁，梁两端为竖直(Y 向)约束。

单元的选用应该保证所选取的单元能够较好地模拟实际结构在荷载作用下的力学性能。本计算对槽身及下部的拱结构全部采用了 8 节点的 SOLID45 单元。对槽身结构采用 8 节点三维实体单元而不采用壳单元的原因是：在连接不同自由度单元时，在界面处可能会发生不协调的情况，当单元彼此不协调时，求解时会在不同单元之间传递不适当的力或位移。为保证协调，两个单元必须有相同的自由度，它们必须具有相同数目和类型的平移自由度及相同数目和类型的旋转自由度，而且自由度必须是耦合的，即它们必须连续地穿过界面处单元的边界。当单元之间存在不同的自由度时，为了保证界面上的位移协调，则必须建立约束方程。如果对槽身结构采用三维结构壳单元，虽然可以直接得到槽身结构的内力(如弯矩、轴力等)，但从下部的拱及拱下支撑结构的几何形状来看，拱及下部支撑的结构很明显并不宜采用壳单元，因为三维壳单元只宜于描述三维空间中的薄壁结构，而拱适宜采用三维实体结构单元。如果槽身采用壳单元，而拱及拱下支撑结构采用实体单元，为了保证交界面上的位移协调,就必须在交界面处建立反映各个自由度之间关系的约束方程。

14.5.3　静力法计算结果分析

工况 1、工况 2 整个渡槽纵向受力云图见图 14-13 ~ 图 14-28。

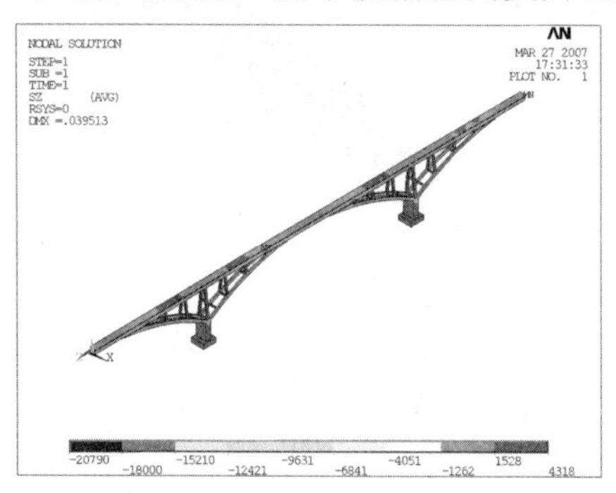

图 14-13　工况 1 整个渡槽纵向受力云图　(单位:kPa)

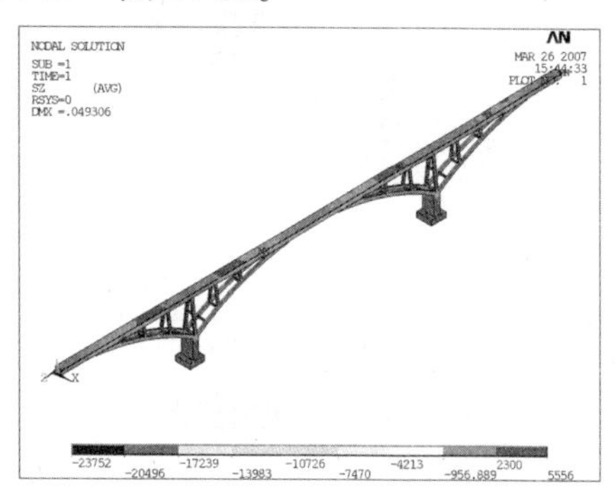

图 14-14　工况 2 整个渡槽纵向受力云图　(单位:kPa)

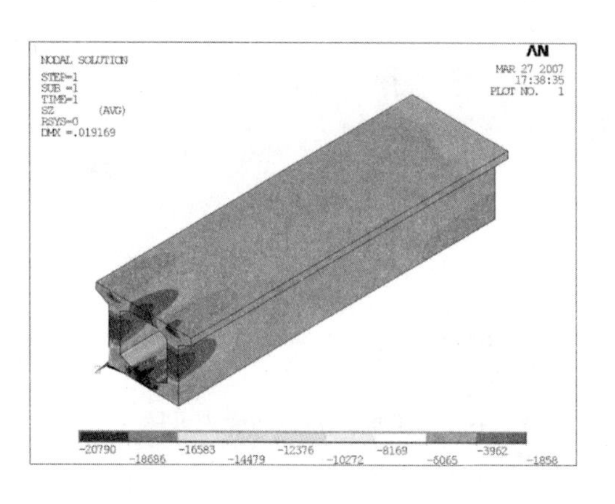

图 14-15　工况 1V1 纵向受力云图

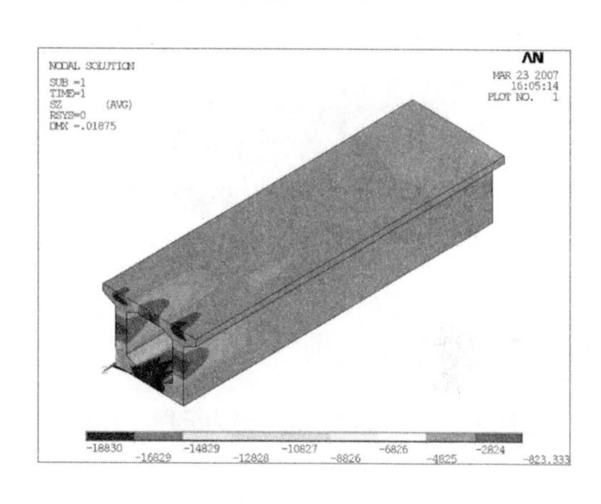

图 14-16　工况 2V1 纵向受力云图

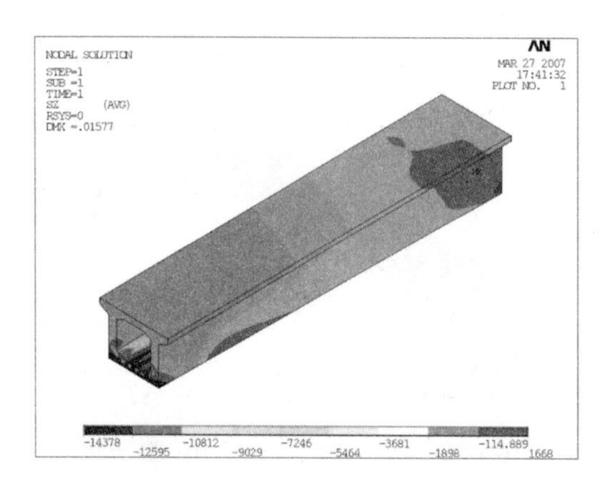

图 14-17　工况 1V2 纵向受力云图

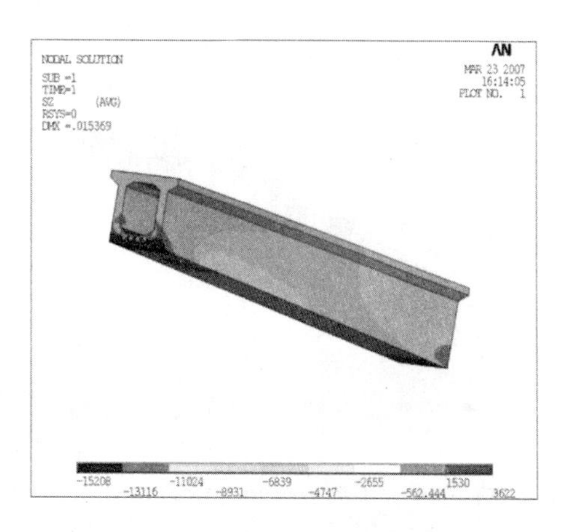

图 14-18　工况 2V2 纵向受力云图

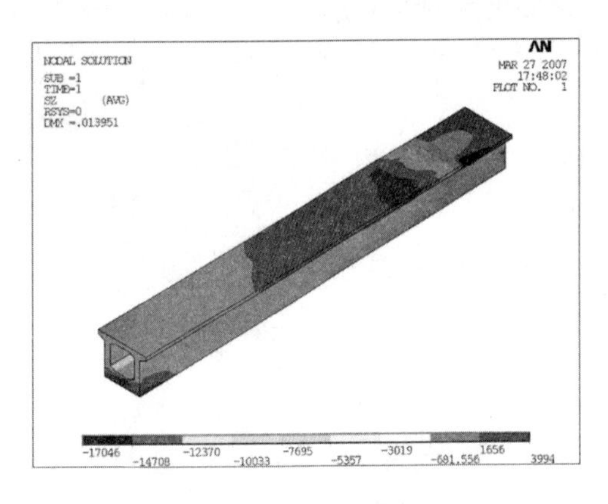

图 14-19　工况 1V3 纵向受力云图

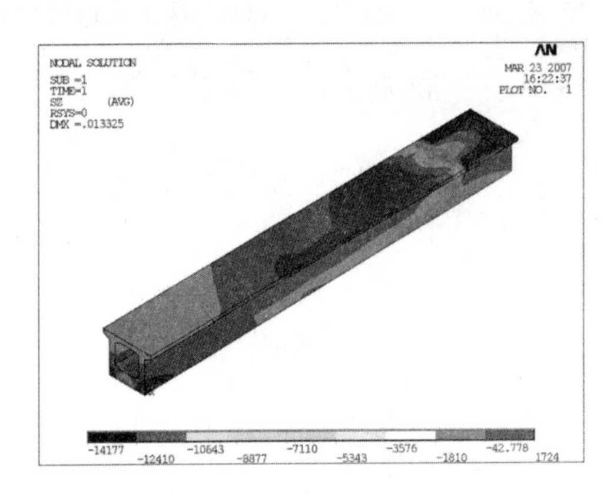

图 14-20　工况 2V3 纵向受力云图

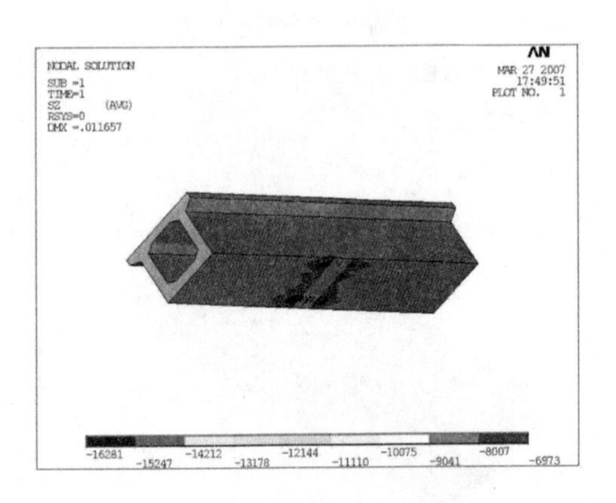

图 14-21　工况 1V4 纵向受力云图

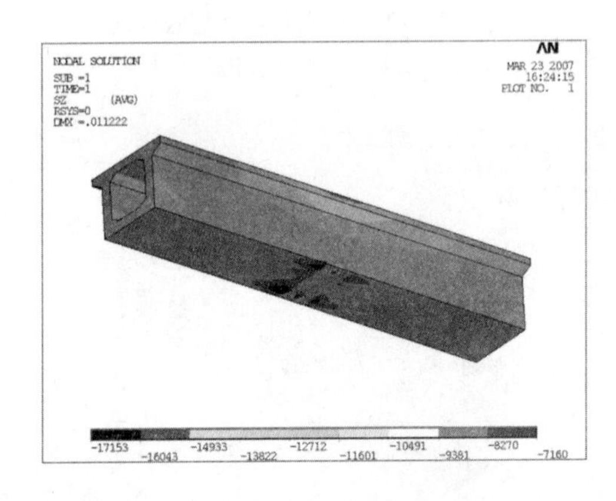

图 14-22　工况 2V4 纵向受力云图

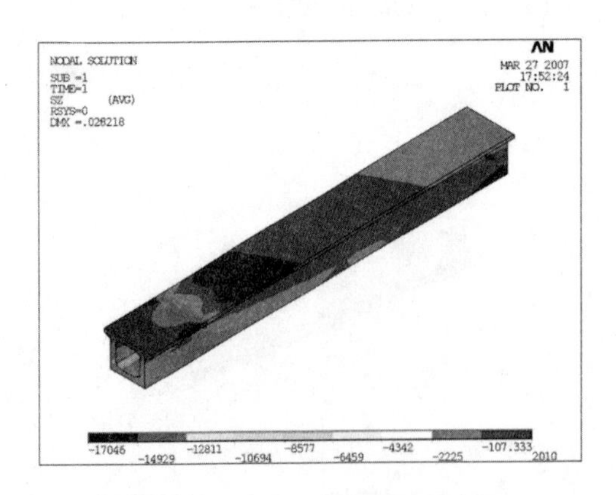

图 14-23　工况 1V5 纵向受力云图

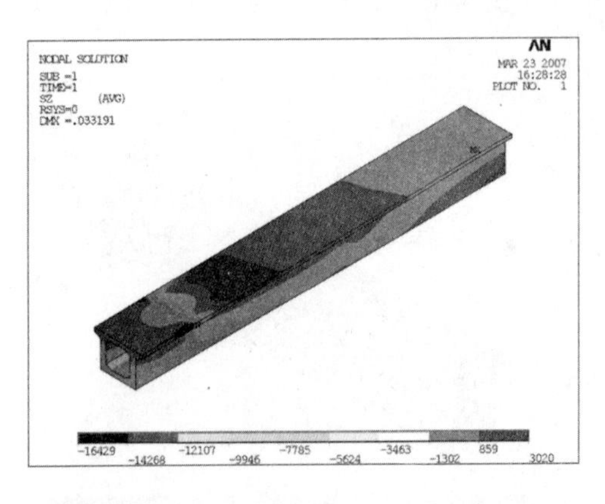

图 14-24　工况 2V5 纵向受力云图

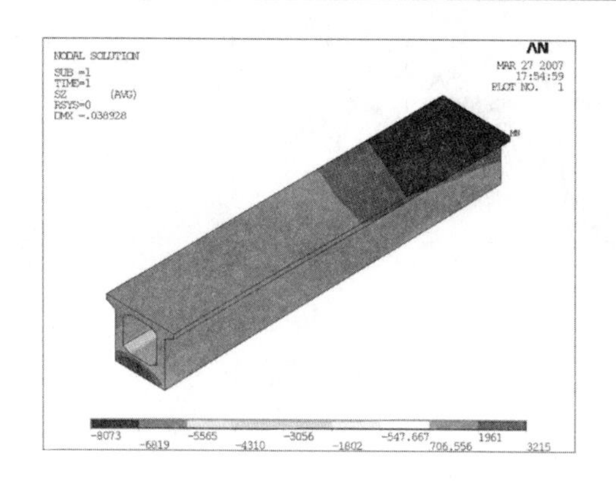

图 14-25　工况 1V6 纵向受力云图

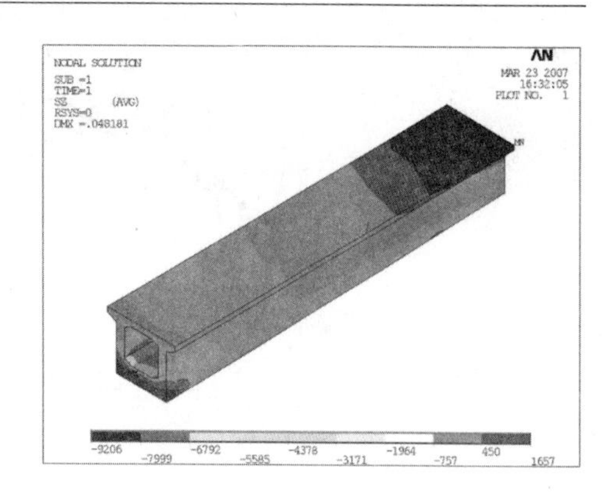

图 14-26　工况 2V6 纵向受力云图

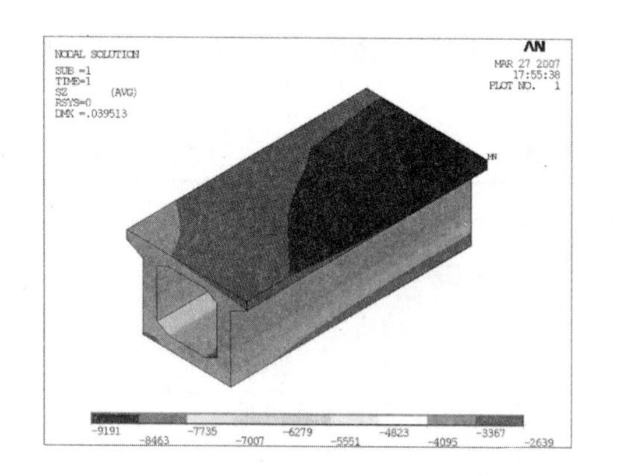

图 14-27　工况 1V7 纵向受力云图

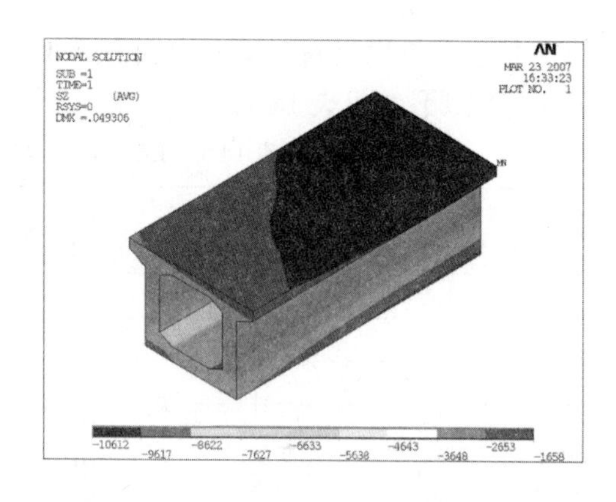

图 14-28　工况 2V7 纵向受力云图

从纵梁力学性能上看,渡槽除承受弯矩、剪力及轴力外,还承担支柱传递的扭矩作用,故该渡槽受力状态最为复杂。该渡槽横断面 1/2 处的纵断面是纵向应力的控制截面,在控制截面沿纵向取上表面路径和下表面路径,将数据导入 Excel 中,做出应力曲线如图14-29所示。工况 1 状态下,对于左半槽,上下表面绝大部分区域都是受压状态,在距左槽端 24 ~ 26.7 m 和 82.8 ~ 86.1 m 下表面区域出现拉应力,最大的拉应力为 2.778 MPa,最大的压应力为 19.485 MPa;在距左槽端 37.7 ~ 43.2 m 和 67 ~ 70.4 m 上表面区域出现拉应力,最大的拉应力为 2.244 MPa,最大的压应力为 14.114 MPa。工况 2 状态下,对于左半槽,上下表面绝大部分区域都是受压状态,在距左槽端 24 ~ 27.4 m和 82.3 ~ 86 m 下表面区域出现拉应力,最大的拉应力为 2.201 MPa,最大的压应力为 18.045 MPa;在距左槽端 38.2 ~ 43.2m 和 66.7 ~ 71.6 m 上表面区域出现拉应力,最大的拉应力为 2.291 MPa,最大的压应力为 13.783 MPa。渡槽上、下表面在整个跨度范围内应力变化幅度较大。

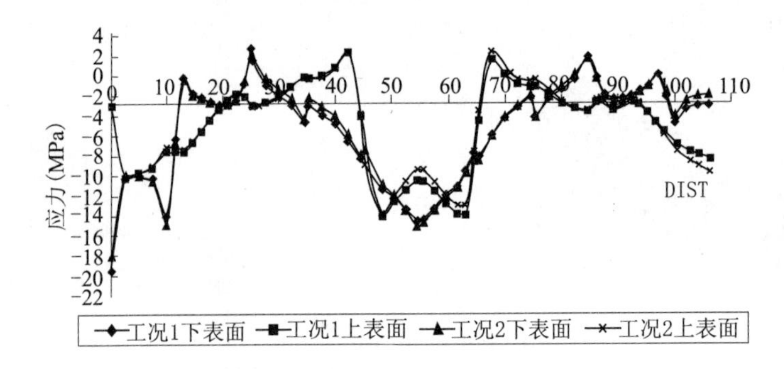

图 14-29　纵梁应力曲线

14.5.4　动力计算结果分析

14.5.4.1　模态分析

模态分析用以确定模型的固有频率及振型,分析采用了 LANCZOS 法提取结构的前 10 阶模态频率,见表 14-1。

表 14-1　LANCZOS 法提取结构的前 10 阶模态频率

阶数	频率(Hz)	振型主要特点
1	0.549	横槽向对称弯曲
2	0.616	横槽向反对称弯曲
3	0.843	横槽向对称弯曲
4	1.528	横向反对称弯曲
5	2.016	横向对称弯曲
6	2.019	竖向弯曲
7	2.212	横槽向反对称弯曲
8	2.707	竖向对称弯曲
9	3.235	横向对称弯曲
10	3.713	竖向对称弯曲

其各阶振型如图 14-30 ~ 图 14-39 所示。(注:各阶振型图为放大 220 倍后的效果图,单位:m)

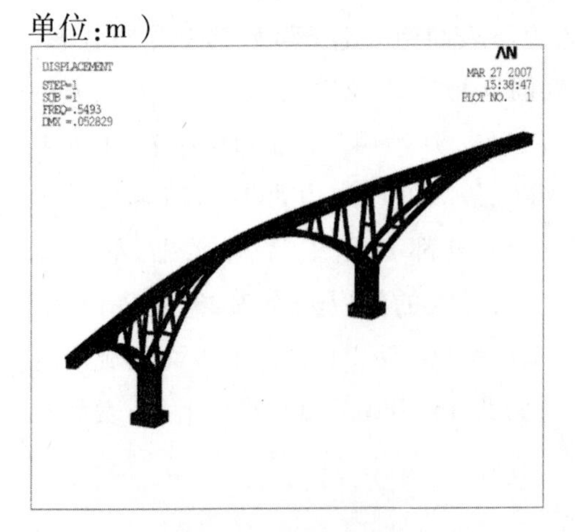

图 14-30　第 1 阶振型

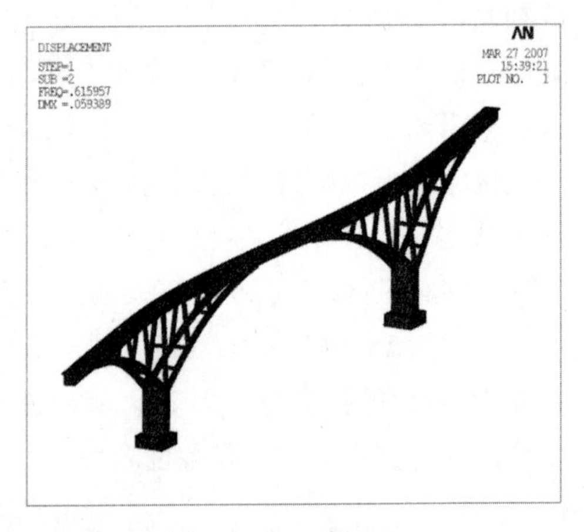

图 14-31　第 2 阶振型

图 14-32　第 3 阶振型

图 14-33　第 4 阶振型

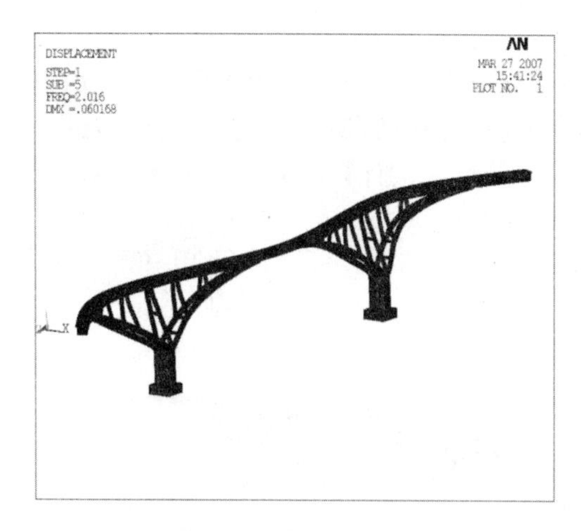

图 14-34　第 5 阶振型

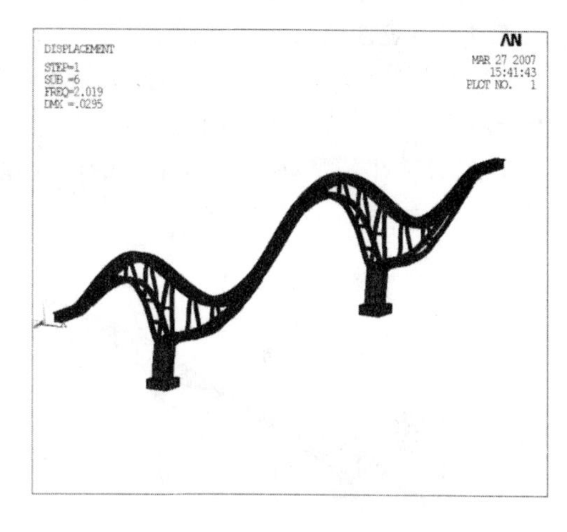

图 14-35　第 6 阶振型

图 14-36　第 7 阶振型

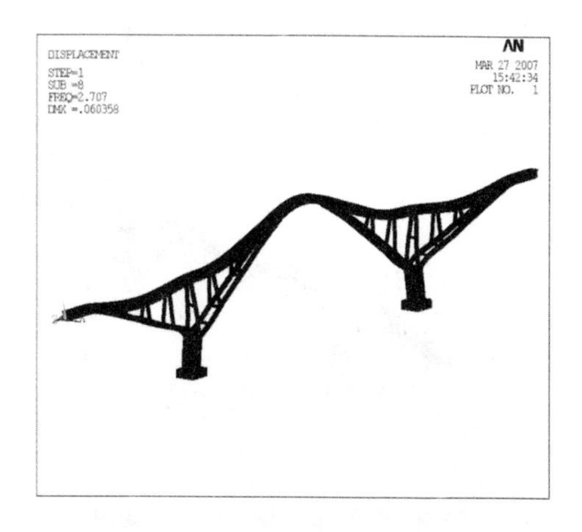

图 14-37　第 8 阶振型

图 14-38　第 9 阶振型

图 14-39　第 10 阶振型

从自振特性上可以看出,在前 10 阶振型中,渡槽整体结构振型方向主要是横向(x 向的振动),这主要是因为渡槽只有 3 m 宽,其 x 向的刚度较小所致。可以预见,x 向的振动对动力反应的结果将起到主要的作用。

14.5.4.2　反应谱分析

按照规范规定,对某渡槽有限元模型进行反应谱分析,分别输入 3 个方向的反应谱幅值(横槽向 x、顺槽向 y、竖向 z),其中竖向取横向反应谱幅值的 2/3,对前 10 阶振型进行了叠加,计算出模型在地震作用下的反应谱响应。其反应谱计算结果云图如图 14-40 ~ 图 14-51所示。

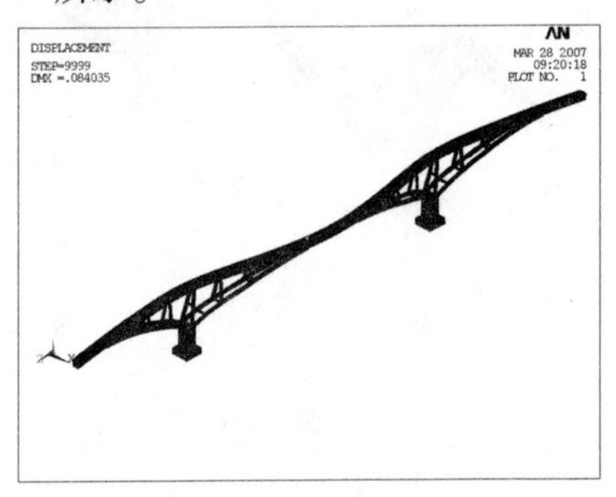

图 14-40　x 向反应谱最大变形反应结果　(单位:kPa)

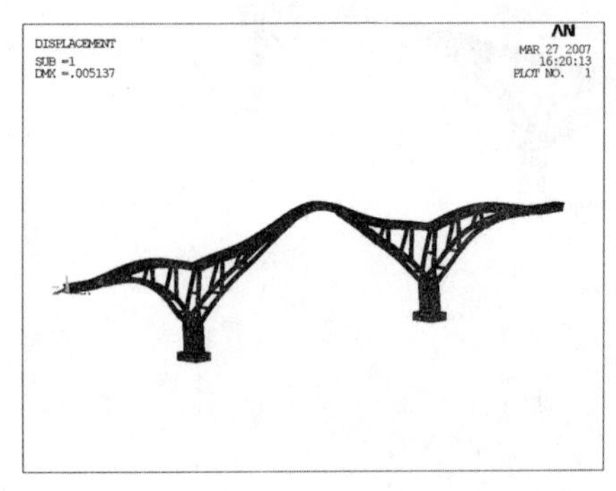

图 14-41　y 向反应谱最大变形反应结果　(单位:kPa)

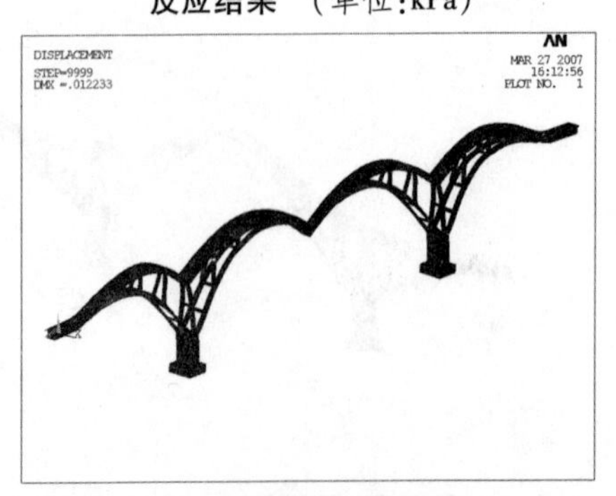

图 14-42　z 向反应谱最大变形反应结果　(单位:kPa)

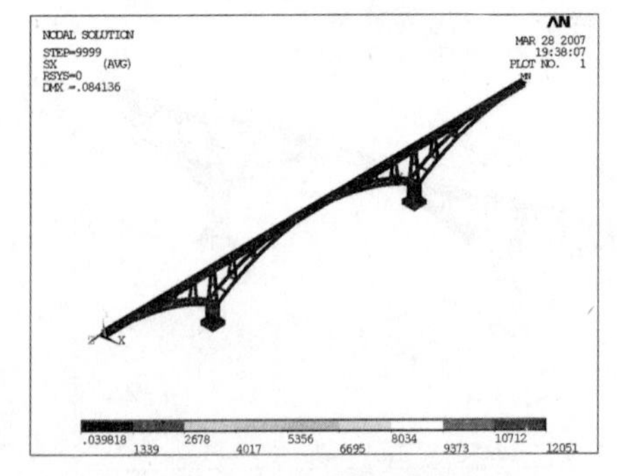

图 14-43　x 向反应谱 σ_x 反应结果　(单位:kPa)

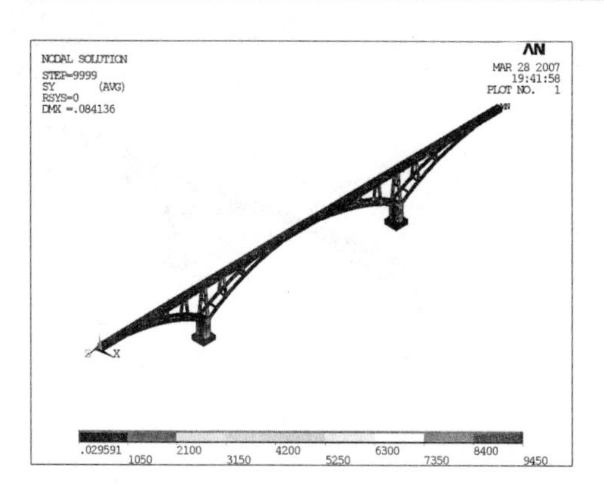

图 14-44　x 向反应谱 σ_y 反应结果　（单位:kPa）

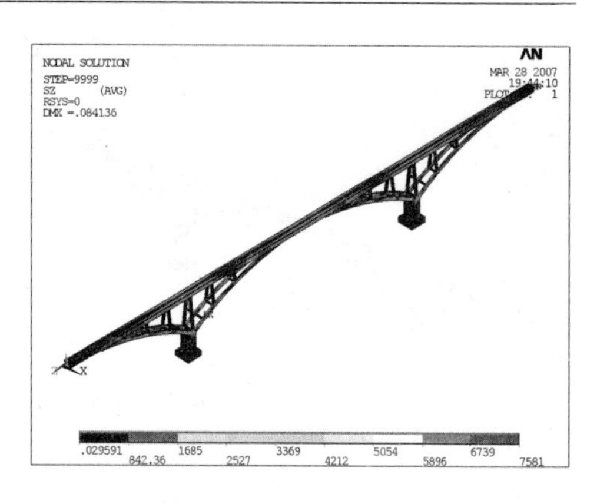

图 14-45　x 向反应谱 σ_z 反应结果　（单位:kPa）

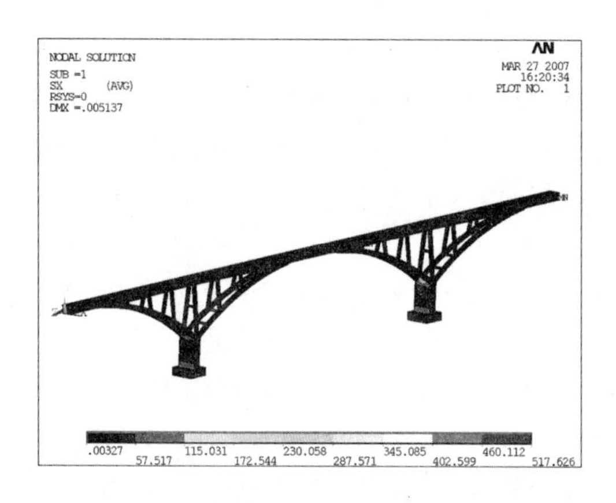

图 14-46　y 向反应谱 σ_x 反应结果　（单位:kPa）

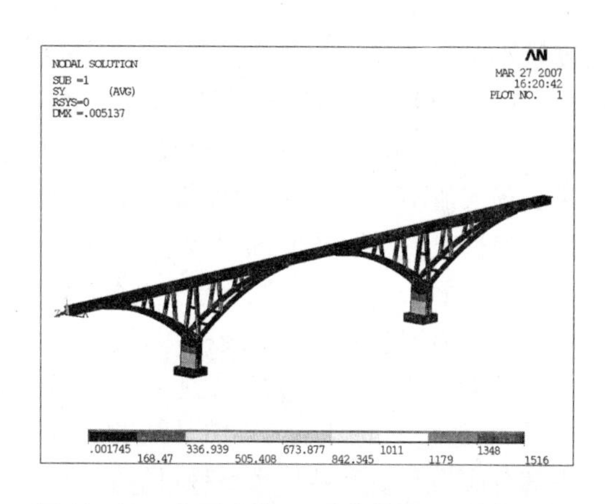

图 14-47　y 向反应谱 σ_y 反应结果　（单位:kPa）

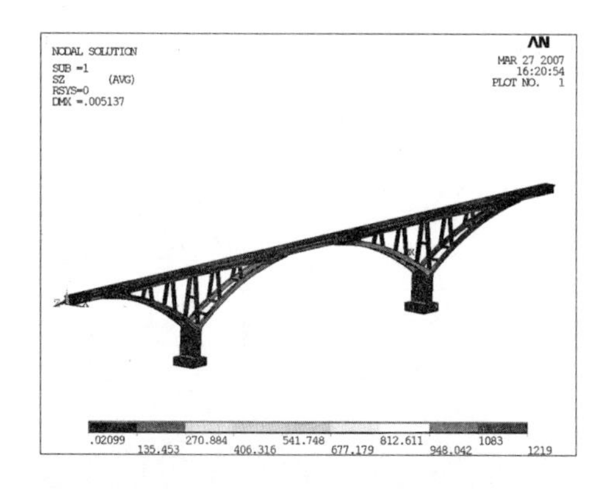

图 14-48　y 向反应谱 σ_z 反应结果　（单位:kPa）

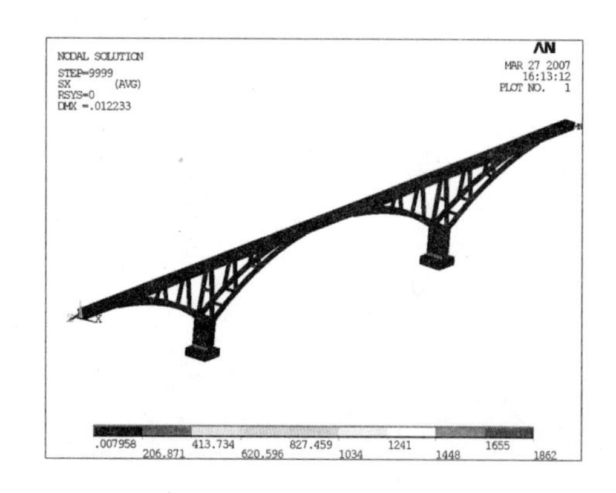

图 14-49　z 向反应谱 σ_x 反应结果　（单位:kPa）

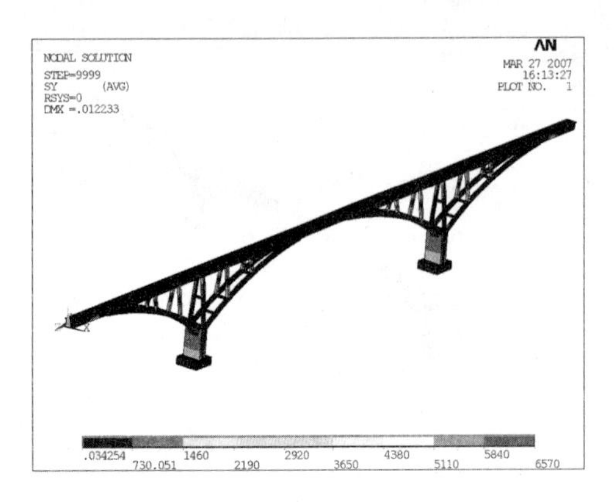

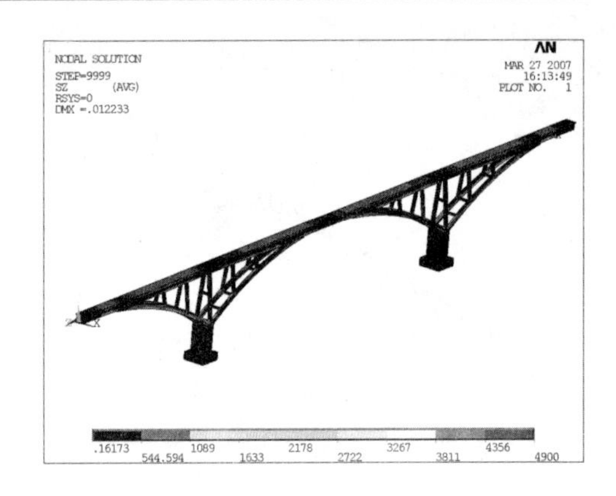

图 14-50　*z* 向反应谱 σ_y 反应结果　(单位:kPa)　**图 14-51　*z* 向反应谱 σ_z 反应结果**　(单位:kPa)

从图 14-40 ~ 图 14-51 中可以得到以下结论:

(1)与振型分析结果一致,*x* 向反应谱对结果的影响最大,而 *y* 向的最小,因为 *x* 向刚度较小。

(2)反应谱法得到的位移结果最大值为 0.08 m,加上静力结果也满足挠度的要求。

(3)槽身部分 *x* 向应力 σ_x 反应谱结果的最大值不到 1.5 MPa,*y* 向应力 σ_y 反应谱结果的最大值不到 1.6 MPa,槽身部分 *z* 向应力 σ_z 反应谱结果的最大值不到 3.811 MPa,与无水空槽时的应力叠加,仍然满足槽身材料应力要求。

(4)较大反应谱应力结果发生在渡槽拱圈、立柱或是连拱之间的连杆处,但是由于这些位置均为钢筋混凝土限裂构件,按照内力以及构造要求进行配筋即可满足。

综上所述,地震设防烈度为 7 度,该渡槽计算各方向主振型,横向反应谱对结果的影响最大,而竖向的最小。反应谱结果与静力空槽结果综合考虑,位移满足挠度的要求,槽身部分应力和变形满足槽身材料应力和抗裂设计的要求,较大应力结果发生在渡槽拱圈、立柱或是连拱之间的连杆处,但是由于这些位置均为钢筋混凝土限裂构件,按照内力以及构造要求进行配筋即可满足,计算结果为施工图阶段渡槽结构优化设计提供了依据。